Photoshop + Snapseed 摄影修片88招（电脑+手机兼修版）

林立 编著

人民邮电出版社
北京

图书在版编目（CIP）数据

Photoshop+Snapseed摄影修片88招 ： 电脑+手机兼修版 / 林立编著. -- 北京 : 人民邮电出版社, 2023.4
ISBN 978-7-115-60181-0

Ⅰ. ①P… Ⅱ. ①林… Ⅲ. ①图像处理软件 Ⅳ. ①TP391.413

中国版本图书馆CIP数据核字(2022)第189221号

内容提要

本书通过 88 个典型的照片后期处理案例，结合 Photoshop、Adobe Camera Raw、Snapseed 等图像后期处理软件的使用技法，分享了大量实用的后期修片技巧。除了讲解案例的具体操作方法，本书还着重分析了调修思路、技法等，从而让读者将每个案例理解透彻，掌握其精髓，以应对各种不同的后期处理需求。

本书主要内容包括裁剪与拼合二次构图技巧，抠图及批处理照片技巧，去污点及杂物常用技巧，去噪与锐化常用技巧，调整曝光常用技巧，调整色彩常用技巧，合成与堆栈技巧，RAW 格式照片基本处理技巧，RAW 格式照片调曝光与校色技巧，风光与建筑照片处理技巧，城市夜景、银河、星轨照片处理技巧，人像照片处理技巧，人文及特效照片处理技巧，手机照片后期处理技巧。相信读者读完本书，将成为一个将艺术与技术完美结合的照片后期处理高手。

本书适用于希望全面掌握数码照片后期处理的摄影爱好者。开设了影像处理相关专业的各大中专院校也可将本书作为教材使用。

◆ 编　著　林　立
　责任编辑　张　贞
　责任印制　陈　犇

◆ 人民邮电出版社出版发行　　北京市丰台区成寿寺路 11 号
　邮编　100164　　电子邮件　315@ptpress.com.cn
　网址　https://www.ptpress.com.cn
　北京瑞禾彩色印刷有限公司印刷

◆ 开本：700×1000　1/16
　印张：16　　　　2023 年 4 月第 1 版
　字数：438 千字　　2023 年 4 月北京第 1 次印刷

定价：99.00 元

读者服务热线：(010)81055296　印装质量热线：(010)81055316
反盗版热线：(010)81055315
广告经营许可证：京东市监广登字 20170147 号

前言
PREFACE

随着摄影器材的更新、摄影技术的进步及摄影师水平的提高，后期处理所面对的问题越来越多样化，而且人们拍摄照片并进行后期处理的需求也越来越多，因此，掌握常用的后期处理技巧就变得越来越重要。

本书旨在让读者出色、高效地完成照片后期处理工作，选择了88个简单、易学的实用案例，讲解了使用Photoshop、Adobe Camera Raw及Snapseed手机修图软件进行后期处理的技巧。第1章～第7章讲解了常用的裁剪、拼合二次构图、抠图、批处理、去污点及杂物、去噪、锐化、调整曝光、调整色彩、合成、堆栈等方面的后期处理技巧；第8章和第9章讲解了使用Adobe Camera Raw处理RAW格式照片的基本技巧；第10章～第13章讲解了各类摄影专题的综合处理技巧，如风光、建筑、城市夜景、银河、星轨、人像、人文及特效等；第14章则为 Snapseed手机修图软件后期技法讲解，精选了15个人像、风光、花卉和建筑类的案例进行讲解。

如果希望每日接收到新鲜、实用的摄影技巧，读者还可以关注微信公众号“好机友摄影”，或者在今日头条、百度中搜索“好机友摄影学院”“北极光摄影”，关注我们的头条号或百家号。

编著者

目录
CONTENTS

第1章　裁剪与拼合二次构图技巧7招

第2章　抠图及批处理照片技巧6招

第3章　去污点及杂物常用技巧3招

第4章 去噪、锐化常用技巧6招

第5章 调整曝光常用技巧6招

第6章 调整色彩常用技巧9招

目录
CONTENTS

第7章 合成、堆栈处理技巧6招

第8章 RAW格式照片基本处理技巧7招

第9章 RAW格式照片调曝光、校色技巧4招

第10章 风光、建筑照片处理技巧4招

第11章 城市夜景、银河、星轨照片处理技巧4招

第12章 人像照片处理技巧6招

目录
CONTENTS

第13章 人文及特效照片处理技巧5招

第14章 手机照片后期处理技巧15招

第 1 章

裁剪与拼合二次构图技巧7招

C H A P T E R 1

01 第1招　将封闭式构图裁剪为开放式构图

技法导读

开放式构图给人意犹未尽、“画外有话”的感觉。通过裁剪，我们可以轻松地将一张封闭式构图照片改变为开放式构图照片，操作时要注意裁剪的局部要有代表性与美感。

操作步骤

在Photoshop中打开需要编辑的原始照片。

观察当前照片整体的构图情况，构思如何裁剪能够得到好的开放式构图。构思完毕后单击工具栏上的裁剪工具 并在图像中单击，默认情况下将显示下图所示的裁剪框以及内部的三分网格。

分别拖动裁剪框四角及边缘的控制句柄，以改变裁剪的范围，直至得到类似下图所示的效果。

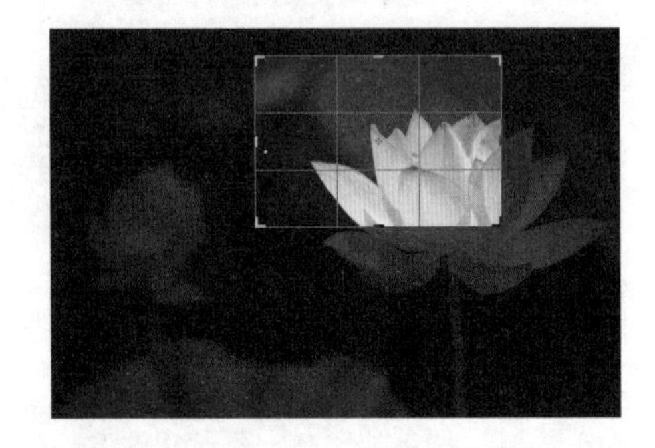

按Enter键确认裁剪，得到下图所示的最终效果。

02 第2招　将照片裁剪为标准三分构图

技法导读

在摄影中，三分构图法是由黄金分割构图法简化而来的一种常用构图方法，但有时由于拍摄匆忙或失误，照片并不符合三分构图原则，因此画面多存在不够美观、重点不突出或不平衡等问题。

利用Photoshop中的裁剪工具，我们可以对照片进行任意裁剪，还可以设置“三等分”等叠加方式，从而在裁剪过程中可以轻松确认画面元素的位置，使照片呈现标准的三分构图效果。

操作步骤

1. 观察照片原始构图

在Photoshop中打开需要编辑的原始照片。

我们可以利用裁剪工具的三分网格，观察当前照片整体的构图情况。因此选择裁剪工具，并在其工具选项栏中选择“三等分”叠加方式。

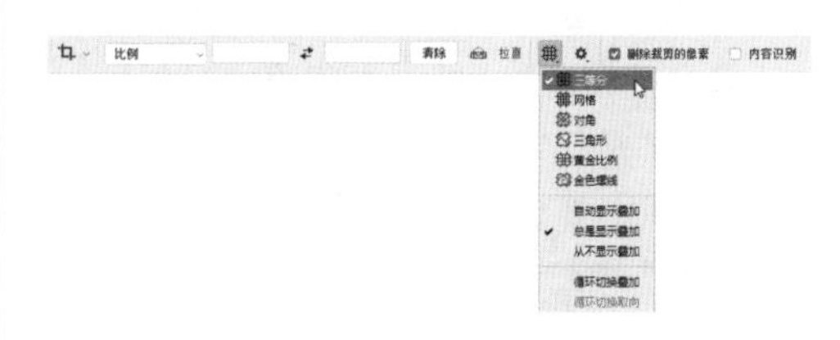

在选择裁剪工具后，默认情况下，照片周围会显示带有空心的控制句柄的裁剪框。

在照片中单击，各控制句柄变为实心，并按照所设置的裁剪参数创建相应的裁剪框。例如此时应该显示一个带有三等分线的裁剪框。

2. 按三分构图法裁剪画面

对于当前的照片来说，通过三等分线可以看出，画面属于标准的三分构图，地平线位于下方的三等分线上。但在本例中，我们要将其从方画幅裁剪为横画幅，并仍然保持画面符合三分构图的要求，因此下面我们需要根据画面比例进行上下方向的裁剪处理。

将鼠标指针置于顶部中间的控制句柄上，按住Alt键并向下拖动，以向下进行裁剪；然后将鼠标指针置于裁剪框内部，向上拖动照片，直至将地平线置于下方的三等分线上。

确认得到满意的效果后，按Enter键确认裁剪即可。

从Photoshop CS6开始，用户可以单击裁剪工具选项栏中的“裁剪选项”按钮⚙，在弹出的菜单中选择裁剪模式。

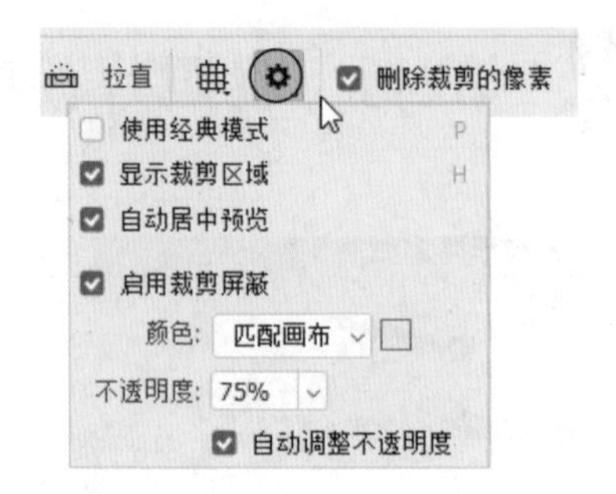

默认情况下，“使用经典模式”选项为未选中状态，此时软件将使用Photoshop CS6中新增的裁剪模式，即在裁剪过程中以移动和旋转图像的方式确定裁剪的位置和角度，此时还可以设置是否显示裁剪区域和自动居中预览。若选中“使用经典模式”选项，软件将使用Photoshop CS5及更早版本中的裁剪模式，即在裁剪过程中以移动和旋转裁剪框的方式确定裁剪的位置和角度。这两种工作模式各有优劣，用户可以根据个人喜好和实际需要选择裁剪模式。

03 第3招 二次构图让画面焦点更突出

技法导读

在拍摄照片时，往往存在拍摄匆忙、考虑得不够充分或受拍摄环境、器材限制等问题。例如想拍摄远处的人物，但由于无法靠近人物，镜头焦距又不够长，导致照片容纳了大量多余的元素，人物不够突出。好在目前的数码相机普遍达到了1000万甚至2000万像素，因此我们可以通过后期二次构图的方式将多余元素裁剪掉，从而突出照片主体。在裁剪过程中，首先需要根据最终保留的内容确定照片的画幅，即横画幅或竖画幅；其次需要确认画面的比例，通常来说，采用与原始照片相近的比例即可。另外，在裁剪过程中，除了将多余元素裁剪掉以突出照片主体外，还要注意画面是否水平等问题。对于局部无法通过裁剪去除掉的元素，可在裁剪后再进行修复处理。

操作步骤

1. 确定裁剪范围

在Photoshop中打开需要编辑的原始照片。

在本例的照片素材中，其上、下方向上的内容较为单调，如果使用竖画幅，必然会暴露这一问题，因此本例将采用横画幅进行裁剪。在画面的比例上，本例将采用与原始照片相同的比例。

选择裁剪工具，并在其工具选项栏中进行设置。

使用裁剪工具沿着照片文档的边缘绘制裁剪框。

绘制与照片大小相同的裁剪框，是为了获得当前照片的比例。在后面的裁剪过程中，等比例缩放裁剪框，即可让裁剪后的照片拥有与原始照片相同的比例。

将鼠标指针置于裁剪框右上角的控制句柄上，按住Alt+Shift键缩小裁剪框，并适当调整其位置，以初步确定照片的构图。

2. 调整裁剪角度

观察裁剪框边缘与照片中的横柱可以看出，二者并不平行，因此需要对照片进行校正处理。但要注意的是，老人手臂下面存在两根横柱，这两根横柱也不是平行的，此时就需要选择其中一根横柱作为校正的依据。本例中以更靠近老人面部（即视觉焦点处）的横柱为准进行裁剪角度的校正。

将鼠标指针置于裁剪框外部并拖动，以旋转裁剪框，此时裁剪框内部会自动显示网格以辅助对齐。

确认得到满意的裁剪效果后，按Enter键确认裁剪即可。

3. 修除多余元素

在照片裁剪后，左下角存在一处红色，在视觉上非常抢眼，影响了对主体老人的表现，因此需要将其修除。

选择套索工具，沿着这处红色的边缘绘制选区。

选择“编辑—填充”命令，在弹出的对话框中进行设置，然后单击“确定”按钮退出对话框，并按Ctrl+D键取消选区，即可将照片中的这处红色修除。

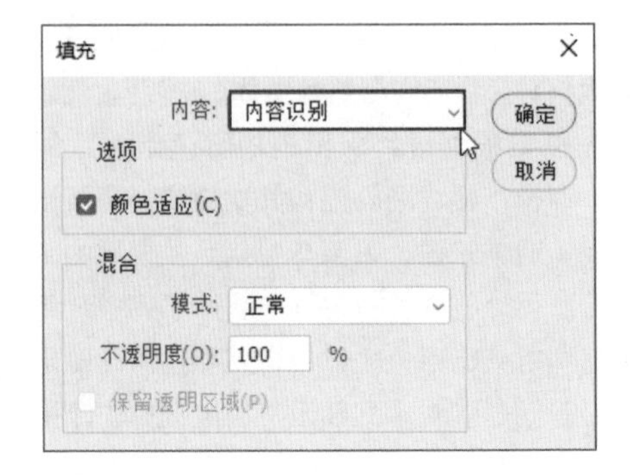

4. 调整主体与背景的明暗对比

在完成裁剪与修除多余元素后，观察照片整体可以看出，背景的亮度较高，人物不够突出，下面就针对此问题进行处理。

单击“创建新的填充或调整图层”按钮 ，在弹出的菜单中选择“曲线”命令，得到“曲线 1”图层，在“属性”面板中进行设置，以降低照片的亮度。

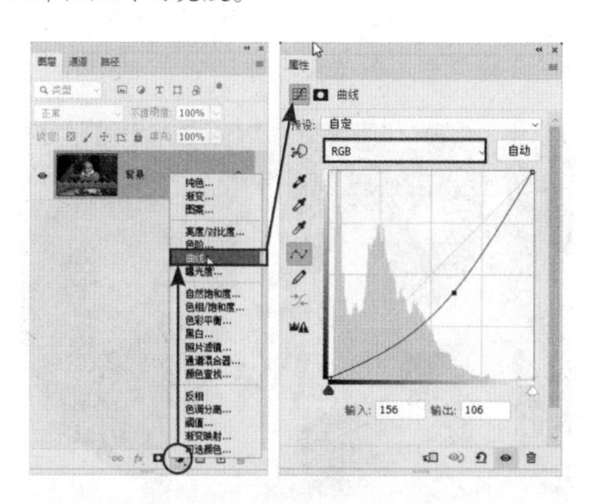

此处主要是为了压暗背景，因此在调整时只关注对背景的调整即可，后面会恢复人物的亮度。

选择“曲线 1”图层的图层蒙版，设置前景色为黑色，选择画笔工具 并在其工具选项栏中设置适当的参数。

使用画笔工具 在人物身体上进行涂抹，以恢复其亮度。

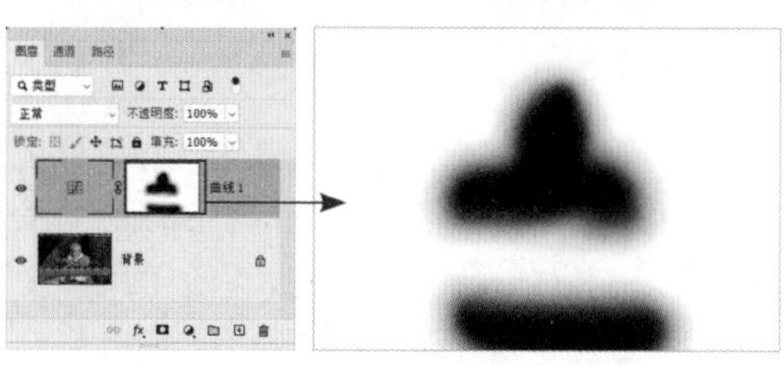

按住 Alt 键，单击“曲线 1”图层的图层蒙版缩略图，可以查看蒙版的状态。

04 第4招　利用高像素优势对一张照片应用多种构图方案

技法导读

对于很多像素较高的照片来说，并非只有一种构图方案可以选择，不同的构图表达的画面意境、突出的重点各不相同，它们之间并没有优劣之分，只是要体现的内容不同而已。

本例使用的技术较为简单，关键在于对各种裁剪思路的理解。在裁剪过程中，我们可配合裁剪网格（如“三等分”“黄金比例”等）进行辅助构图。

操作步骤

1. 确认裁剪方案

在Photoshop中打开需要编辑的原始照片。

根据自身对构图的理解以及画面要表现的重点，在脑海中大致确定裁剪方案。例如下图中绘制了3个不同颜色的线框，每个线框都代表了一种裁剪方案。

2. 实施裁剪方案

确定裁剪方案后，就可以使用裁剪工具 进行裁剪了。

下面是实施上述3种裁剪方案后得到的照片。第1张照片采用竖画幅突出人物整体；第2张照片仍然是竖画幅，但缩小了构图范围，重点表现人物的面部与手部姿势；第3张照片采用横画幅，重点表现人物的面部。

在裁剪过程中，最好不要使线框超出原始照片的范围，否则在默认情况下，超出的部分会显示为透明状态。

05 第5招　校正照片的倾斜问题

技法导读

在拍摄照片时，尤其是带有水平线或垂直线的照片，通过肉眼观察往往无法确定水平线是否绝对水平，或者建筑物看上去是否垂直耸立于地面，甚至在开启了相机的辅助构图网格时，也可能由于拍摄匆忙导致画面倾斜，这样会极大地影响画面的平衡性及美观程度。

在裁剪工具的工具选项栏中，使用“拉直”按钮在倾斜的照片中拖出一条与参照物平行的线条，Photoshop即可自动对照片进行倾斜校正处理。在处理过程中，Photoshop还可以显示裁剪网格，以帮助我们确认校正结果的准确性。

操作步骤

1. 显示裁剪网格

在Photoshop中打开需要编辑的原始照片。

我们可以利用裁剪工具的网格，观察当前照片的倾斜情况。一些轻微的倾斜问题肉眼很难分辨，但通过网格，我们就能够很容易地发现问题所在。

选择裁剪工具，并在其工具选项栏中选择“网格”叠加方式。

在照片中单击，以显示带有网格的裁剪框。

2. 绘制校正线条

当前照片中的参照物是右侧的地平线，由于它只占画面的一小部分，因此在绘制时要尽可能让校正线条与之平行。

在工具选项栏中单击“拉直”按钮，并将鼠标指针置于右侧的地平线上。

按住鼠标左键向左拖动，并保持校正线条与地平线平行。

确认校正线条与地平线平行后，释放鼠标左键，Photoshop即可自动校正照片的倾斜度。

确认得到满意的结果后，按Enter键确认裁剪即可。

由于当前照片在曝光和色彩上都不太突出，因此笔者尝试对其进行HDR合成处理。下图所示是处理后的效果，其方法可以参考本书第9章的相关内容。

06 第6招 快速校正照片的透视问题

技法导读

在使用广角镜头拍摄照片时，画面很容易出现透视变形，尤其对于建筑、桦树林等对象来说，由于其本身线条感较强，因此该问题会更明显。

使用透视裁剪工具 可以很容易地校正照片透视问题，在裁剪过程中，该工具还提供了能够随着裁剪框的变化而变化的网格，因此我们应随时查看并确认裁剪框与参照物之间的平行关系。

操作步骤

1. 创建透视网格

在Photoshop中打开需要编辑的原始照片。

选择透视裁剪工具 ，并在其工具选项栏中选中“显示网格”选项，从照片的左上方向右下方拖动，以创建对应整张照片的网格。

通过网格，我们可以明显看出建筑的透视变形问题，下面对其进行编辑处理。

2. 调整透视网格

将鼠标指针置于右上角的控制句柄上，向左侧拖动，同时观察网格，直至在垂直方向建筑物与透视网格线相平行。

按照类似的方法，再向右侧拖动左上角的控制句柄。

确认建筑物在垂直方向与网格线均平行后，按Enter键确认裁剪即可。

除了使用上述方法校正照片的透视变形外，我们也可以使用“滤镜—镜头校正”命令，在弹出的对话框中，勾选“显示网格”复选框，选择“自定”选项卡，并调整“变换”区域中的参数，直至得到满意的效果为止。

在上面的对话框中，笔者缩小了“比例”的数值，主要是希望将校正后的结果完整地显示出来。完成校正后，我们可以使用裁剪工具 进行自定义裁剪，并尽量保留更多的照片内容。

07 第7招　通过合成多张照片获得超宽全景照片

摄影师：郑义

技法导读

在拍摄照片时，为了突出景物的全貌，常常会采用超宽画幅进行表现。通常来说，较为简单的方法是摄影师可以拍摄全景照片并将其裁剪为超宽画幅，但这样会损失大量的像素。因此，要获得高质量、高像素的超宽全景照片，通常的做法是在水平方向上连续拍摄多张照片，然后将其拼合在一起。

在本例中，我们将使用Photoshop中的“Photomerge”命令将多张照片拼合为一张超宽全景照片，然后结合裁剪工具 及“填充”命令对其边缘的空白进行裁剪和修复处理。在完成照片的基本拼合后，我们还将结合多个调整图层及图层蒙版等功能，对照片整体的曝光及色彩进行全面的处理。

操作步骤

1. 拼合超宽全景照片

在Photoshop中，选择“文件—自动—Photomerge”命令，在弹出的对话框中单击“浏览”按钮，在弹出的对话框中打开需要编辑的原始照片。按Ctrl+A键选中所有需要拼合的照片。

单击“打开”按钮从而将要拼合的照片载入对话框，并适当进行设置。

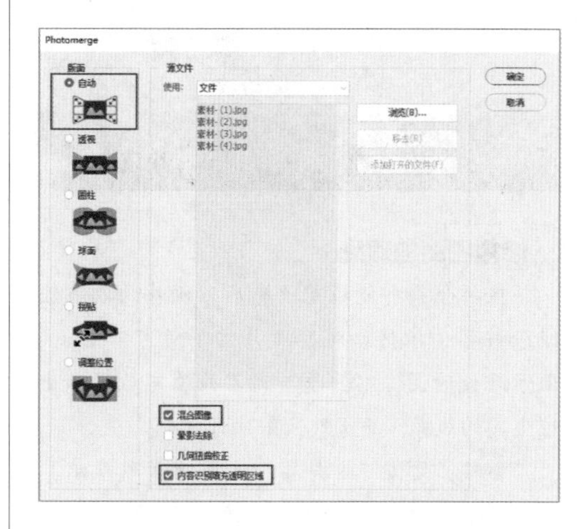

在“Photomerge”对话框中有一个“内容识别填充透明区域”选项，选中此选项后，Photoshop将在填充的结果上自动对边缘的透明区域进行填充。由于本例的边缘相对较为简单，因此我们可以选中此选项，应该能得到不错的结果。

单击“确定”按钮，Photoshop即可开始自动拼合超宽全景照片。在本例中，照片拼合后的效果如下图所示。

由于选中了“内容识别填充透明区域”选项，因此Photoshop会自动将所有照片合并至新图层中，再对边缘进行填充修复，同时还会显示处理时所用到的选区，以便于我们判断智能修复的区域。

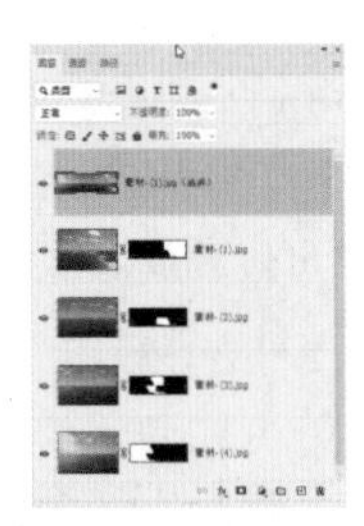

按Ctrl+D键取消选区。

2. 修复画面的瑕疵

在拼合并智能填充边缘后，照片的效果已经很好了，但仔细观察照片右下角可以看出，由于此处的图像略为复杂，因此填充后显示出较生硬的边缘。下面就来解决此问题。

新建“图层1”图层，选择仿制图章工具 并在其工具选项栏中设置适当的参数。

按住Alt键，使用仿制图章工具 在要修复图像的附近单击，以定义源图像。

释放Alt键，使用仿制图章工具 在要修复的图像上涂抹，直至将其修复得自然为止。

在本例中，由于照片边缘较为简单，因此我们只需对得到的拼合结果做少量修复处理。对于一些边缘较为复杂的照片，其拼合结果可能不够让人满意，在确定很难或无法修复时，我们可以使用裁剪工具 直接将这部分图像裁剪掉。

下图所示是对拼合照片进行调色及锐化等处理后的结果，由于这不是本例的重点，因此不再详细讲解。

第 2 章

抠图及批处理照片技巧6招

C H A P T E R 2

08 第8招　使用多边形套索工具抠图并合成创意趣味照片

技法导读

在本例中，我们将使用多边形套索工具抠选主体图像，并结合滤镜及调整图层等功能，合成一张极具创意的趣味照片。

操作步骤

1.导入原始照片

在Photoshop中打开需要编辑的原始照片，使用移动工具将其中一张照片（手机）拖至另一张照片（猫）中，得到“图层1”图层。

按Ctrl+T键调出自由变换控制框，按住Shift键调整图像大小并将其置于适当的位置。

2.绘制选区

使用多边形套索工具沿着手机屏幕边缘绘制选区。绘制选区时，应尽量靠近手机屏幕外部，以避免露出原图像中的白边。

选择“背景”图层，按Ctrl+J键将选区中的图像复制到新图层中，得到“图层2”图层，并将其拖至“图层”面板的顶部，得到如下页所示的图像效果和“图层”面板。

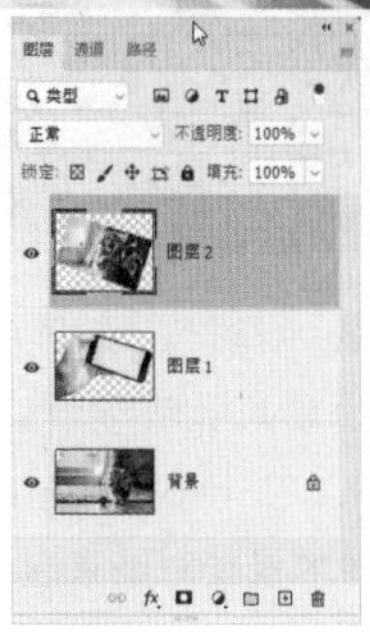

3.调整层次和色调

为了让手机屏幕中的图像与背景图像有层次上的区分，下面选中“背景”图层，按Ctrl+J键复制得到“背景 拷贝”图层。

选择“滤镜—模糊—高斯模糊”命令，在弹出的对话框中设置参数，得到模糊的背景效果。

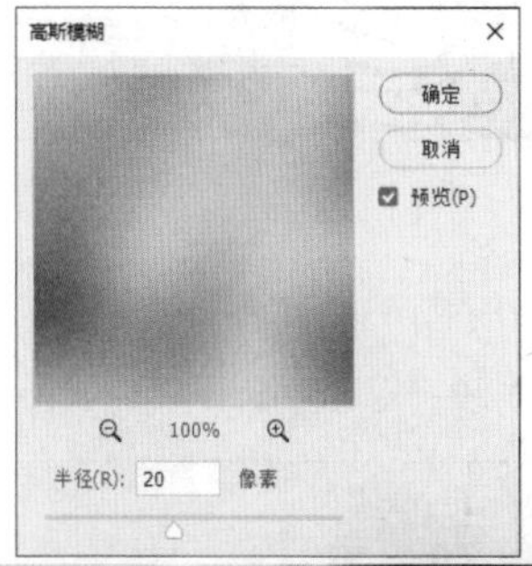

此时，图像的合成已经基本完成，但人手和手机图像的色调与背景图像不匹配，下面对其进行调整。

选择“图层1”图层，单击“创建新的填充或调整图层”按钮 ，在弹出的菜单中选择“色彩平衡”命令，得到“色彩平衡1”图层，按Ctrl＋Alt＋G键创建剪贴蒙版，从而将调整范围限制到下面的图层中，然后在“属性”面板中设置相应的参数，以调整图像的颜色。

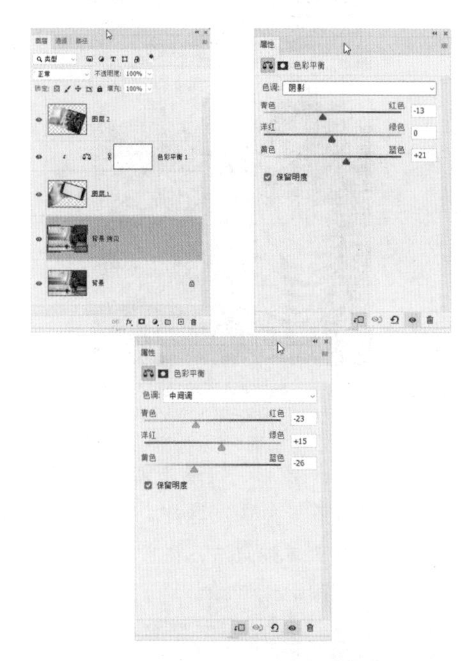

09 第9招　使用磁性套索工具抠图并制作色彩焦点照片效果

技法导读

保留主体的色彩、去除主体以外的色彩，可以增强主体在照片中的地位。在本例中，我们将使用较为简单的方法，将主体以外的图像处理为灰色效果。读者在学习了本书后面讲解的其他方法后，也可以进行更多的尝试。

操作步骤

1.绘制选区

在Photoshop中打开需要编辑的原始照片，选择磁性套索工具，并设置参数，其中的“频率”数值可以设置得大一些。

将鼠标指针置于人物头部的上方并单击以添加锚点，然后沿着人物的边缘移动鼠标指针，以绘制选区。

持续移动鼠标指针，在拐角较大的地方，可以通过单击的方式手动添加锚点，直至将人物完全选中为止，并按Ctrl+Shift+I键执行“反相”操作，得到下图所示的选区。

2.去色

按Ctrl+Shift+U键进行“去色”操作，以消除选区中图像的颜色。

保持选区不变，执行“图像—调整—亮度/对比度”命令，在弹出的对话框中降低亮度并提高对比度，以调整黑白区域，按Ctrl+D键取消选区，得到右图所示的最终效果。

10 第10招 使用快速选择工具抠图并更换衣服颜色

技法导读

快速选择工具能够迅速识别出物体的轮廓并将物体选中。在本例中，我们将使用快速选择工具 抠选照片中人物的衣服，并为其更换颜色。

操作步骤

1.选择衣服区域

在Photoshop中打开需要编辑的原始照片。

在工具箱中选择快速选择工具 ，在其工具选项栏中设置适当的画笔大小，将鼠标指针置于人物右上方的衣服上拖动，以将其选中。

本例主要是选中衣服并为其调色，衣服左上方的肩带为白色且不太容易完全选中，但这对调色结果没有影响，因此没有选中也没关系。

继续使用快速选择工具 在人物左下方的衣服上涂抹，以添加选区。此时，由于左下方衣服的颜色与人物手臂的颜色较为相近，因此很容易将人物的手臂也一并选中。

按住Alt键，继续使用快速选择工具 在人物右手上拖动，以减去该部分的选区。

按照上述的方法，再减去另外一只手臂上的选区。

2. 更换衣服颜色

选中衣服后，下面来调整其颜色。单击“创建新的填充或调整图层”按钮 ，在弹出的菜单中选择“色相/饱和度”命令，得到“色相/饱和度1”图层，在“属性”面板中设置其参数，以调整图像的颜色，得到最终的图像效果。

11 第11招　批量导出不同图层上的图像

技法导读

在Photoshop处理照片时，有时需要在一张素材照片的基础上做各种调色或处理尝试，从而得到不同的效果。在这种情况下，最常见的操作方式，就是将这些不同的效果放置在不同的图层上，然后将这些图层导出为单独的图像，放大观察加以比较。本例展示了将不同图层中的图像批量导出为指定格式图像的操作方法。

操作步骤

1. 在Photoshop中打开需要编辑的原始照片，此时可以在“图层”面板中看到，此素材图像含有包括“背景”图层在内的8个图层，除“背景”图层外，其他图层均为调整效果。

2. 在“图层”面板中，按住Ctrl键，分别单击选中需要导出的图层，在此由于需要导出除“背景”图层外所有图层，因此，可以先选择“图层8”，再按Shift键点击最上方的“图层7”，选择需要导出的图层。

3. 在“图层”面板右上角点击“图层菜单”按钮 ≡，在弹出的菜单中选择“导出为”菜单命令。

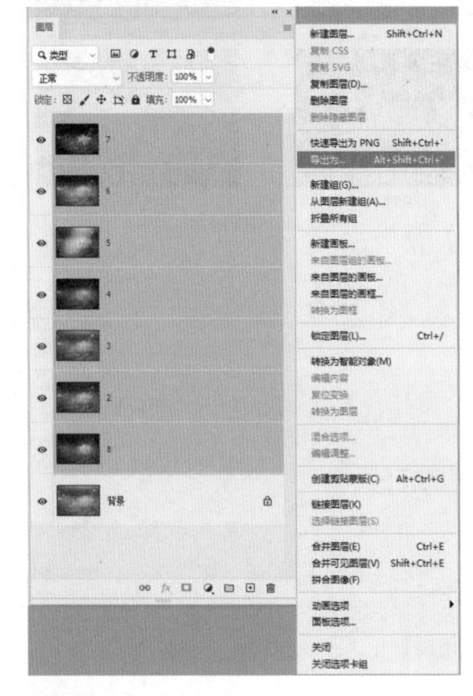

4. 在“导出为”对话框左上方的“缩放全部”参数区，设置导出后文件名的后缀，如果希望等比例缩放图像，可以在“大小”参数下拉列表中选择不同的数值。在对话框左侧选择需要导出的图层名称，在对话框右侧“文件设置”下拉列表菜单中选择需要导出的文件格式，在“图像大小”参数区设置导出后的图像大小，如果希望对照片进行裁剪，可以在“画布大小”参数区调整参数。

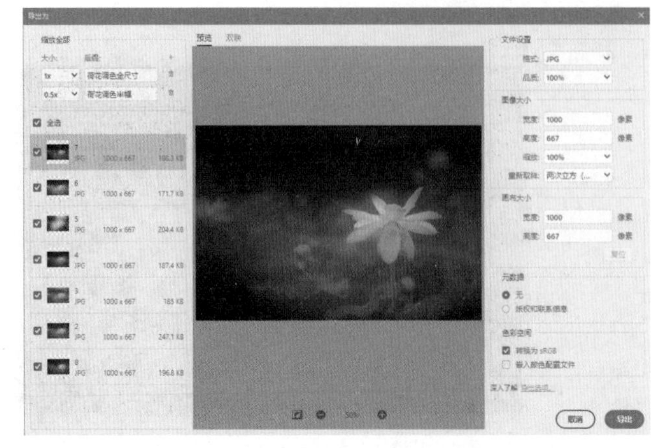

5. 设置好所有参数后，点击“导出”按钮，即可以得到若干图像文件。

名称	分辨率	类型	大小
2荷花调色半幅.jpg	500 x 334	JPG 图片文件	82 KB
3荷花调色半幅.jpg	500 x 334	JPG 图片文件	63 KB
4荷花调色半幅.jpg	500 x 334	JPG 图片文件	65 KB
5荷花调色半幅.jpg	500 x 334	JPG 图片文件	69 KB
6荷花调色半幅.jpg	500 x 334	JPG 图片文件	60 KB
7荷花调色半幅.jpg	500 x 334	JPG 图片文件	67 KB
8荷花调色半幅.jpg	500 x 334	JPG 图片文件	68 KB
2荷花调色全尺寸.jpg	1000 x 667	JPG 图片文件	248 KB
3荷花调色全尺寸.jpg	1000 x 667	JPG 图片文件	186 KB
4荷花调色全尺寸.jpg	1000 x 667	JPG 图片文件	188 KB
5荷花调色全尺寸.jpg	1000 x 667	JPG 图片文件	205 KB
6荷花调色全尺寸.jpg	1000 x 667	JPG 图片文件	172 KB
7荷花调色全尺寸.jpg	1000 x 667	JPG 图片文件	189 KB
8荷花调色全尺寸.jpg	1000 x 667	JPG 图片文件	197 KB

12 第12招　使用“图像处理器”命令批量调整照片格式与尺寸

技法导读

在处理照片时，批量转换照片的格式、设置照片尺寸等是经常用到的操作。使用Photoshop提供的“图像处理器”命令，我们可以很容易地对包括RAW格式在内的照片，进行批量处理。若有需要，我们也可以在“图像处理器”对话框中设置一个动作，从而在处理照片的同时应用一个动作，以实现更加高效的批量照片处理。

操作步骤

1. 选择要处理的照片

执行“文件—脚本—图像处理器”命令，弹出“图像处理器”对话框。

观察可以发现，该对话框已经将操作过程分为了4个步骤。在本例中，我们只需要对前3步进行设置即可。

单击对话框第一区域中的“选择文件夹”按钮，在弹出的对话框中选择需要处理的照片所在的文件夹，然后单击“确定”按钮。

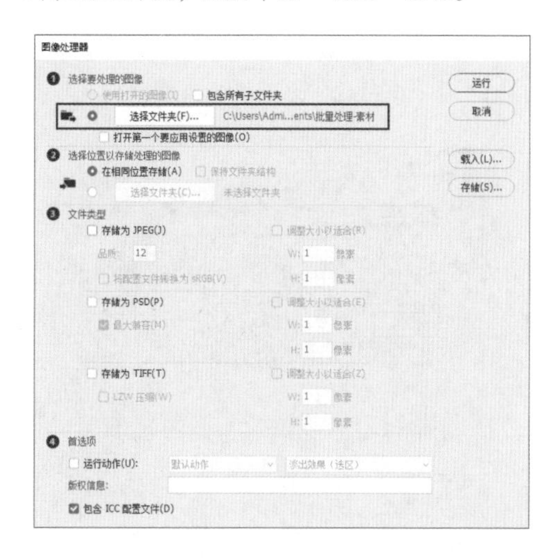

2.设置存储位置

在对话框的第二区域中，设置处理后图像的存储位置为“在相同位置存储”。

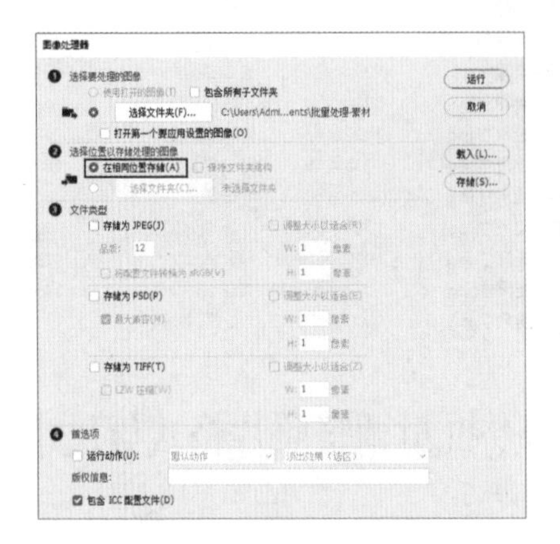

“图像处理器”命令是将处理后的照片，在所选目录下按照格式名称创建一个文件夹，并将转换后的照片存储在该文件夹中。例如，在转为JPEG格式时，Photoshop会在当前所选文件夹下创建一个名为“JPEG”的文件夹，并将转换后的照片存储在其中，因此即使选中“在相同位置存储”选项，我们也不用担心源照片会与转换后的照片混在一起。

若需要保存至其他文件夹，可以选中“选择文件夹”选项，然后单击“选择文件夹”按钮，在弹出的对话框中选择保存的路径即可。

3.转换格式、设置尺寸

在对话框的第三区域中选中“存储为JPEG”选项，并在下方设置其品质为12。

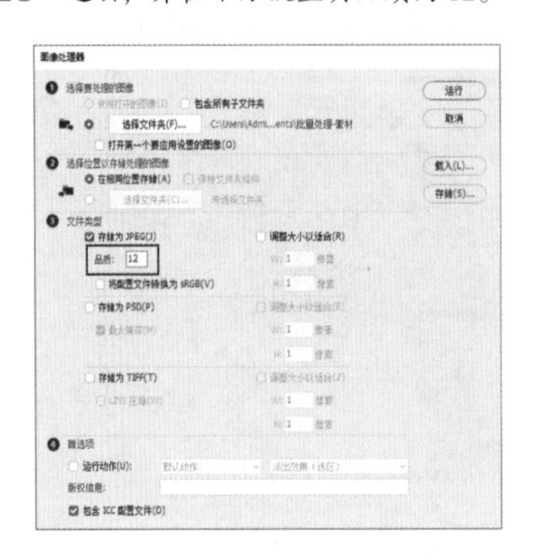

JPEG格式的品质参数区间为1~12，而不是1~10，因此要得到最高品质的JPEG格式的照片，一定要记得将品质设置为12。

选中“调整大小以适合”选项，并设置图像的尺寸。

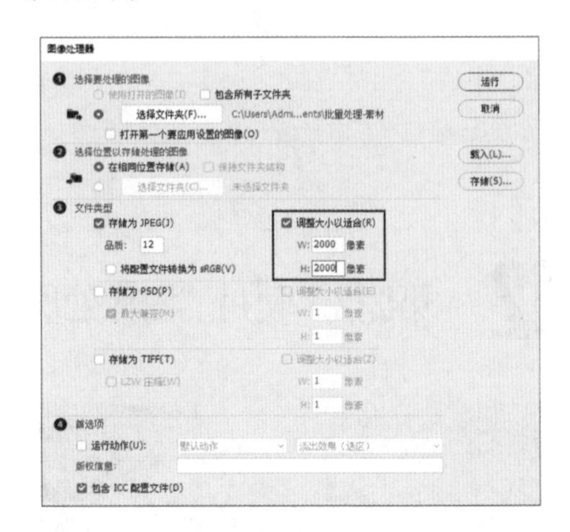

本例中，导出的照片的尺寸为2000像素×2000像素，也就是说，导出的照片的最大宽度或最大高度不会大于2000像素，而不是指导出为2000像素×2000像素尺寸的照片，且导出的照片将是与原照片等比例的。读者在处理照片时，可根据电脑配置能够承受的大小或实际需要适当调整导出照片的尺寸。

设置完成后单击“运行”按钮，Photoshop开始批量处理图像。图像处理完毕后，Photoshop将在所选的输出位置生成一个新的文件夹，进入该文件即可看到处理完成后的照片。

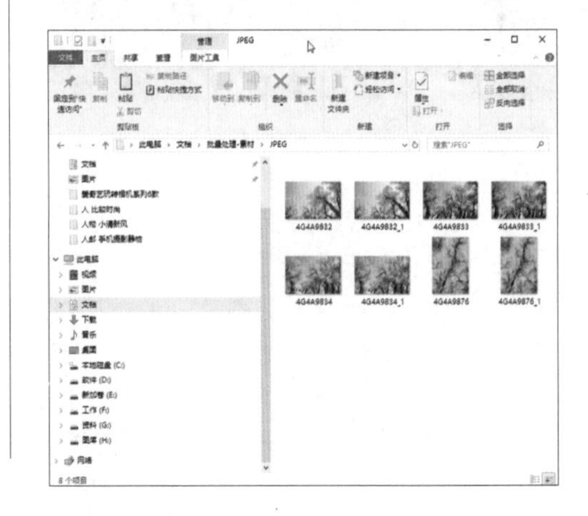

13 第13招　使用“批处理”命令批量处理照片

技法导读

在处理照片时，常常存在对一组或一系列照片进行相同或相似处理的情况。此时，比较高效的做法就是将要执行的处理操作录制成为动作，然后借助“批处理”命令对批量照片进行处理。在本例中，我们将录制一个将照片调整为经典的蓝黄色调效果的动作。在录制过程中，一定要保证每步操作的正确性，或在做错或做其他操作时停止动作，以免录入不需要的操作。

操作步骤

1.创建动作

在Photoshop中打开需要处理的照片所在的文件夹中的任意一张照片。

按F9键显示“动作”面板，单击“动作”面板底部的“创建新组”按钮 ，在弹出的对话框中单击“确定”按钮，从而以默认的名称创建一个新组。

在“动作”面板中，单击“创建新动作”按钮，在弹出的对话框中直接单击“记录”按钮退出对话框，此时即开始记录所做的操作。

要注意的是，Photoshop中的动作可以记录绝大部分的菜单命令执行的操作，但无法记录选择和使用工具执行的操作。

2.录制调整动作

单击“创建新的填充或调整图层”按钮，在弹出的菜单中选择“曲线”命令，得到“曲线1”图层，在“属性”面板中选择“蓝”通道并设置其参数，从而将照片调整为经典的蓝黄色调效果。

确认得到满意的效果后，按Ctrl+E键向下合并图层，然后单击“动作”面板底部的“停止播放/记录”按钮 ，完成当前动作的录制。

在本例中，我们录制了一个简单的照片批量处理命令，以将照片调整为蓝黄色调效果。读者掌握本例的方法后，也可以根据实际情况，再结合前面讲解的相关知识，自行设置批处理的参数。

3.应用“批处理”命令

要对照片进行批量处理，我们可以将需要处理的照片统一放在一个文件夹中。

执行“文件—自动—批处理”命令，调出“批处理”对话框。在“组”和“动作”下拉列表中选择前面录制的动作。

在“源”下拉列表中选择“文件夹”选项，然后单击“选择”按钮，在弹出的对话框中选择需要处理的照片所在的文件夹，然后单击“确定”按钮返回“批处理”对话框。

在“目标”下拉列表中选择“存储并关闭”选项即可。

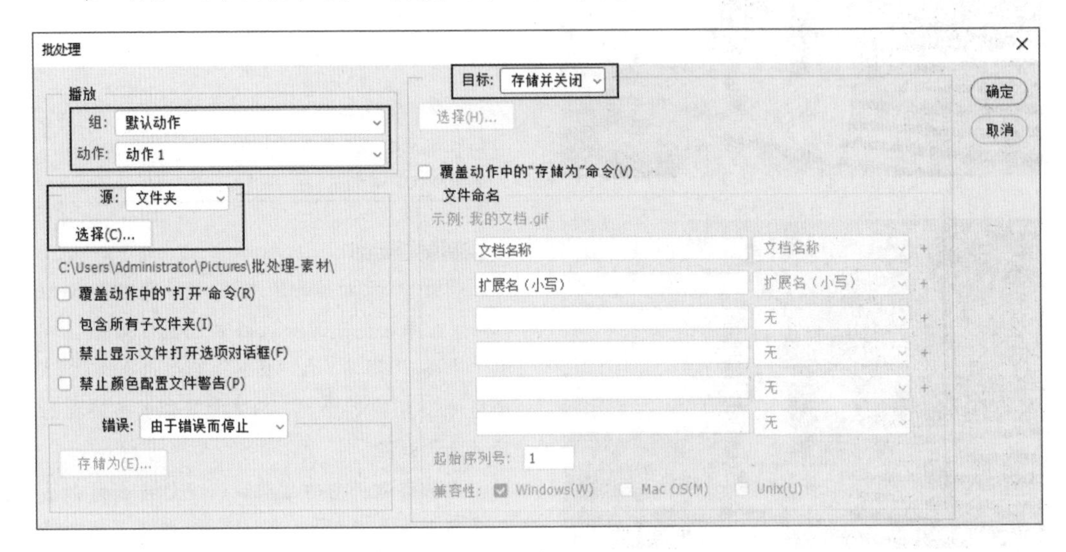

若在“目标”下拉列表中选择“文件夹”选项，则可以单击下面的“选择”按钮，在弹出的对话框中选择处理后的照片所在的文件夹，但此时要在动作中增加保存操作，否则无法保存动作的调整结果。另外，还可以在底部的“文件命名”区域中，可以设置适当的参数，从而对处理后的文件进行重命名处理。

完成后单击“确定”按钮，即可开始进行批处理操作，直至完成。

第 3 章

去污点及杂物常用技巧3招

C H A P T E R 3

14 第14招　使用仿制图章工具修除照片中的多余元素

技法导读

在拍摄照片时，尤其是在户外拍摄时，难免会将一些杂物拍入画面中。这些杂物的形态可能是多样的，例如有些杂物的周围较为简单，修除起来比较容易，而有些杂物的周围则相对较为复杂，甚至与主体相交，此时就难以修除。因此我们需要采用手动与智能方法相结合的方式进行处理，以提高工作效率。

操作步骤

1. 修除海平线处的杂物

在Photoshop中打开需要编辑的原始照片。

在本例中，我们要修除的杂物主要包括左上方的海岸、右上角的一个小杂物，以及下方海滩上的杂物，其中右上角是最好修复的，因此下面先对其进行处理。

按Ctrl+J键复制“背景”图层，得到“图层1”图层。

选择修补工具，并在其工具选项栏中设置适当的参数。

使用修补工具沿着右上角杂物的边缘绘制选区，以将其选中。

使用修补工具绘制选区时，其功能相当于套索工具，旨在选中要修除的图像。因此我们可以使用其他工具或命令选中要修除的区域，然后使用修补工具进行修除处理。

将鼠标指针置于选区内部，按住鼠标左键向左侧拖动选区至无杂物的相似的图像上。

释放鼠标左键，按Ctrl+D键取消选区，完成此处图像的处理。

2. 智能修除海滩上的杂物

海滩上的杂物主要可以分为两部分，一部分是离人物较近的杂物，由于它们与人物有一定的交融，因此使用智能方式难以修除，需要手动进行修除；另一部分是离人物较远的杂物，这些杂物的边缘较为简单，我们可以按照类似第1步的方法进行修除处理。下面讲解智能修除海滩上的杂物的具体操作方法。

按照第1步的方法，使用修补工具选中其中一块杂物，并将其拖至下方的无杂物的相似的图像上，以进行修除处理。由于前面已经讲解过详细的操作步骤，因此下面仅给出本次修除处理的流程图。

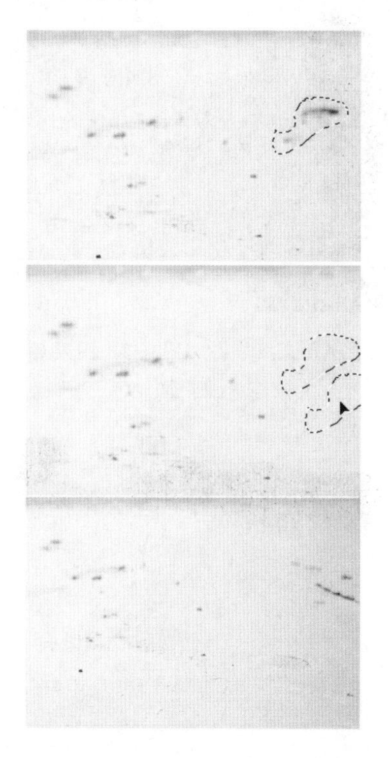

按照上述方法，将海滩上离人物较远的杂物全部修除。

3. 手动修除海滩上的杂物

下面来修除海滩上离人物较近的杂物，由于它们与人物有一定的交融，因此只能通过手动修除的方式进行处理。具体操作方法如下。

新建“图层2”图层，选择仿制图章工具并在其工具选项栏中设置参数。

按住Alt键，使用仿制图章工具在要修除的杂物附近单击以定义复制的源图像。

释放Alt键，使用仿制图章工具在要处理的位置进行涂抹，以将杂物修除。

在修除靠近人物的杂物时，应该将画笔“硬度”设置为100%，并增大显示比例，以进行精确的修除，并避免手臂处产生虚边问题。

按照上述方法，继续修除其他在人物附近的杂物即可。

4.修除照片左上方的海岸

照片左上方的海岸压住了人物头部，给人一种不适的视觉感受。下面通过复制右侧图像并覆盖左侧的方式，将其修除。

选择矩形选框工具，在右上方区域绘制选区，以将其选中。

按Ctrl+Shift+C键执行“合并拷贝”操作，再按Ctrl+V键执行“粘贴”操作，得到“图层3”图层。

选择“编辑—变换—水平翻转”命令，以水平翻转图像。按Ctrl+T键调出自由变换控制框，将当前图像移至左侧位置，并适当增大其宽度，然后按Enter键确认变换操作。

单击“添加图层蒙版”按钮为“图层3”图层添加图层蒙版，设置前景色为黑色，选择画笔工具并设置适当的画笔大小及不透明度，在人物头部上涂抹以将多余的图像隐藏。

按住Alt键，单击“图层3”图层的图层蒙版缩略图，可以查看其中的状态。

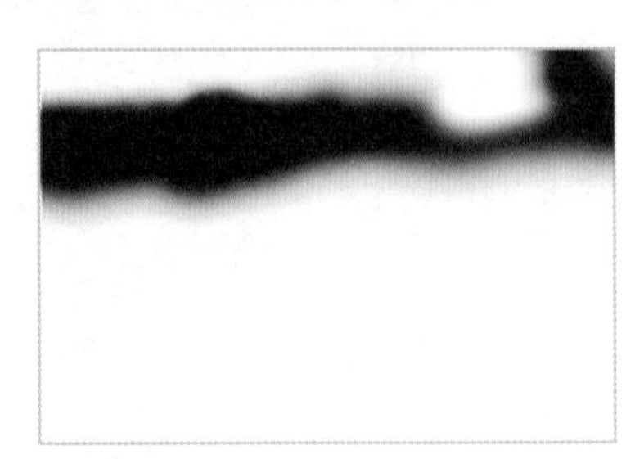

由于右侧图像包含一个小岛，在将其复制到左侧并添加图层蒙版时，若没能将这个小岛全部隐藏，就会露出下面的海岸图像。下面通过覆盖的方法，将露出的少量的小岛图像隐藏起来。

新建“图层4”图层，按照第3步中讲解的仿制图章工具的用法，设置适当的画笔参数，然后在剩余的小岛图像附近定义源图像，并将其修除即可。

15 第15招　使用“填充”命令智能修除照片中的行人

技法导读

在公园、街道或景区拍摄照片时，难免会将多余的人物拍入画面，通常来说，这些多余的人物都要修除掉，以保证画面的简洁和美感，但完全手动修除的话，工作量太大。本例讲解的方法，就是使用Photoshop对图像进行分析并自动处理。对于较为简单的图像来说，这可以实现极佳的效果；对于较复杂的图像，这也能够得到较好的效果。然后我们在此基础上对剩余的瑕疵做进一步处理，可以大幅减少工作量。

操作步骤

1.选中需要修除的人物

在Photoshop中打开需要编辑的原始照片。

当前照片左上方存在一个多余的人物，虽然已经被虚化，但还是易识别，这会大大分散画面的视觉焦点，因此下面将其选中并修除。

按Ctrl+J键执行“通过拷贝的图层”操作，以复制“背景”图层得到“图层1”图层。

选择套索工具并沿着多余人物的周围绘制选区，以大致将其选中。

2. 自动填补选中区域

选择“编辑—填充”命令，在弹出对话框中的“内容”下拉列表中选择“内容识别”选项，其他参数保持默认即可。

单击“确定”按钮退出对话框，Photoshop即可自动对选中的图像进行修复处理。

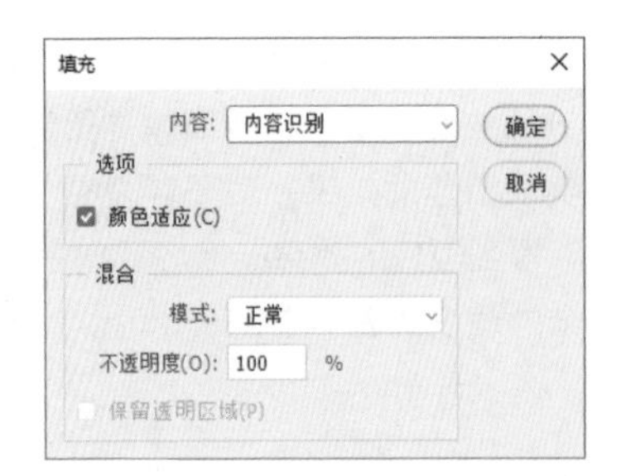

初次的修除结果可能不太令人满意，此时可以按Ctrl+Z键撤销，然后适当缩小选区，选区选择得越精确，修除的结果相对越好。我们也可以在撤销后，对同一选区再次执行填充操作，有时会得到略为不同的修除结果，直至满意为止。如右上图所示，就是经过多次处理后的结果。

3. 修复细节

通过上面的处理后，多余人物的大部分已经修除了，此时还剩一些瑕疵需要手动进行修除。

新建“图层2”图层，选择仿制图章工具，并在其工具选项栏中设置参数。

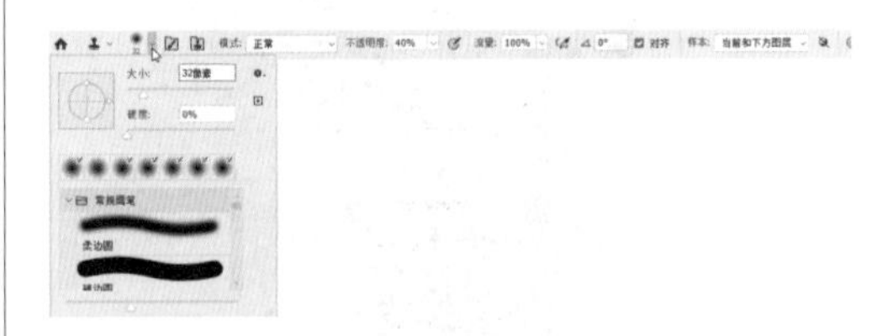

按住Alt键，使用仿制图章工具，在生硬边缘的附近单击以定义复制的源图像。

使用仿制图章工具，在要处理的位置进行涂抹，直至得到满意的效果为止。

16　第16招　使用修补工具自定义修除照片中的杂物

技法导读

在拍摄照片时，由于构图失误，或者因构图需要，画面中不可避免地会存在一些多余的杂物。Photoshop提供了非常强大的智能修补功能，可以快速、准确地修除这些多余元素。智能修补最大的特点就是操作十分简单，我们只需要确定并选中要修除的元素，应用相应的命令就可以快速实现修补处理。要注意的是，此功能较适合对较为简洁的照片进行修补处理，若需反复进行修补且无法得到满意的结果，则建议使用其他方法进行修补。

操作步骤

1.选中杂物

在Photoshop中打开需要编辑的原始照片。

在本例中，照片主体的周围存在3处多余的杂物，严重影响了对主体人物的表现，因此需要将其修除。由于杂物较为简洁，因此下面使用可以任意绘制选区的套索工具 将其选中并进行修补处理。

选择套索工具 并沿着顶部杂物的周围绘制选区，以将其选中。

2.修除杂物

按Shift+BackSpace键或选择“编辑—填充”命令，在弹出对话框的“内容”下拉列表中选择“内容识别”选项，其他参数保持默认即可。

设置参数完毕后，单击“确定”按钮退出对话框，并按Ctrl+D键取消选区，即可修除选中的杂物。

按照上述方法，再选中并修除另外两处杂物即可。

第 4 章

去噪、锐化常用技巧6招

C H A P T E R 4

17 第17招　消减长时间曝光产生的热噪

技法导读

在长时间曝光时，尤其是环境较暗时，照片容易产生热噪，即随着曝光时间的增长，感光元件逐渐发热，进而使照片产生颗粒较大的噪点，且曝光时间越长，热噪越强烈。

使用Photoshop中的“减少杂色”命令可以很好地消除照片中的噪点。当然，仅仅使用这个命令对消减热噪来说还是不够的，此时修复后的图像容易产生类似锯齿状的边缘。因此在本例中，我们还将使用“表面模糊”命令，对图像进行平滑处理。

操作步骤

1.初步消除噪点

在Photoshop中打开需要编辑的原始照片。

由于“减少杂色”命令中的参数较多，因此下面将复制图层并将其转换为智能对象图层，从而在应用此滤镜后可以生成对应的智能滤镜，以便于后续的编辑和修改。

按Ctrl+J键复制“背景”图层得到“图层1”图层，并在该图层的名称上单击鼠标右键，在弹出的菜单中选择“转换为智能对象”命令。

选择“滤镜—杂色—减少杂色”命令，在弹出的对话框中设置参数，以初步消除照片中的噪点。

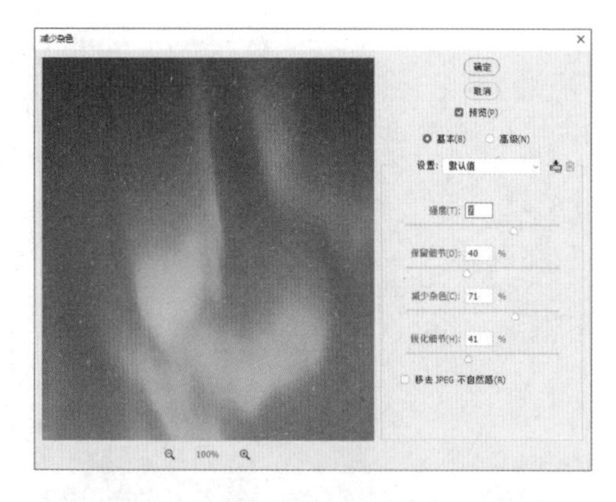

下图所示为消除噪点前后的局部效果对比。

2.高级降噪处理

虽然上面的调整在一定程度上消除了照片中的噪点，但照片中仍然存在较多的噪点，因此下面对其做进一步的处理。

选中对话框中的“高级”选项，此时将激活“整体”和“每通道”子选项卡。其中“整体”选项卡展示了之前在选中“基本”选项时调整的默认参数，在“每通道”选项卡中，则可以分别针对各个通道进行单独的降噪处理。切换至“每通道”子选项卡，在其中选择“绿”通道，并设置下面的参数，直至得到满意的效果。

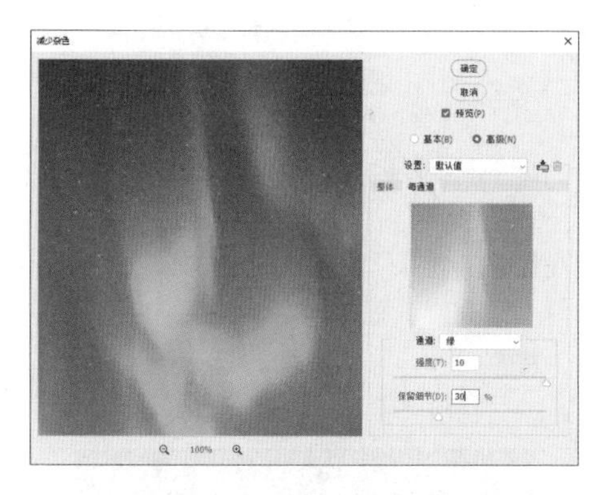

下图所示为消除噪点前后的局部效果对比。

观察后可以看出，该照片实际上在“红”和“蓝”通道中也包含较多的噪点，但使用“减少杂色”命令已经无法再对其做大幅的优化处理，因此这里放弃对这两个通道的处理。

3. 模糊处理

此时，照片中还存在一些较细小的噪点，而且极光边缘还存在一些由于做了大幅度降噪处理而产生的锯齿状图像。下面通过对整体进行模糊处理，来解决此问题。

选择“滤镜—模糊—表面模糊”命令，在弹出的对话框中设置适当的参数，以消除细小的噪点及极光边缘的锯齿状图像。

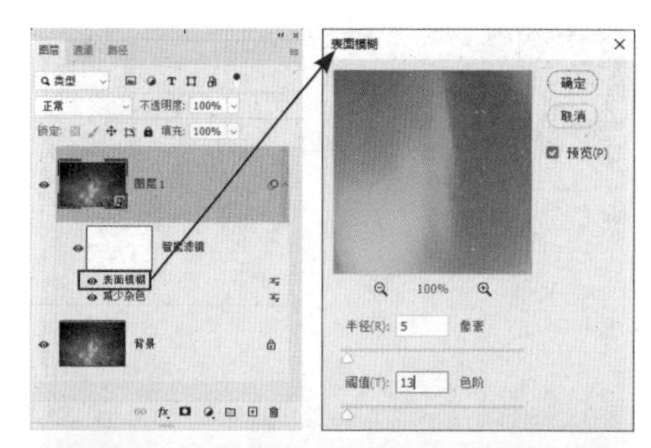

下图所示为对整体进行模糊处理前后的局部效果对比。

4. 恢复细节

通过前面3步的处理，照片中几乎所有的噪点都已经消除了，但同时丧失了一些细节，这主要集中在下方的大山上。下面就来解决这个问题。

选择“图层1”图层的图层蒙版，设置前景色为黑色，选择画笔工具 并在其工具选项栏中设置适当的画笔大小及不透明度等参数，然后在下方大山图像上进行涂抹，以恢复一定的细节。

按住Alt键，单击“图层1”图层的图层蒙版缩略图，可以查看其中的状态。

注意这里不要恢复得过多，因为下方大山上原来存在较多的噪点，恢复得过多，噪点也会显示得更多。

下图所示为恢复细节前后的局部效果对比。

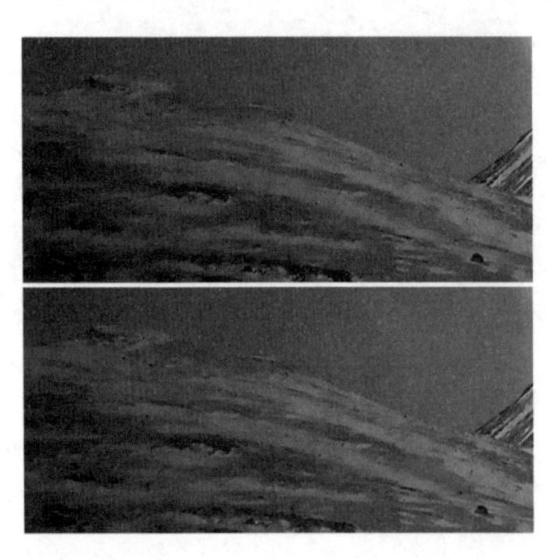

5.锐化细节

通过前面的处理，照片损失了较多的细节，虽然第4步恢复了下方大山的一些细节，但对整体来说，仍然不够。下面对照片进行锐化处理，并适当提高其立体感。

选择“图层”面板顶部的图层，按Ctrl＋Alt＋Shift＋E键执行“盖印”操作，从而将当前所有可见图层中的图像合并至新图层中，得到“图层2”图层，并将其转换为智能对象图层。

选择“滤镜—其它—高反差保留”命令，在弹出的对话框中设置“半径”的数值为14.9。

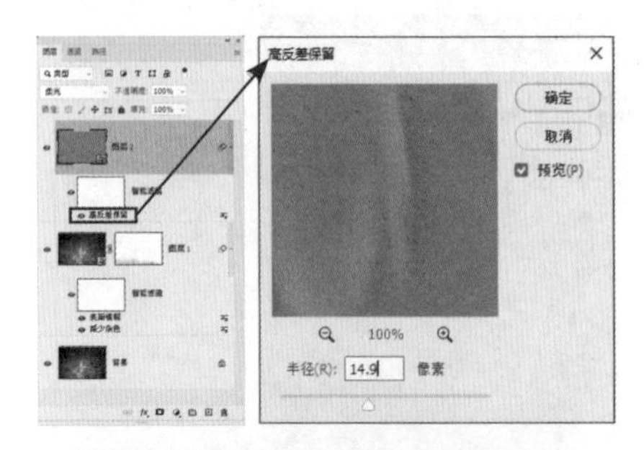

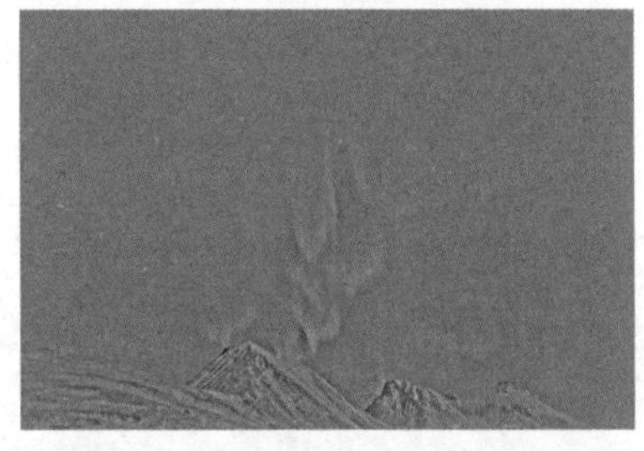

设置“图层2”图层的混合模式为“柔光”，以强化照片中的细节，提升其立体感。

下图所示为锐化前后的局部效果对比。

18 第18招 用Adobe Camera Raw去除大光比照片阴影处的噪点

技法导读

在本例中，我们首先利用裁剪和旋转工具 对照片构图进行二次处理，然后使用“基本”选项卡中的功能，对照片进行曝光及色彩的校正处理，此时照片中存在较多的噪点，因此我们还要利用“细节”选项卡对其中的噪点与异色进行校正处理。

操作步骤

1.裁剪照片

在Camera Raw中打开需要编辑的原始照片。

在本例中，画面的构图不太协调，因此在进行其他处理前，首先裁剪照片，进行二次构图。

在本例中，我们主要采用三分构图法对照片进行重新处理，在Adobe Camera Raw 13.0版本中，切换至裁剪和旋转工具 时，画面中即可显示九宫格网格。

使用裁剪和旋转工具 在照片中拖动，并调整裁剪框。

按Enter键或选择任意一个其他工具，以完成裁剪操作。

2.调整曝光

当前照片存在严重的曝光不足问题，因此裁剪照片后，下面对其进行曝光方面的调整。

选择“基本”选项卡，在右侧中间区域调整照片整体的曝光与对比度。

继续在底部区域调整参数，以强化照片整体的色彩。

3.消除噪点

由于原始照片存在严重的曝光不足问题，因此在进行大幅度的提亮处理后，画面显示出大量的噪点，下面对其进行处理。为了便于观察，可以将显示比例设置为100%或更大。

选择“细节”选项卡，向右拖动“减少杂色”滑块，以减少噪点。

下图所示为消除噪点前后的局部效果对比。

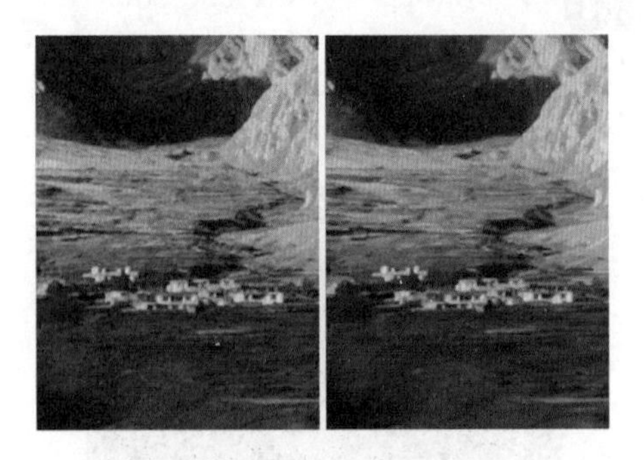

继续调整其他参数，以优化噪点与异色。

下图所示为继续优化调整前后的局部效果对比。

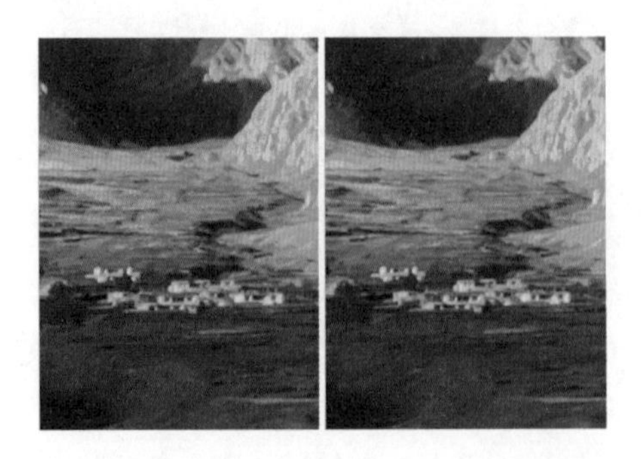

19 第19招 利用“表面模糊”命令分区降噪来获得纯净山水剪影效果

技法导读

日出日落时是拍摄剪影的最佳时间之一，但此时往往光线不够充足，导致画面容易出现较多的噪点。此时拍摄的画面有较为简洁的特点，因此在进行降噪时，我们可以使用简单、快速的方法进行处理。

在本例中，我们主要使用“表面模糊”命令对照片进行降噪处理，并结合图层蒙版功能，分别对照片的亮部与暗部进行降噪，以实现分区降噪，尽可能保留更多细节的目的。

操作步骤

1.显示暗部细节

在Photoshop中打开需要编辑的原始照片。

对当前照片来说，其暗部细节较少，因此在对整体进行降噪处理前，应先优化其暗部。

选择“图像—调整—阴影/高光”命令，在弹出的对话框中设置参数，以适当显示出暗部细节。

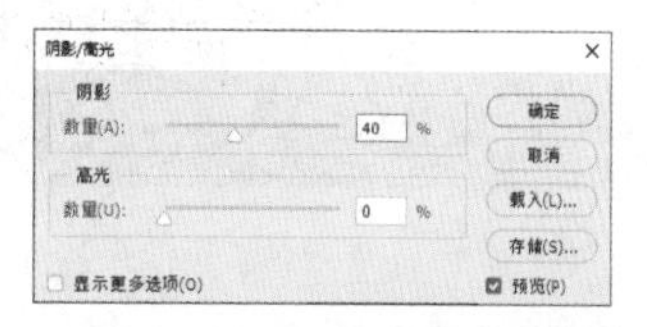

由于当前照片本身包含较多的噪点，在对暗部进行提亮后，噪点问题会变得更严重，因此要注意在显示出更多细节与避免产生更多噪点之间做好平衡和选择。

2.按照分区选中图像

根据本例技法导读所述，我们要将照片分为亮部与暗部两部分，并分别对其进行降噪处理，因此首先需要将其选中。

选择魔棒工具并在其工具选项栏中设置适当的参数。

按住Shift键，使用魔棒工具在天空及水面倒影中的天空处单击，以将其选中。

3.对暗部进行降噪处理

在本例中，我们优先对暗部进行降噪处理，因为暗部的细节和噪点都比较多，且是照片的视觉主体，需要重点处理。

按Ctrl+Shift+I键执行“反相”操作，以选中照片中的暗部。

复制“背景”图层得到“背景 拷贝”图层，并在此图层上单击鼠标右键，在弹出的菜单中选择“转换为智能对象”命令，从而将其转换成为智能对象图层，以便于对该图层中的图像应用及编辑滤镜。

选择“滤镜—模糊—表面模糊”命令，在弹出的对话框中设置参数，并预览修复的结果。

确认得到满意的效果后，单击“确定”按钮退出对话框即可。

下图所示为应用“表面模糊”滤镜前后的局部效果对比。

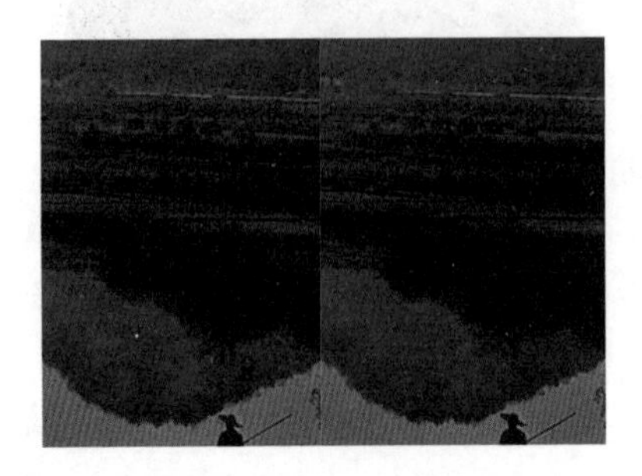

4. 对亮部进行降噪处理

通过前面的操作，我们已经处理好了暗部的噪点问题，下面继续对亮部进行降噪处理。由于亮部细节较少，因此在处理时，可将参数设置得大一些，以尽可能消除更多的噪点。

为了便于操作、提高工作效率，下面将直接利用前面已经设置好的“背景 拷贝”图层对亮部进行处理。

按Ctrl+J键复制“背景 拷贝”图层得到“背景 拷贝 2”图层，选中该图层的图层蒙版并按Ctrl+I键执行“反相”操作，从而选中照片的亮部。

双击“背景 拷贝 2”图层下方的“表面模糊”智能滤镜，在弹出的对话框中重新设置其参数，直至得到满意的效果为止。

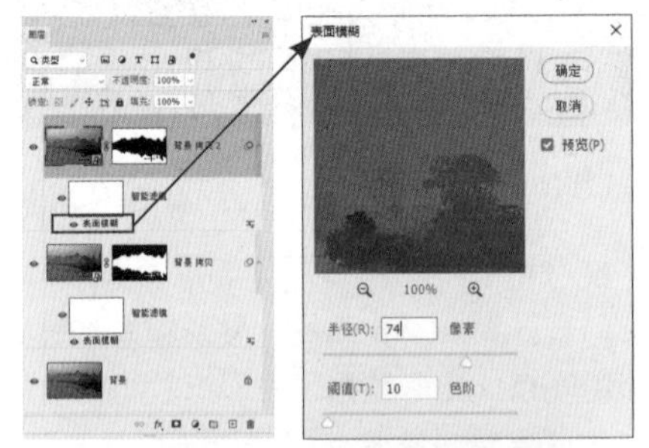

下图所示为应用“表面模糊”智能滤镜前后的局部效果对比。

20 第20招　通过智能锐化得到“数毛片”

技法导读

“数毛片”是摄影师口中对高锐度鸟类照片的俗称，也就是通过充分、恰当的锐化，让鸟类的羽毛变得极为清晰，以突出其羽毛的细节及美感。

在本例中，我们主要使用“高反差保留”命令、图层混合模式提高大块区域的立体感和锐度，然后使用“智能锐化”命令，对细节进行锐化处理，并消除由于锐化产生的图像边缘的“白印”。

操作步骤

1. 复制图层并转换为智能对象图层

在Photoshop中打开需要编辑的原始照片。

在实际的调整过程中，“高反差保留”命令的数值可能需要反复调整，以得到最佳的调整结果。因此为了便于反复调整，我们应先复制“背景”图层并将其转换为智能对象图层，然后应用“高反差保留”命令，即可将其保存为智能滤镜，在需要时，直接双击该智能滤镜，即可重新调出其对话框并在其中编辑参数。

按Ctrl+J键复制“背景”图层得到“图层1”图层，在该图层上单击鼠标右键，在弹出的菜单中选择“转换为智能对象”命令。

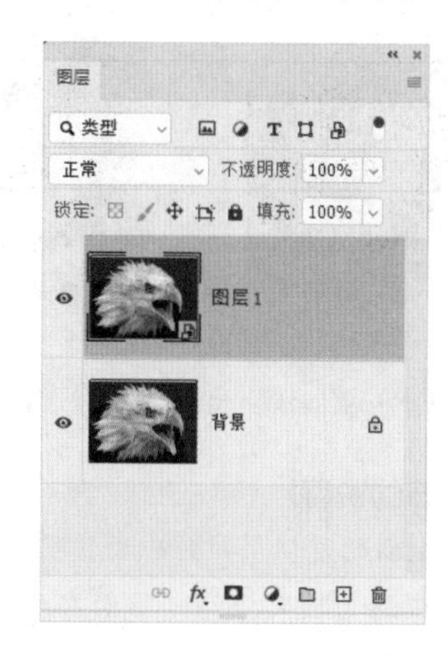

2. 提高照片的立体感

选择“滤镜－其它－高反差保留”命令，在弹出的对话框中设置“半径”的数值为10左右。

设置“图层1”图层的混合模式为“柔光”，以提高照片的立体感。

下图所示为提高立体感前后的局部效果对比。

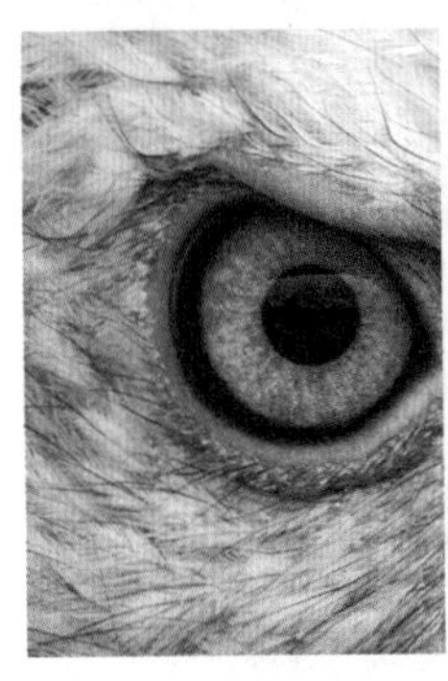

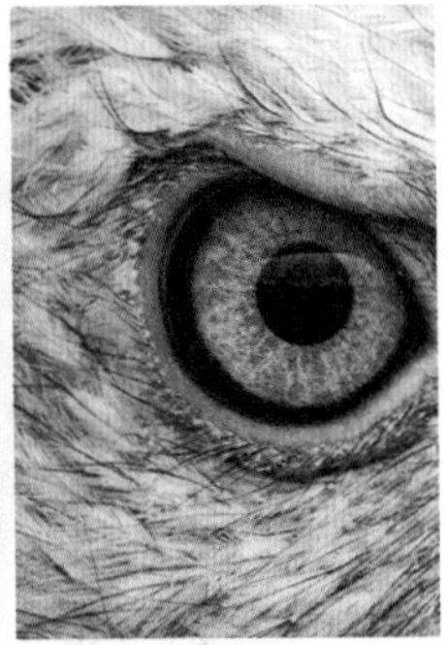

3.提高细节的锐度

通过上面的处理，照片中大块区域的图像的立体感得到了较大提高。下面在此基础上，对细节的锐度进行处理。

选择“图层”面板顶部的图层，按Ctrl＋Alt＋Shift＋E键执行“盖印”操作，从而将当前所有可见图层中的图像合并至新图层中，得到“图层2”图层。在该图层上单击鼠标右键，在弹出的菜单中选择“转换为智能对象”命令。

选择“滤镜—锐化—智能锐化”命令，在弹出的对话框中设置参数，以初步提高细节的锐度。

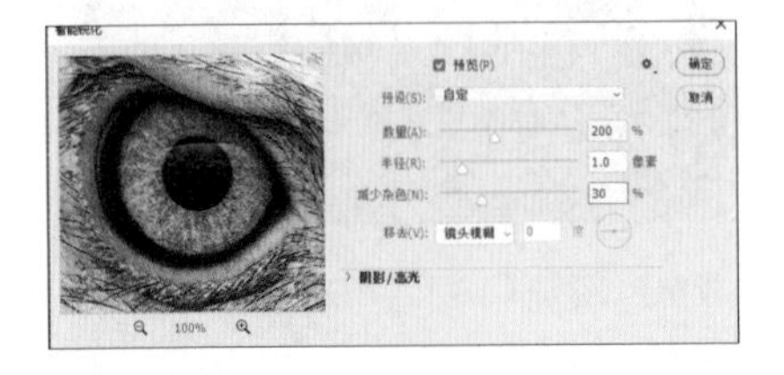

下图所示为锐化前后的局部效果对比。

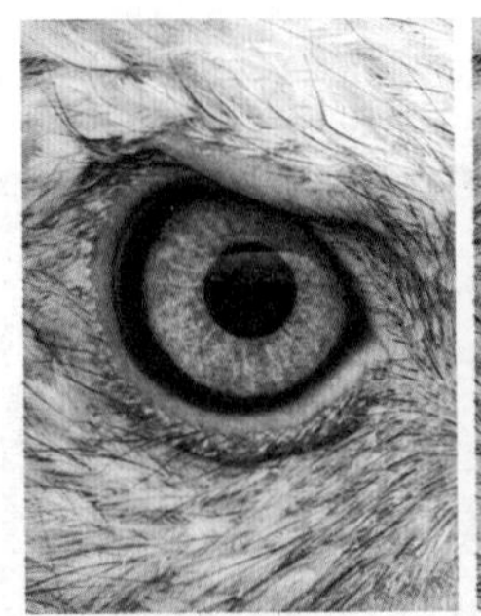

观察上面的结果可以看出，细节的锐度有较大幅度的提高，但同时在细节边缘产生了较多的“白印”。下面通过调整参数，来消除其中的“白印”。

在“智能锐化”对话框中，展开“阴影/高光”区域的参数，并调整其中“高光”的相关参数，以消除细节边缘的“白印”。

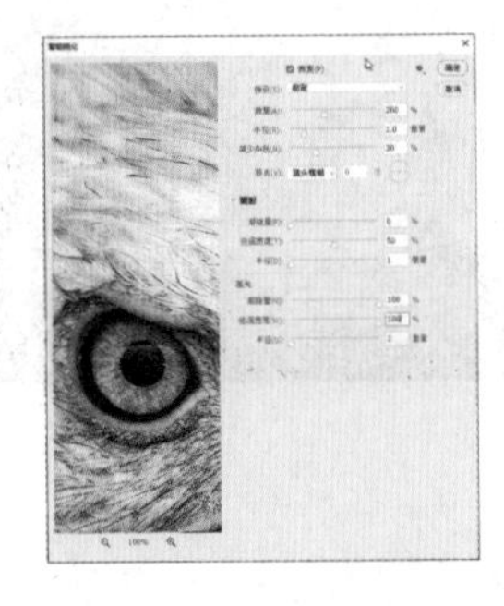

下图所示为消除“白印”前后的局部效果对比。

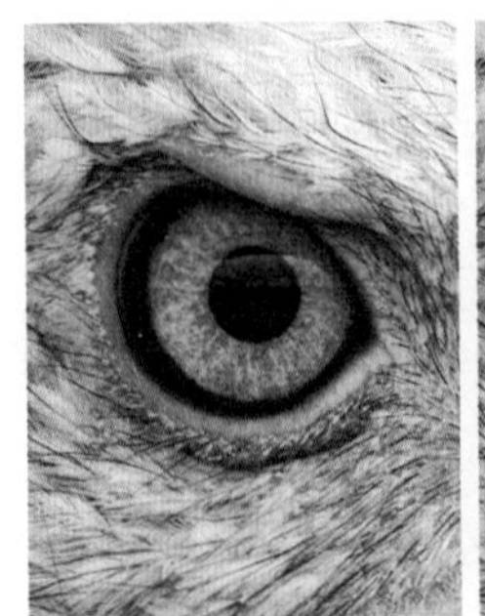

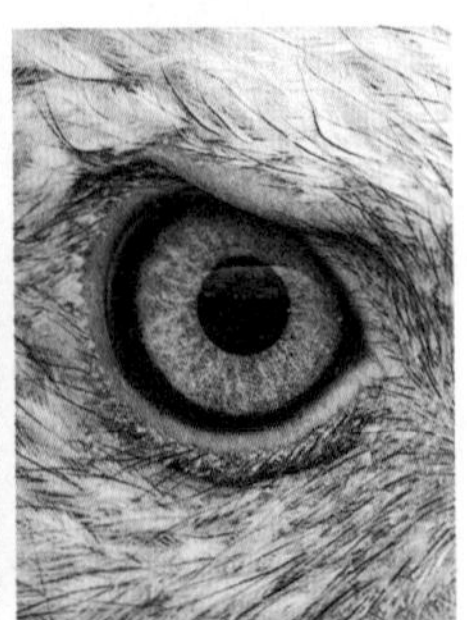

21 第21招　高反差锐化并提高立体感

技法导读

锐度不足，几乎是所有数码照片的“通病”，无论摄影水平的高低、摄影器材的优劣，拍出的照片都具有一定的提高锐度的空间。恰当的锐化可以让照片的细节更为突出，从而提高画面的质感和表现力。

高反差锐化并提高立体感的处理，其基本思路就是复制两张原始照片，然后分别对其进行较大和较小的高反差保留处理，前者可以提高照片的立体感，而后者则可以提高照片细节的锐度。

操作步骤

1.复制图层并转换为智能对象图层

在Photoshop中打开需要编辑的原始照片。

在实际的调整过程中，“高反差保留”命令的数值可能需要反复调整，以得到最佳的调整结果。因此为了便于反复调整，我们应先复制“背景”图层并将其转换为智能对象图层，然后应用“高反差保留”命令，将其保存为智能滤镜。这样在需要时，直接双击该智能滤镜，即可重新调出其对话框并编辑参数。

按Ctrl+J键复制“背景”图层得到“图层1”图层，在该图层上单击鼠标右键，在弹出的菜单中选择“转换为智能对象”命令。

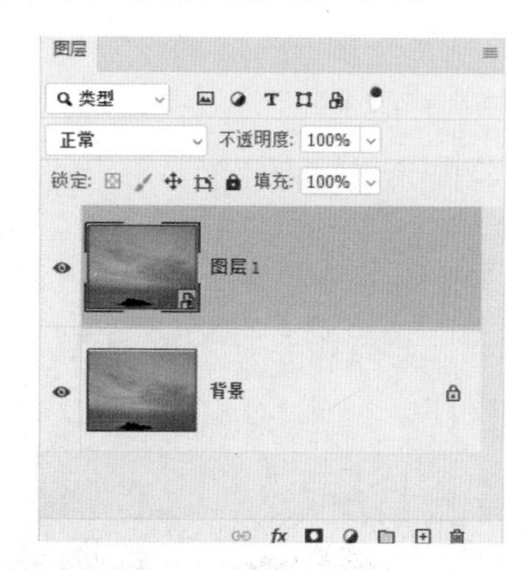

2.提高照片的立体感

选择“滤镜—其它—高反差保留”命令，在弹出的对话框中设置“半径”的数值为55左右。

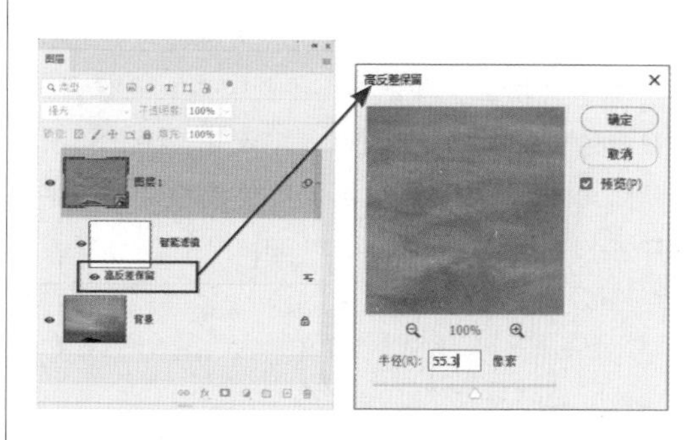

“高反差保留”对话框中的参数决定了增强立体感的程度，数值越高则立体感越强，但也要根据画面的需要进行设置，否则当数值超出一定范围后，立体感反而会被减弱。

设置“图层1”图层的混合模式为“强光”，以提高照片的立体感。

3.锐化照片的细节

下面使用“高反差保留”命令，对照片中的细节进行锐化处理。

按Ctrl+J键复制“图层1”图层得到“图层1 拷贝”图层，双击其下方的“高反差保留”智能滤镜，在弹出的对话框中设置“半径”的数值为6，然后单击“确定”按钮退出对话框即可。

“高反差保留”对话框中的数值，可根据当前照片的大小、细节的多少等进行调整。

在“图层”面板中设置“图层1”图层的混合模式为“叠加”，以混合照片。下图所示为修改照片前后局部效果的对比。

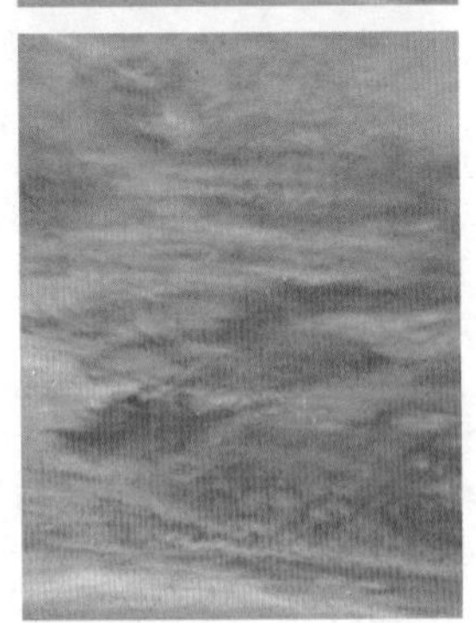

22 第22招 Lab颜色模式下的专业锐化处理

技法导读

我们往往选择RGB复合通道对照片进行锐化处理，此时不可避免的一个问题就是，可能会由于锐化而产生更多的异色，导致照片质量下降。越是严谨的锐化处理，对这方面的要求也就越严格，本例将讲解一种在对图像进行锐化的同时，不会使其产生异色的方法。

操作步骤

1.转换为Lab颜色模式

在Photoshop中打开需要编辑的原始照片。

选择“图像—模式—Lab颜色”命令，从而将照片转换为Lab颜色模式，此时可以在“通道”面板中分别单击各个通道，以查看其中的内容，其中“明度”通道记录了当前照片全部的亮度信息。

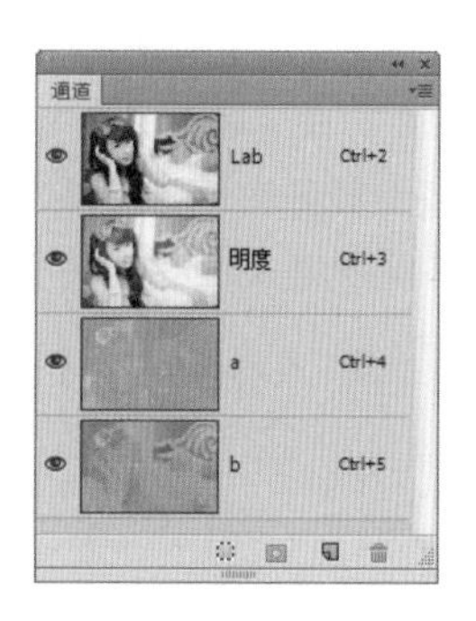

2.锐化照片

按Ctrl+J键复制“背景”图层得到“图层1”图层。

在“通道”面板中选择“明度”通道，再选择“滤镜—锐化—USM锐化”命令，在弹出的对话框中设置适当的参数，然后单击“确定”按钮退出对话框即可。

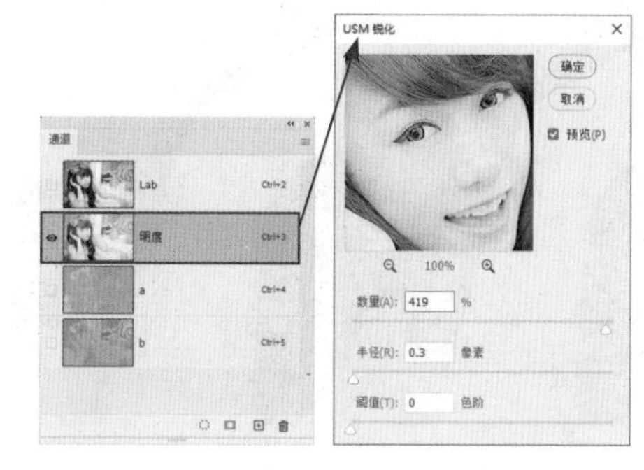

在“通道”面板中单击“Lab”通道，以返回照片编辑状态。此时锐化前后的局部效果对比如下图所示。

3.恢复锐化过度的细节

由于前面的锐化是针对细节不太清晰的头发进行的，因此其他区域可能会略有一些锐化过度，下面就来解决这个问题。

选择“图层1”图层并单击“添加图层蒙版”按钮为其添加图层蒙版，设置前景色为黑色，选择画笔工具并在其工具选项栏中设置适当的参数。

使用画笔工具在人物身体及皮肤等锐化过度的区域进行涂抹，直至消除锐化过度的问题，下图所示是处理前后的局部效果对比。

按住Alt键，单击“图层1”的图层蒙版缩略图，可以查看其中的状态。

4.转换回RGB颜色模式

在完成锐化处理后，需要将照片转换回RGB颜色模式，否则照片将无法另存为JPEG等常用照片格式。

选择“图像—模式—RGB颜色”命令即可。

由于当前文件中含有图层，此时Photoshop会弹出提示框，询问是否合并图层，通常单击“不拼合”按钮即可。

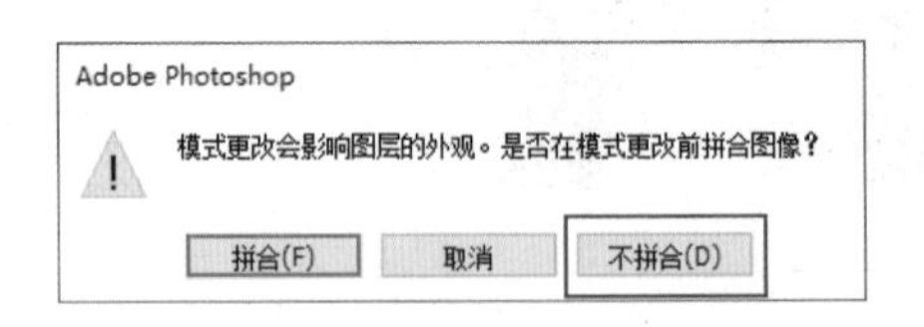

第 5 章

调整曝光常用技巧6招

C H A P T E R 5

23 第23招　使用“色阶”命令调整照片的对比度

技法导读

调整照片的对比度是经常用到的后期操作，不管是提高画面的对比度还是降低画面的对比度，都可以使用“色阶”命令来简单、快速地调整。

操作步骤

1.提亮照片

在Photoshop中打开需要编辑的原始照片。

按Ctrl+L键应用“色阶”命令，如果要提高照片的明度，在“输入色阶”区域中向左侧拖动白色滑块即可。

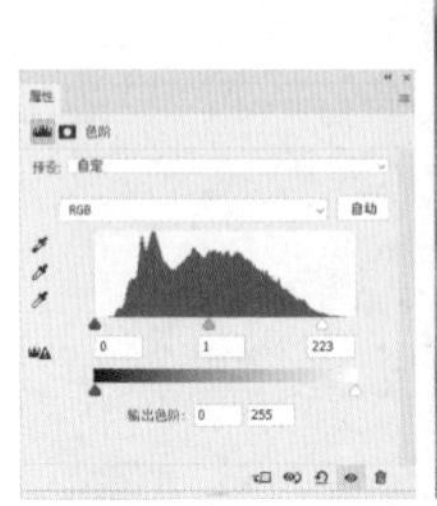

2.压暗照片

如果要提高照片的暗度，可以向右侧拖动“输入色阶”区域中的黑色滑块。

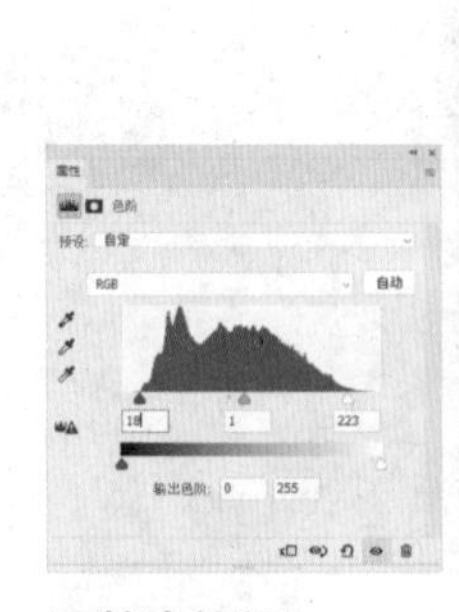

3.调整中间调

拖动“输入色阶”区域中的灰色滑块，可以对照片的中间调进行调整。

向左侧拖动“输入色阶”区域中的灰色滑块，可以提亮照片的中间调。

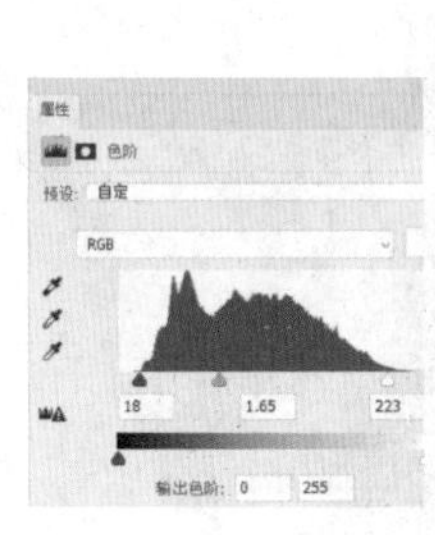

24 第24招　校正逆光拍摄导致的人物曝光不足

技法导读

在逆光或侧光环境中拍摄人像时，若没有恰当地使用反光板或闪光灯等器材对人物暗部进行补光，则人物可能会出现局部甚至整体曝光不足的问题，此时就要对人物的暗部进行恰当的校正处理。在具体处理时，只要不是极强的明暗对比，那么人物的暗部实际上是以中间调为主的，此时可以针对该区域进行适当的提亮处理，并注意优化整体的对比度即可。

操作步骤

1.提亮人物

在Photoshop中打开需要编辑的原始照片。

单击“创建新的填充或调整图层”按钮，在弹出的菜单中选择“色阶”命令，得到“色阶1”图层，在“属性”面板中向左侧拖动“输入色阶”区域中的灰色滑块，以大幅度提高照片中间调的亮度。

在提亮后的照片中，人物的暗部基本被提亮成为正常的状态，但整体的对比度稍显不足。下面对其进行处理。

单击“创建新的填充或调整图层”按钮，在弹出的菜单中选择“亮度/对比度”命令，得到“亮度/对比度1”图层，在“属性”面板中设置其参数，以调整照片的对比度。

2.美化色彩

第1步的操作虽然大幅度提亮了照片，但是也让色彩在一定程度上变淡了，因此下面对照片色彩进行适当的美化处理。

单击“创建新的填充或调整图层”按钮，在弹出的菜单中选择“曲线”命令，得到“曲线1”图层。

在“属性”面板中分别选择“红”和“蓝”通道并设置具体的参数，将人物调整为以暖调色彩为主的效果。

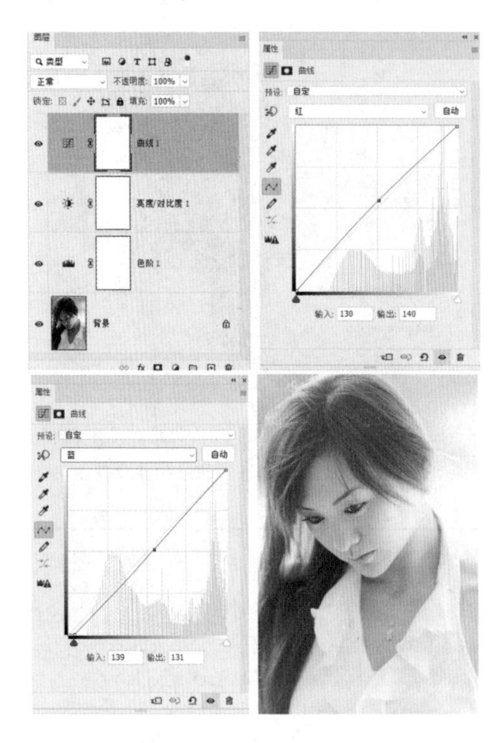

3. 色彩润饰

通过第 2 步的调整，我们已经完成了对逆光人像的校正处理，使其曝光和色彩均达到了比较正常的状态。但从整体的视觉表现上来说，照片显得有些平淡，因此需要增加一些较为特殊的色彩效果，将照片调整为具有一定冷暖对比的效果。下面将照片调整为冷调效果。

单击“创建新的填充或调整图层”按钮 ◕，在弹出的菜单中选择“色彩平衡”命令，得到“色彩平衡 1”图层，在“属性”面板中设置其参数，以调整照片整体的颜色。

单击“创建新的填充或调整图层”按钮 ◕，在弹出的菜单中选择“自然饱和度”命令，得到“自然饱和度 1”图层，在“属性”面板中设置其参数，以调整照片整体的饱和度。

大幅度提高照片的自然饱和度，并不是我们调整照片的最终目的。我们调整照片的最终目的是在提高自然饱和度的基础上，使照片具有一定层次的色彩效果，具体方法就是利用图层蒙版隐藏调整的效果。

选择“自然饱和度 1”图层的图层蒙版，按 Ctrl+I 键执行“反相”操作，设置前景色为白色，选择画笔工具 ✓ 并在其工具选项栏中设置适当的画笔大小及不透明度等参数，然后在人物上涂抹，以适当显示出调整图层对该区域的处理。

按住 Alt 键，单击“自然饱和度 1”图层的图层蒙版缩略图，可以查看其中的状态。

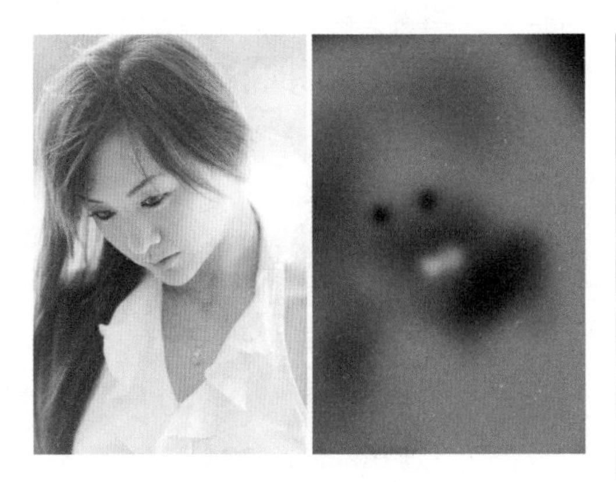

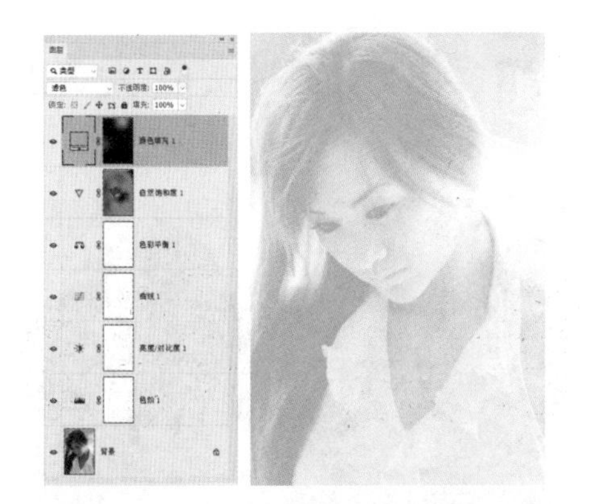

4.增加光晕效果

下面来为人物增加一些光晕效果，使之变得更加清新。

单击“创建新的填充或调整图层”按钮，在弹出的菜单中选择“纯色”命令，在弹出的对话框中设置颜色值为0df284，同时得到“颜色填充1”图层，设置“颜色填充1”图层的混合模式为“滤色”。

选择“颜色填充1”图层的图层蒙版，按Ctrl＋I键执行“反相”操作，设置前景色为白色，选择画笔工具并在其工具选项栏中设置适当的画笔大小及不透明度等参数，然后在画面右上方和左侧中间的头发上各单击一次，以制作出光晕效果。

按住Alt键，单击“颜色填充1”图层的图层蒙版缩略图，可以查看其中的状态。

25 第25招　恢复大光比下照片阴影处的细节

技法导读

在拍摄照片时，若景物受光不均匀，或拍摄环境光比较大，就容易出现照片局部偏暗或曝光不足的问题。尤其在大光比环境下拍摄的照片，往往很难兼顾画面高光与阴影区域的细节。如果拍摄时间充裕，较常见的做法是分别针对高光区域与阴影区域进行测光拍摄，然后在后期处理时将两张照片合成为一张照片。但如果拍摄时间很紧张，则应该以高光区域为准进行拍摄，然后通过后期处理，恢复阴影区域的细节。在恢复阴影区域的细节时，恢复的细节越多，则阴影区域需要提得越亮，产生的噪点也就越多，因此我们要在显示出更多细节与避免产生噪点之间做好平衡。恢复高光区域的细节比恢复阴影区域的细节更为困难，因此通常只对高光区域做少量的恢复调整，以避免出现失真的问题。

操作步骤

1.复制图层并转换为智能对象图层

在Photoshop中打开需要编辑的原始照片。

按Ctrl+J键复制“背景”图层得到“图层1”图层，在该图层上单击鼠标右键，在弹出的菜单中选择“转换为智能对象”命令。

这样做的目的是在执行“阴影/高光”命令后，可以生成一个对应的智能滤镜，双击它可以反复进行编辑和修改。

2.显示阴影与高光细节

选择“图像—调整—阴影/高光”命令，在弹出的对话框中设置“阴影”参数，以显示出阴影区域的细节。

在“阴影/高光”对话框中设置“高光”参数，以显示出云彩部分的细节。

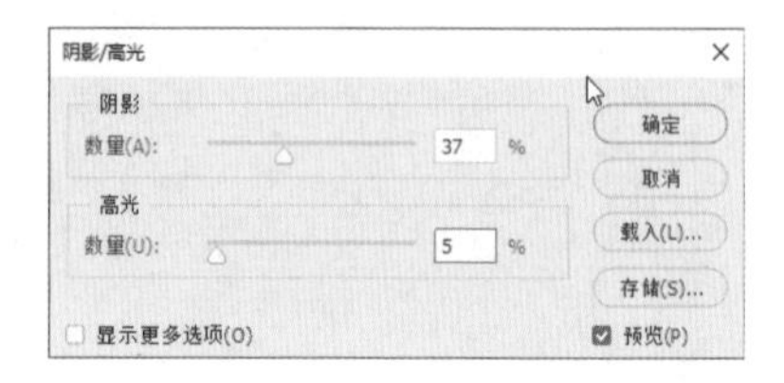

虽然上面的调整结果还不能够让人满意，但如果继续增加“高光”的数值，即使能再显示出一些细节，也会导致高光区域与其他区域缺少自然的过渡，从而导致照片失真。

设置完成后，单击“确定”按钮退出对话框，完成对照片的调整，此时软件会在“图层1”图层下方生成一个相应的智能滤镜。

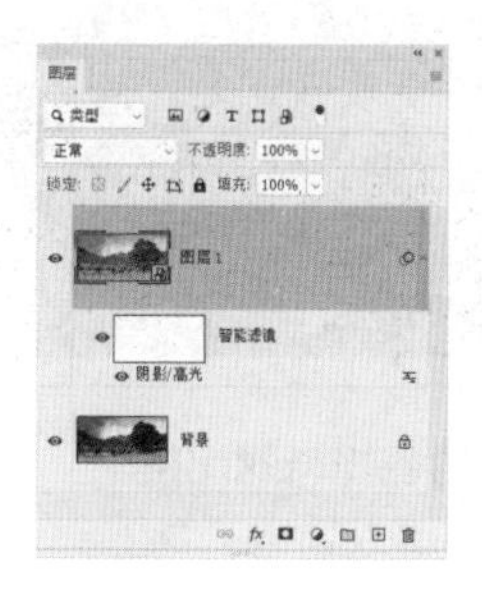

3.提高整体对比度

通过前面的调整，照片中虽然显示出了更多的阴影与高光区域的细节，但也使整体的对比度略有不足。因此下面对其进行适当的提高对比度的处理。

单击“创建新的填充或调整图层”按钮 ◐，在弹出的菜单中选择“亮度/对比度”命令，得到“亮度/对比度1”图层，在“属性”面板中设置其参数，以调整图像的亮度及对比度。

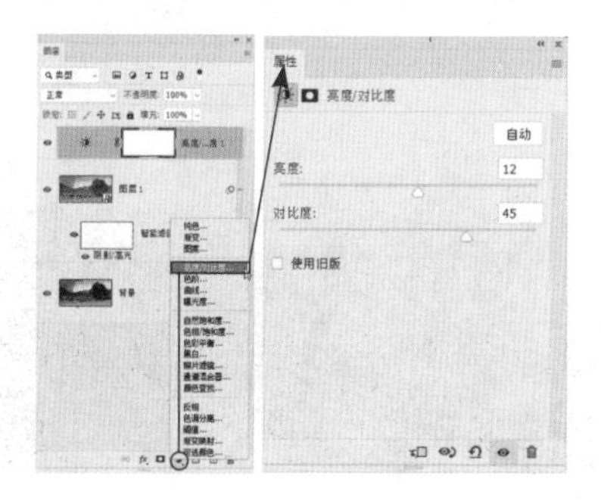

调整后的照片右上方天空部分变得曝光过度，因此需要对其进行适当的恢复处理。

选择“亮度/对比度1”图层的图层蒙版，选择画笔工具 🖌.并在其工具选项栏中设置适当的参数。

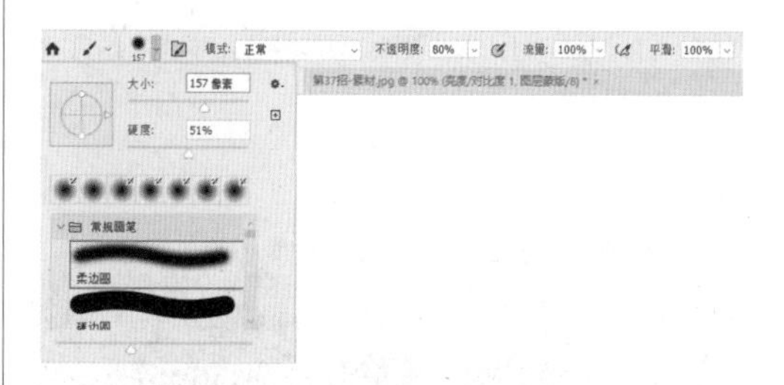

设置前景色为黑色，使用画笔工具 🖌.在右上方的云彩上涂抹，直至其曝光恢复正常即可。

按住Alt键，单击“亮度/对比度1”图层的图层蒙版缩略图，可查看其中的状态。

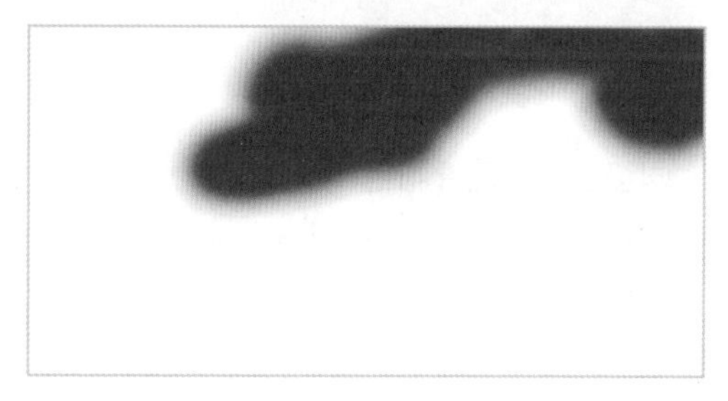

26 第26招　模拟用中灰渐变镜拍摄的大光比画面

技法导读

在拍摄风景照片时，我们常常会遇到环境的光比过大，导致照片无法兼顾亮部与暗部的曝光的情况。从摄影角度来说，较为常用的解决方法就是使用中灰渐变镜，减少高光区域的进光量，进而实现平衡亮部与暗部曝光的目的。但如果没有使用中灰渐变镜，我们就需要通过后期处理的方式对照片进行校正处理，本例就来讲解其操作方法。

操作步骤

1.调整照片的色温与色调

将需要编辑的原始照片在Adobe Camera Raw中打开。

在右侧参数区的顶部调整色温与色调。

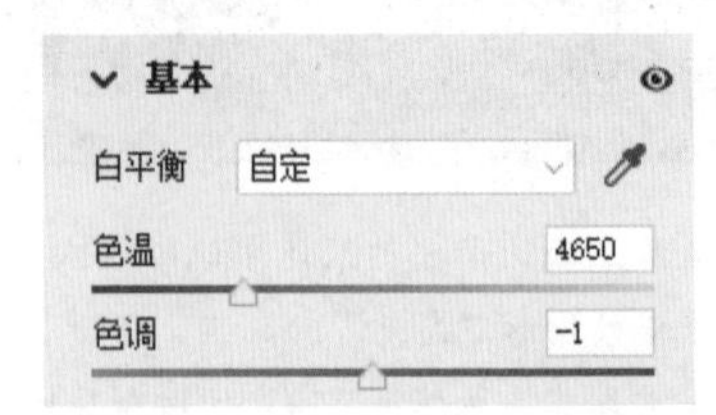

2.调整照片的曝光与对比度

在右侧参数区的中间部分可以拖动滑块调整照片的曝光与对比度。

曝光 0.00
对比度 +38
高光 -88
阴影 +62
白色 +32
黑色 +51

3. 调整照片的色彩饱和度

在右侧参数区的底部分别拖动各个滑块，以调整照片的色彩饱和度。

纹理 0
清晰度 +66
去除薄雾 0
自然饱和度 +59
饱和度 0

4. 恢复蓝天细节

选择渐变滤镜工具，按住Shift键，从天空向右下方拖动，并在右侧设置参数，使天空变为有过渡的蓝色。

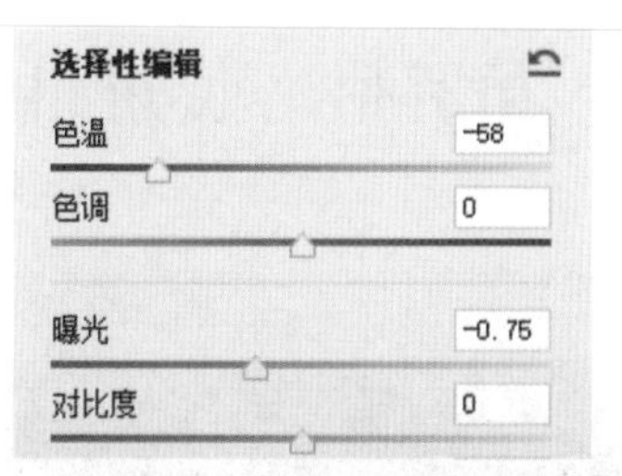

设置完成后，选择任意一个其他工具，即可隐藏渐变滤镜框。

27 第27招　使用单张照片合成HDR照片

技法导读

“HDR色调”命令可以使我们轻易使用单张照片合成HDR照片。但要注意的是，用于合成的照片最好在高光和阴影区域都拥有一定的细节，因为使用此命令合成的照片无法显示出更多的细节。

操作步骤

在Photoshop中打开需要编辑的原始照片，选择“图像—调整—HDR 色调”命令。打开“HDR 色调”对话框，在“边缘光”参数设置区域中，设置“半径”“强度”等参数，以扩大发光的范围。

在“高级”参数设置区域中，适当减小“高光”的数值，再向右侧拖动“自然饱和度”和“饱和度”滑块，从而获得更加柔和自然的效果。

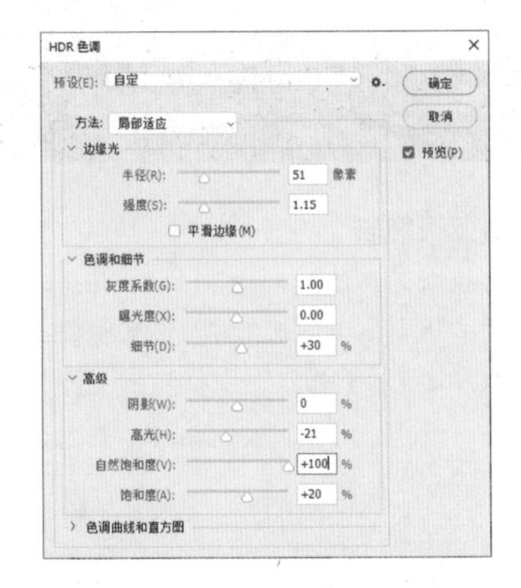

28 第28招　快速纠正测光有误的水景大片

技法导读

正确测光是实现正确曝光、拍出好照片的前提。但在大多数时候，由于拍摄时间紧张、选择了错误的测光模式等，拍摄的照片会存在曝光问题，尤其是在光比较大的环境下拍摄时。

在本例中，我们首先使用“阴影/高光”命令显示出更多的暗部细节，然后结合“曲线”调整图层与图层蒙版，为天空调整曝光并模拟渐变过渡效果。

操作步骤

1.显示暗部细节

在Photoshop中打开需要编辑的原始照片。

对当前照片来说，暗部细节严重不足，因此首先对其进行初步调整。

选择“图像—调整—阴影/高光”命令，在弹出的对话框中设置参数，以适当显示出阴影区域中的细节。

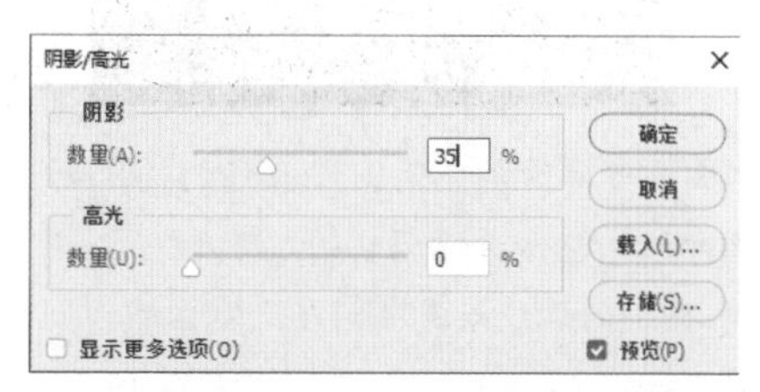

2.调整天空的曝光

在初步还原暗部的细节后，下面来解决照片的主要问题，即天空区域的曝光问题，虽然本例的照片是JPG格式，高光区域较难修复，但还是可以在一定程度上对其进行调整。下面讲解其具体调整方法。

单击“创建新的填充或调整图层”按钮 ，在弹出的菜单中选择“曲线”命令，得到“曲线1”图层，在“属性”面板中设置其参数，以压暗天空，显示出更多的细节。

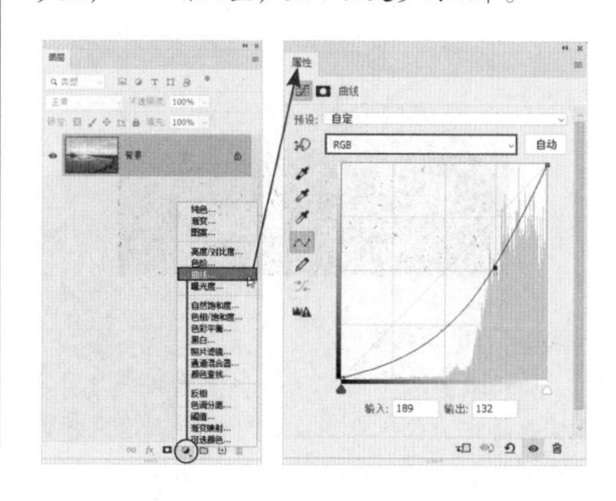

由于当前的调整范围没有任何的限制，因此是对照片整体进行调整的。下面需要将“曲线1”图层的调整范围限制在天空区域。

选择“曲线1”图层的图层蒙版，选择渐变工具■并在其工具选项栏中设置适当的参数。

按住Shift键，使用渐变工具■在中间的地平线处从下至上拖动。

按住Alt键，单击“曲线1”图层的图层蒙版缩略图，可以查看其中的状态。

3.调整地面的曝光

通过前面的操作，我们已经基本调整好了天空的曝光，但地面显得相对较暗。通常情况下，我们有两种方案可以选择，其一是继续压暗天空，其二是提亮地面。对本例来说，压暗天空比较简单，直接在已有的“曲线1”图层中继续调整即可。但前面已经对天空做了较大幅度的压暗处理，如果继续压暗天空，由于高光部分已经无法显示出更多的细节，它与周围的云彩会形成过强的对比，使画面失真，因此，这里将采用第二种方法，即对地面进行提亮处理。

单击“创建新的填充或调整图层”按钮◐，在弹出的菜单中选择“亮度/对比度”命令，得到“亮度/对比度1”图层，按住Alt键，拖动“曲线1”图层的图层蒙版至“亮度/对比度1”图层上，在弹出的提示框中单击“是”按钮即可。

选择“亮度/对比度1”图层的图层蒙版，按Ctrl+I键执行“反相”操作，以选中地面进行调整。

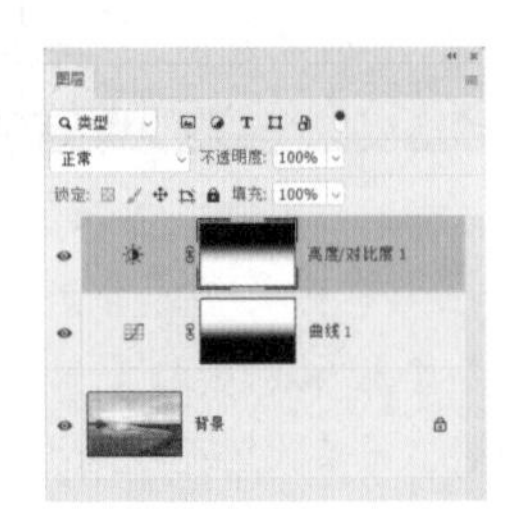

选择“亮度/对比度1”图层的缩略图，并在“属性”面板中设置参数，直至得到满意的效果为止。

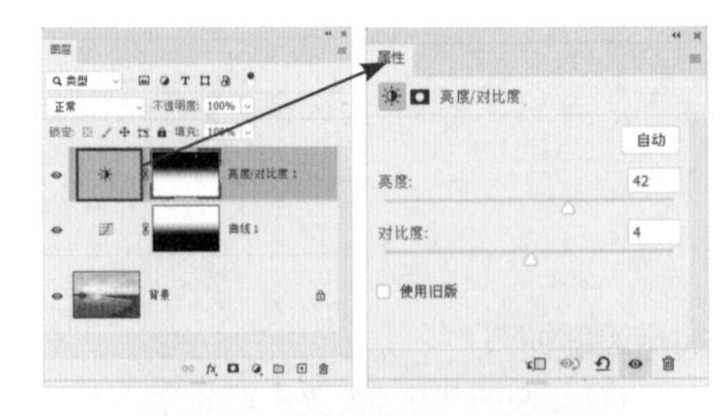

第 6 章

调整色彩常用技巧9招

C H A P T E R 6

29 第29招　快速制作单色照片效果

技法导读

单色照片可以给人一种具有艺术感的效果。在Photoshop中，使用“色相/饱和度”命令可以快速制作单色照片效果，并可以根据个人喜好改变其色彩、饱和度及明度等属性。

操作步骤

1. 在Photoshop中打开需要编辑的原始照片。

2. 按Ctrl+U键应用“色相/饱和度”命令，然后在“预设”下拉列表中选择“氰版照相”或“深褐”选项，即可快速得青色或褐色的单色照片效果。

若是对预设的效果不满意，可以在选中“预览”选项的情况下，分别调整各参数数值，以获取自定义的单色照片效果。

下图所示为两种自定义的单色照片效果。

30 第30招 使用“色阶”命令纠正偏色问题

技法导读

在本例中，我们将讲解如何使用“色阶”命令纠正偏色问题。在纠正偏色问题方面，“色阶”命令较为常用，此命令能够精细调整照片的三原色及补色。

操作步骤

1.调整色阶

在Photoshop中选择“文件－打开”命令，在弹出的“打开”对话框中选择需要编辑的原始照片，单击“打开”按钮退出对话框，将看到整张照片。

由上图可以看出这张照片整体偏黄，甚至白色的花朵已经变成黄色。

在“图层”面板底部单击“创建新的填充或调整图层”按钮，在弹出的菜单中选择“色阶”命令，如下图所示，得到“色阶 1”图层。

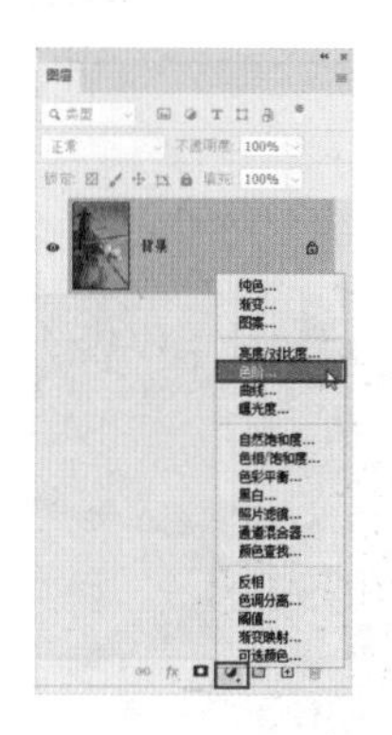

在“色阶”面板中的“通道”下拉列表中选择“红”选项，并设置相应的参数。

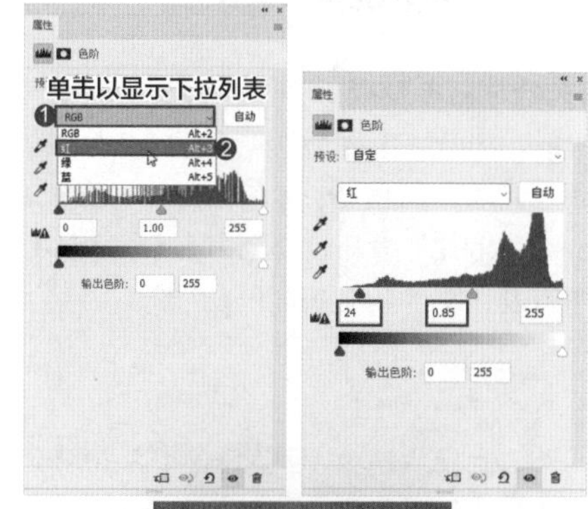

继续在“色阶”面板中选择“绿”“蓝”2个选项，并分别在相应的面板中设置参数。

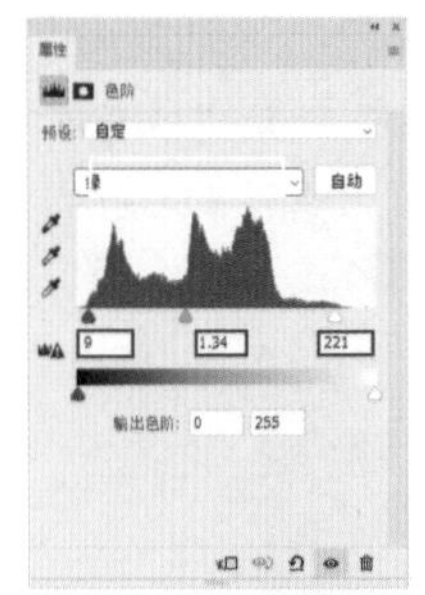
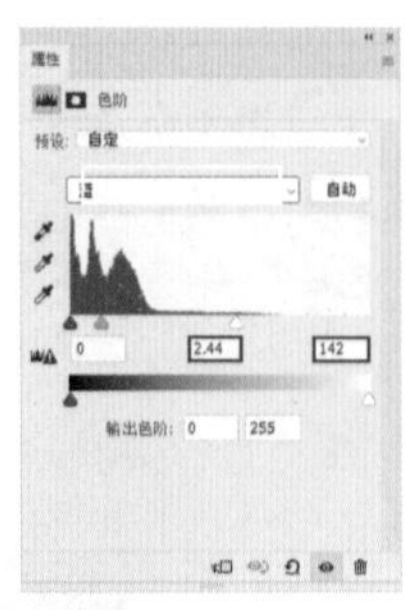

2.调整色相/饱和度

在“图层”面板底部单击“创建新的填充或调整图层”按钮，在弹出的菜单中选择“色相/饱和度”命令，得到“色相/饱和度 1”调整图层，在弹出的面板中设置参数。

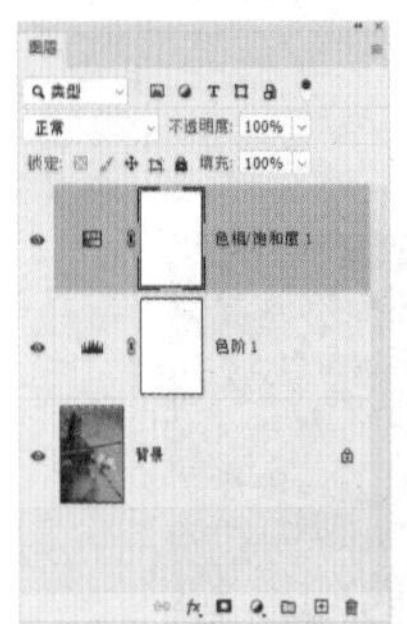

经过调整后，照片的饱和度有所下降。

3.USM锐化

按Ctrl+Alt+Shift+E键执行“盖印”操作得到“图层 1”图层，选择“滤镜—锐化—USM锐化”命令，在弹出的对话框中设置参数。

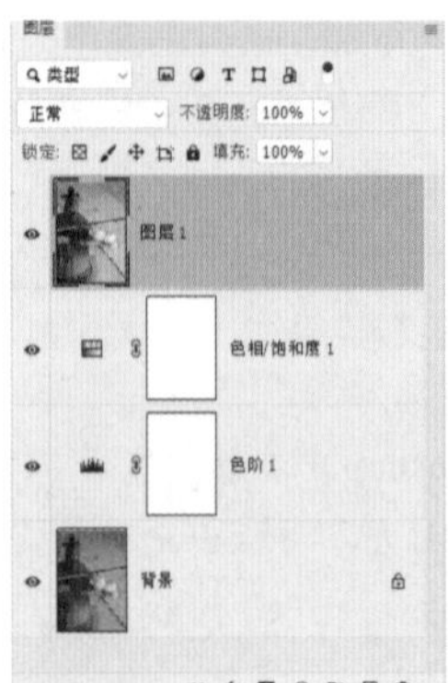

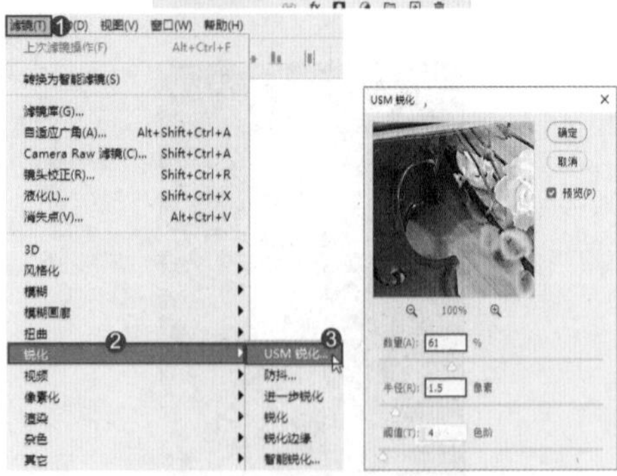

“盖印”是一种能够将若干个图层中的可见图像合并至一个新图层，且能保留原图层的操作。

单击“确定”按钮退出对话框，得到最终效果。

下图所示为应用“USM锐化”命令前后的局部对比效果。

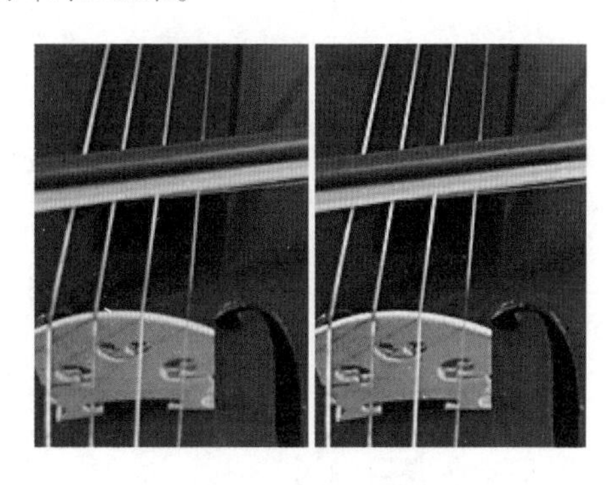

31 第31招 通过增加自然饱和度让照片色彩更加浓郁

技法导读

在本例中，我们将主要使用“自然饱和度”命令对风景照片进行色彩美化处理，但由于原照片较为灰暗，因此需要先对其亮度与对比度等进行处理。

操作步骤

1.调整亮度与对比度

在Photoshop中打开需要编辑的原始照片。

通常情况下，若照片存在曝光与色彩方面的问题，都需先调整曝光，再调整色彩。因为调整曝光会对色彩造成影响，所以要待曝光基本调整完毕后，再对色彩的不足进行处理即可。本例的照片存在明显的曝光不足问题，因此下面先调整曝光。

单击“创建新的填充或调整图层”按钮

，在弹出的菜单中选择“亮度/对比度”命令，得到“亮度/对比度1”图层，在“属性”面板中设置其参数，以调整照片的亮度及对比度。

2. 显示暗部细节

在第1步调整好亮度与对比度后，暗部显得过暗，此时若继续提高亮度，则会使高光部分曝光过度，因此下面专门针对暗部细节进行处理。

选择“背景”图层，选择“图像—调整—阴影/高光”命令，在弹出的对话框中设置参数，直至显示出足够多的暗部细节。

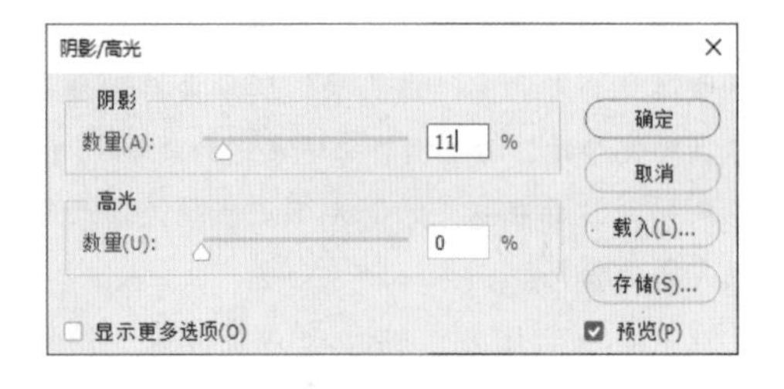

3. 调整照片的色彩

在基本调整好照片的曝光后，下面对其色彩进行调整。

单击“创建新的填充或调整图层”按钮 ，在弹出的菜单中选择“自然饱和度”命令，得到“自然饱和度1”图层，在“属性”面板中设置其参数，以调整照片整体的饱和度。

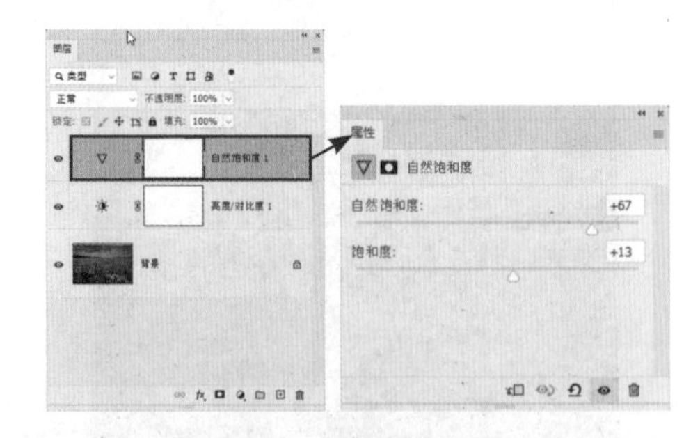

32 第32招　修正错误的白平衡效果

技法导读

在拍摄照片时，可能会由于自动白平衡判断失误，或设置了错误的白平衡，导致照片出现偏色的问题——虽然偏色的情况多种多样，但调校的思路是基本相同的。本例将以校正偏冷调的照片为例，讲解其调整思路及方法。

操作步骤

1.初步校正偏色

在Photoshop中打开需要编辑的原始照片。

当前的人物照片明显偏冷调，根据经验，我们以人物的裙子为准进行初步的偏色校正处理。

单击“创建新的填充或调整图层”按钮，在弹出的菜单中选择“色阶”命令，得到“色阶1”图层，在“属性”面板中选择设置灰场工具，然后在人物的裙子处单击即可。

由于裙子上的色彩会受亮度的影响而略有不同，因此在使用设置灰场工具校正时，可在裙子的不同位置多次单击，直至得到较为满意的效果。

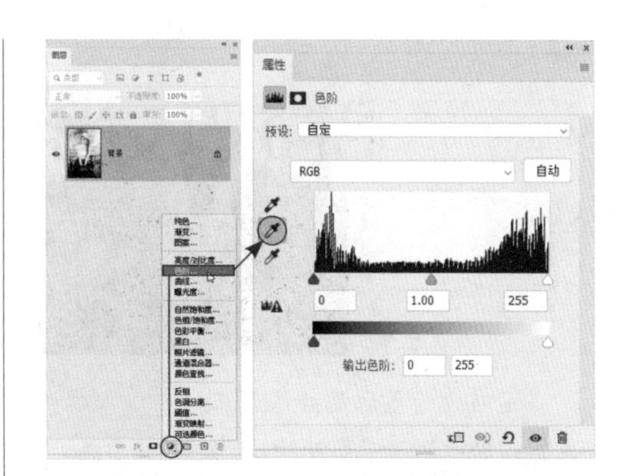

2.校正暗调与中间调

观察照片可以看出，其整体色调已经基本趋于正常，但暗部的裙子仍然有偏红的问题。下面针对此问题进行调整。

单击“创建新的填充或调整图层”按钮，在弹出的菜单中选择“色彩平衡”命令，得到“色彩平衡1”图层，在“属性”面板中选择“阴影”选项并设置相应的参数，以校正暗部的色调。

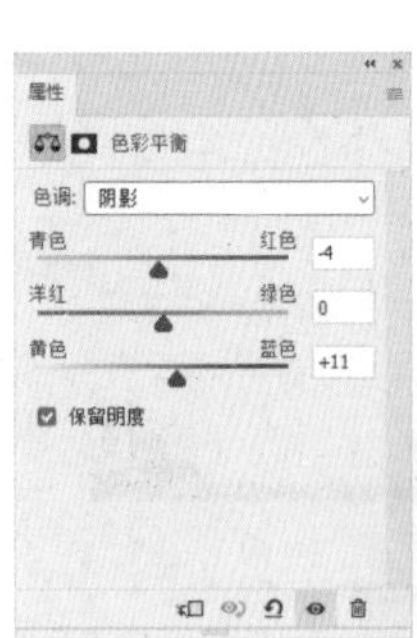

当前照片的色调已经基本正常，但人物皮肤显得不够红润。下面针对此问题进行调整。

在“属性”面板的“色调”下拉列表中，选择“中间调”选项并设置相应的参数，从而为中间调的皮肤增加红色。

3.微调高光区域的曝光

校正偏色问题后，观察照片整体可以看出，其存在一定的曝光过度的问题，因此下面将针对高光区域进行一定的微调。

单击“创建新的填充或调整图层”按钮 ◑.，在弹出的菜单中选择“曲线”命令，得到“曲线 1”图层，在“属性”面板中设置其参数，以微调照片的曝光，让高光区域显示出更多的细节。

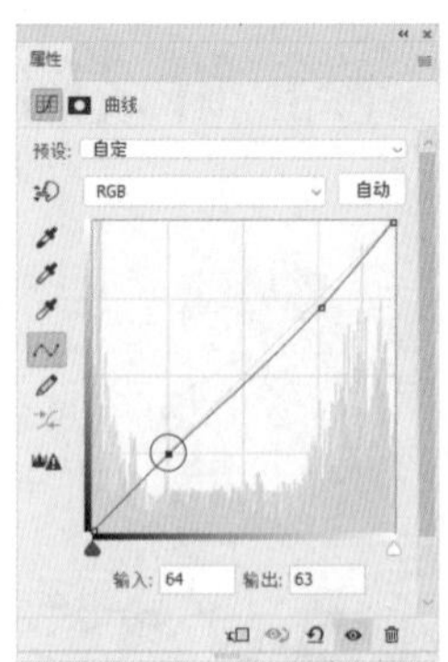

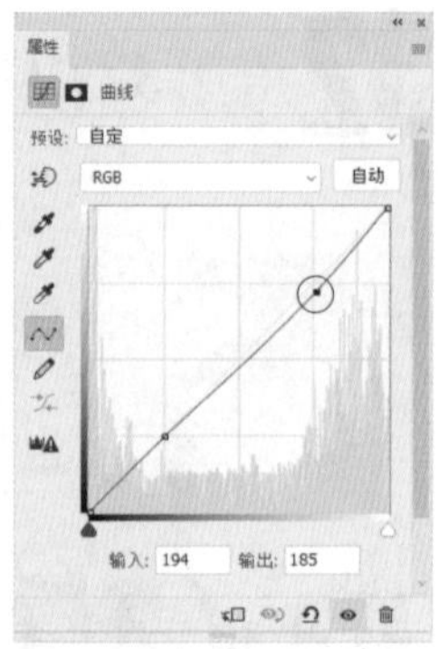

33 第33招 模拟减少曝光补偿后色彩更加浓郁的画面

技法导读

在拍摄照片时，由于测光问题、设置了错误的曝光补偿等，照片会出现曝光过度的问题。这对照片的色彩会有较大的影响，通常来说，越是曝光过度的照片，其色彩也就越淡。本例将讲解校正此类问题的方法。

操作步骤

1.调整亮度与对比度

在Photoshop中打开需要编辑的原始照片。

单击“创建新的填充或调整图层”按钮 ◑，在弹出的菜单中选择“曲线”命令，得到“曲线1”图层，在“属性”面板中设置其参数，以调整照片的亮度与对比度。

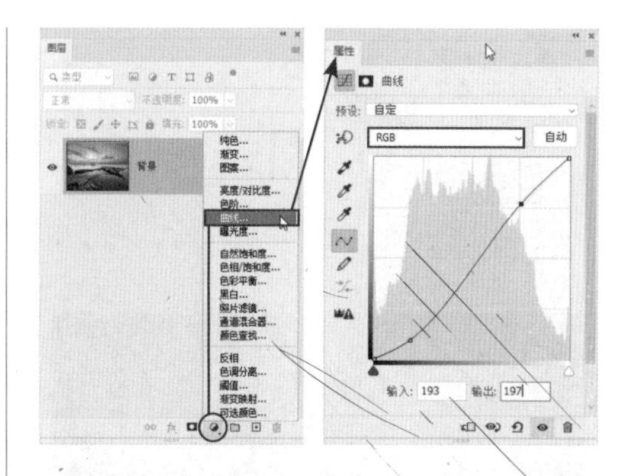

2.初步润饰冷暖色

在调整好照片的亮度与对比度后，即可开始对色彩进行润饰处理。在本例中，由于画面是以冷、暖色为主，因此在后面的调整中，需要在此基础上进行强化处理。下面继续在“曲线1”图层中对这两种色彩进行调整，以初步润饰照片的色彩。

选择“曲线1”图层，在“属性”面板中选择“蓝”通道并编辑其中的曲线，以调整照片的色彩。

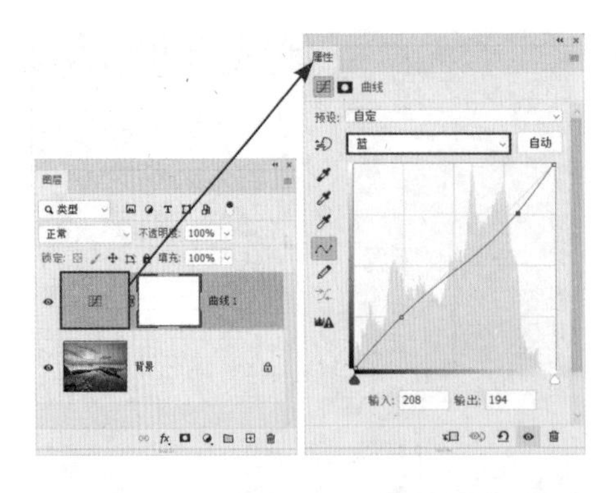

上图所示为针对“蓝”通道调整了一个反S形曲线的效果，表示在高光区域减少蓝色并增加黄色，使夕阳区域的暖调更为强烈，而在阴影区域增加蓝色。

3.分别深入调整冷暖色

单击“创建新的填充或调整图层”按钮◐，在弹出的菜单中选择“可选颜色”命令，得到“选取颜色1”图层，在“属性”面板的“颜色”下拉列表中选择“红色”和“黄色”选项并设置相应的参数，以强化暖调色彩效果。

继续在“属性”面板的“颜色”下拉列表中选择“青色”和“蓝色”选项并设置相应的参数，以强化冷调色彩效果。

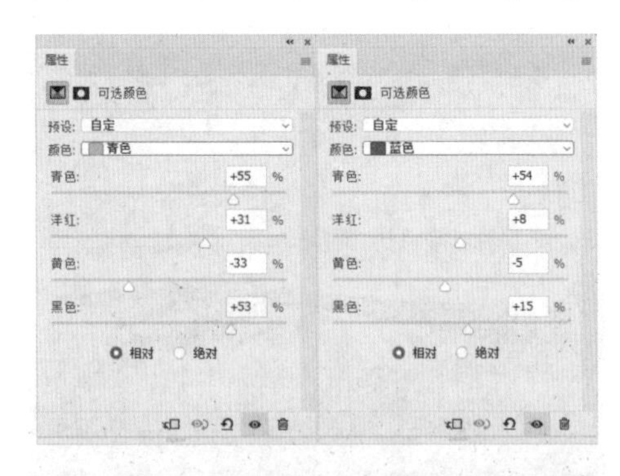

34 第34招　润饰色彩平淡的照片

技法导读

在拍摄照片时，由于环境光线或相机设置等因素的影响，照片中会存在色彩平淡的问题——即使在不存在上述问题的情况下，照片色彩也往往有较大的美化空间。本例将讲解对照片的色彩进行美化和润饰处理的方法。

操作步骤

1.调整照片的曝光

在Photoshop中打开需要编辑的原始照片。

对当前照片来说，除了色彩较为平淡外，其曝光也略为不足，因此在调整色彩之前，首先要对其曝光进行适当的校正处理。

单击“创建新的填充或调整图层”按钮 ◕，在弹出的菜单中选择“色阶”命令，得到“色阶1”图层，在“属性”面板中设置其参数，以提亮照片。

2.调整照片的饱和度

通过第1步的调整，我们已经基本调整好了照片的曝光，下面就来校正照片色彩平淡的问题。

在“图层”面板底部单击“创建新的填充或调整图层”按钮 ◕，在弹出的菜单中选择“自然饱和度”命令，得到“自然饱和度1”图层，在“属性”面板中设置适当的参数。

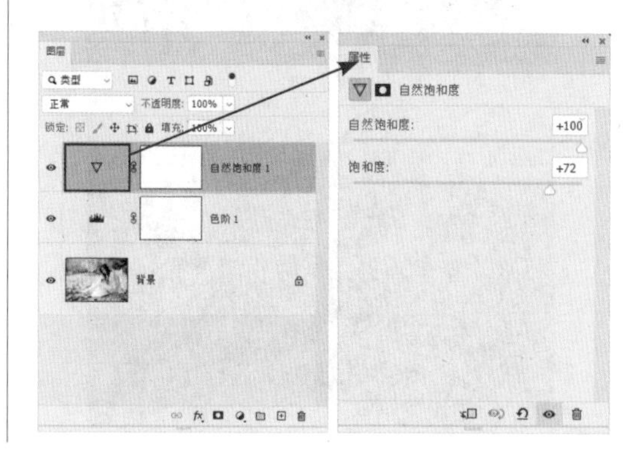

在提高照片的饱和度时，可优先针对环境中的风景进行调整，若皮肤出现过于饱和的问题，可在后面进行校正处理，本步的目的就是要调整好环境的色彩。

3.处理人物的异色问题

此时，由第2步调整后的效果可以看出，人物的面部及身上出现了异色，下面将利用编辑图层蒙版的功能来处理这个问题。

选择“自然饱和度1”图层的图层蒙版，设置前景色为黑色，选择画笔工具并在其工具选项栏中设置适当的画笔参数。

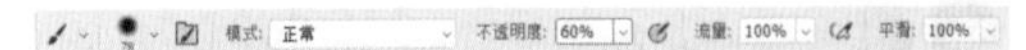

使用画笔工具在异色区域涂抹，以使其恢复为正常色彩。

按住Alt键，单击“自然饱和度1”图层的图层蒙版缩略图，可以查看其中的状态。

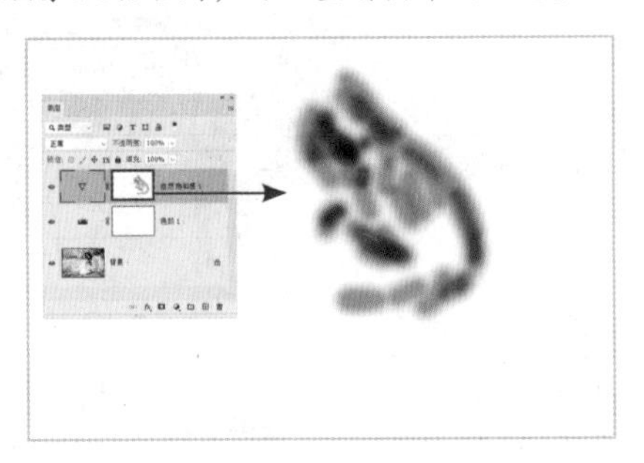

35 第35招　将黄绿色的树叶颜色调整为金黄色

技法导读

在拍摄白桦树时，最佳的拍摄时节就是深秋，此时其树叶基本都变成了金黄色，与白色的树干形成了鲜明的对比，画面极具美感。但并不是每个人都能在恰当的时节拍摄白桦树，因此拍摄出的树叶颜色会有较大差异。本例就来讲解将黄绿色的树叶颜色调整为金黄色的方法。

操作步骤

1.调整照片整体的曝光

在Photoshop中打开需要编辑的原始照片。

当前照片整体较为灰暗，因此在调色之前，需要先调整照片的曝光。

单击“创建新的填充或调整图层”按钮，

在弹出的菜单中选择“亮度/对比度”命令，创建“亮度/对比度1”图层，然后在“属性”面板中设置参数，以提高照片的亮度及对比度。

2.调整照片整体的饱和度

通过第1步的调整，照片的曝光已经基本调整好了，色彩饱和度也有所提高，但还不够。下面继续提高照片整体的饱和度。

单击“创建新的填充或调整图层”按钮，在弹出的菜单中选择“自然饱和度”命令，创建“自然饱和度1”图层，然后在“属性”面板中设置相应的参数。

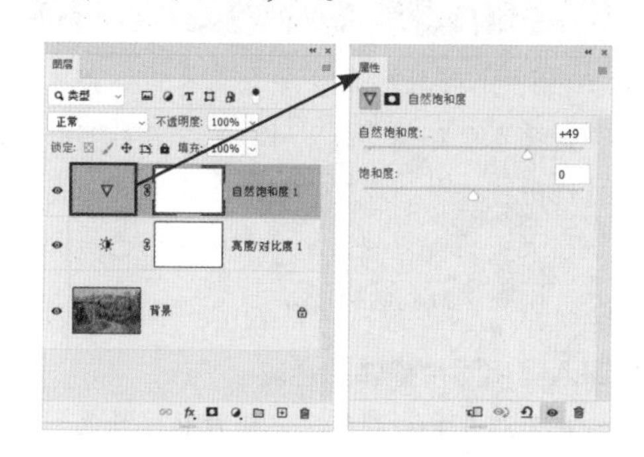

3.单独调整树叶的颜色

至此，针对照片整体的调整已经基本完成，下面按照本例技法导读所述，对黄绿色的树叶进行调整。

单击“创建新的填充或调整图层”按钮，在弹出的菜单中选择“可选颜色”命令，创建“可选颜色1”图层，然后在“属性”面板中设置参数，以改变树叶的颜色。

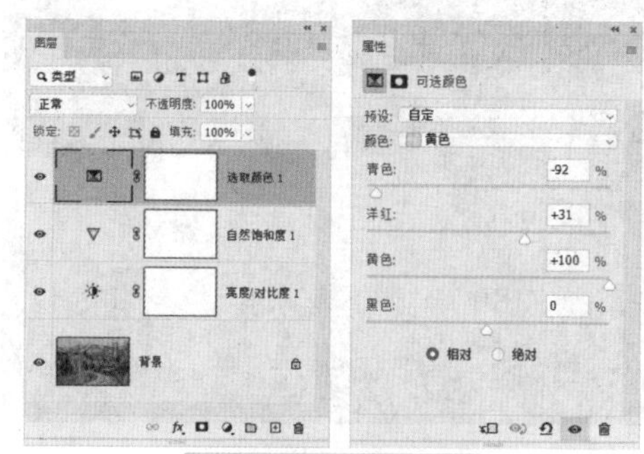

36 第36招　模拟低色温下拍摄的金色夕阳效果

技法导读

日落前后是摄影的最佳时间之一，且金色夕阳是广大摄影爱好者钟爱的拍摄对象，但受天气、环境光、地理位置，以及相机设置等多方面因素的影响，拍摄出的照片可能存在画面昏暗、色彩不够艳丽等问题。本例将讲解一种非常简单的方法，来模拟低色温下拍摄的金色夕阳效果。

操作步骤

1.为照片整体叠加新的颜色

在Photoshop中打开需要编辑的原始照片。我们先为照片整体叠加金色。

单击“创建新的填充或调整图层”按钮◐，在弹出的菜单中选择“渐变映射”命令，创建“渐变映射1”图层，然后在“属性”面板中单击渐变显示条，在弹出的“渐变编辑器”对话框中添加颜色并设置参数，从左到右各色标的颜色值分别为030000、c57900、ffb400、ffd800和ffffff。

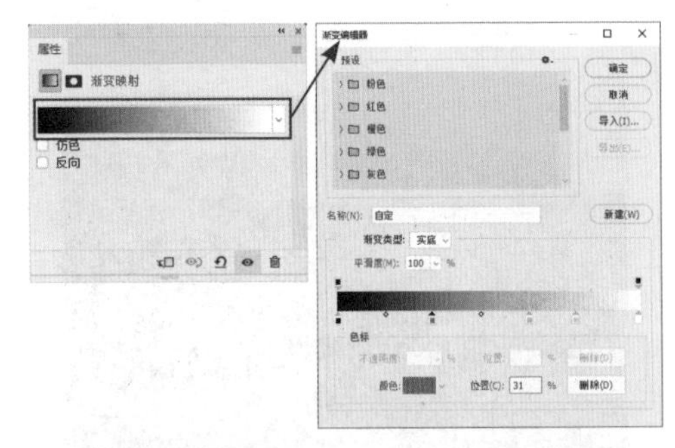

“渐变编辑器”是针对当前照片进行设置的，读者在实际调整时，可根据照片的明暗分布情况进行适当的调整。例如，若照片的高光区域较大，则可以将右数第2个黄色色标向右移动，以减少白色的比重。

2.深入美化照片整体的色彩

在为照片叠加颜色后，照片整体的色彩还不够浓郁，暖调感不足，下面进一步为其叠加红色。

单击“创建新的填充或调整图层”按钮 ，在弹出的菜单中选择“色彩平衡”命令，创建“色彩平衡1”图层，然后在“属性”面板中设置相应的参数，以增强中间调与暗调区域的暖色。

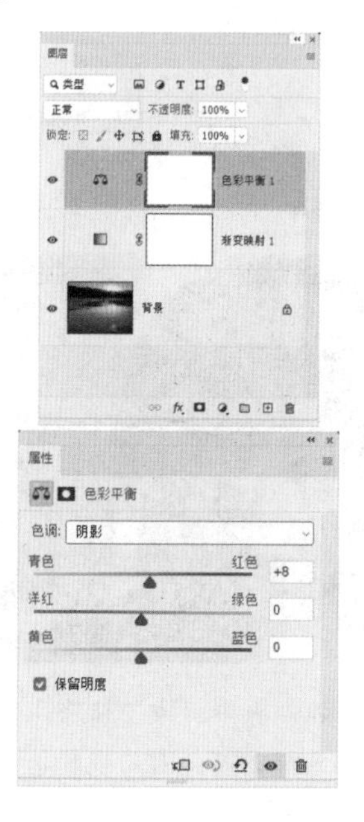

37 第37招　通过分色调整的方法制作富有层次感的黑白照片

技法导读

相机在刚刚被发明时，只能拍摄黑白照片，因此对拍摄彩色照片已经习以为常的现在来说，黑白照片本身就容易给人一种怀旧的感觉。尤其是在人文类照片中，黑白色彩独有的表现力，能够进一步强化照片的韵味。

在本例中，我们首先使用“黑白”命令将照片处理为黑白色彩，然后结合“曲线”图层、“高反差保留”命令、图层蒙版及图层混合模式等功能，提高照片的对比度及立体感。最后，为了增强照片的情怀感，我们还要为照片整体添加杂色。

操作步骤

1.调整黑白色

在Photoshop中打开需要编辑的原始照片。

单击“创建新的填充或调整图层”按钮 ◑.，在弹出的菜单中选择“黑白”命令，得到“黑白1”图层，在“属性”面板的“预设”下拉列表中选择“绿色滤镜”选项，即可大致得到较为满意的效果。

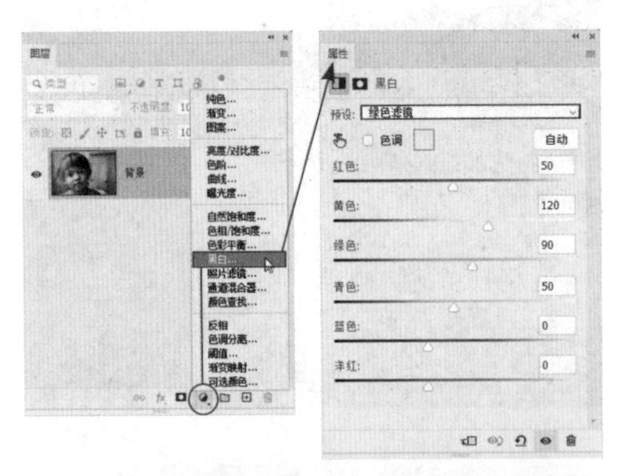

本步的操作主要是为了将照片处理为明暗过渡较为自然、平滑的黑白照片效果，至于照片整体的对比度，可以在后面进行处理。

2.提高照片整体的对比度

在将照片处理为黑白照片效果后，下面将在此基础上，提高照片整体的对比度。

单击“创建新的填充或调整图层”按钮 ◑.，在弹出的菜单中选择“曲线”命令，得到“曲线1”图层，在“属性”面板中设置其参数，以提高照片整体的对比度。

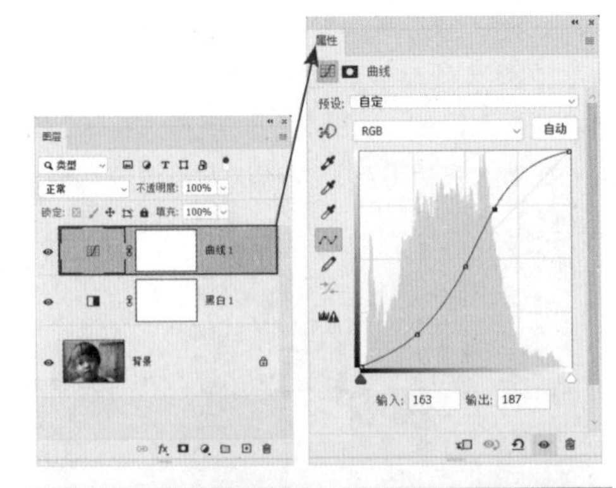

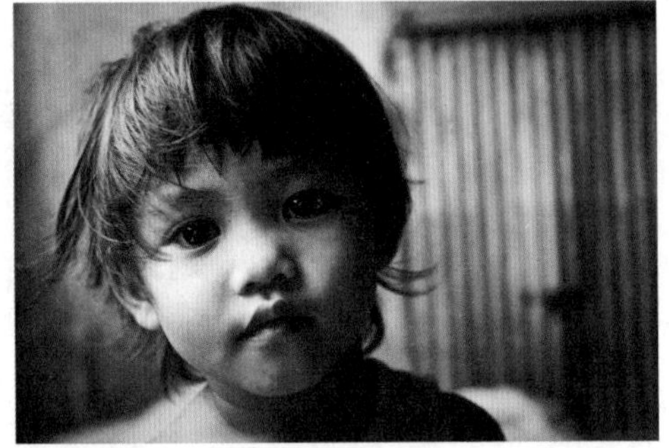

在上面的调整中，为了让照片的大部分能够具有恰当的对比度，因而暂时忽略了面部高光和头发的暗部，导致这两个区域出现死黑和死白的问题。下面将通过编辑图层蒙版，对这两个区域进行恢复处理。

选择“曲线1”图层的图层蒙版，设置前景色为黑色，选择画笔工具 ✓.并在其工具选项栏中设置适当的参数。

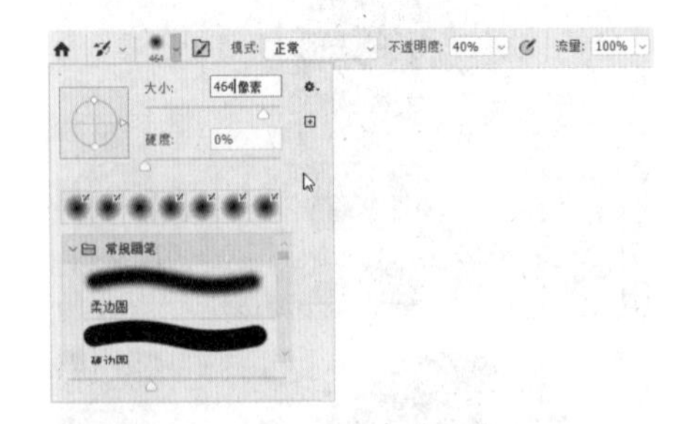

使用画笔工具 ✓.在人物面部和头发上涂抹，以隐藏此处的调整效果，从而显示出相应的细节。

按住Alt键，单击“曲线1”图层的图层蒙版缩略图可以查看其中的状态。

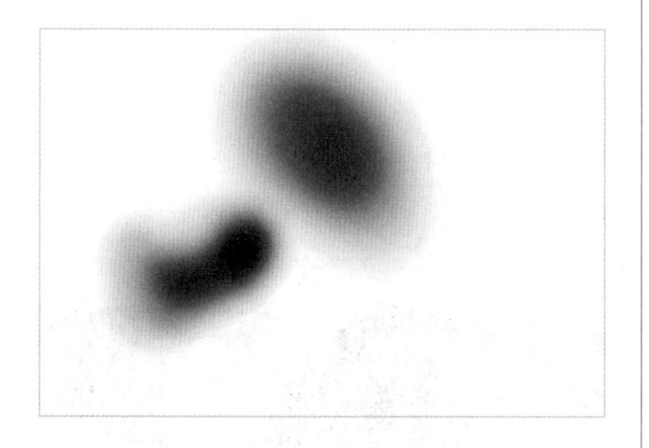

3.提亮眼睛

通过第2步的调整，照片的对比度有了很大提高，但通过观察可以发现，人物的眼睛需要重点刻画，尤其是眼白部分显得非常灰暗。下面就来解决此问题。

使用快速选择工具在人物眼睛上拖动，以大致将其选中。

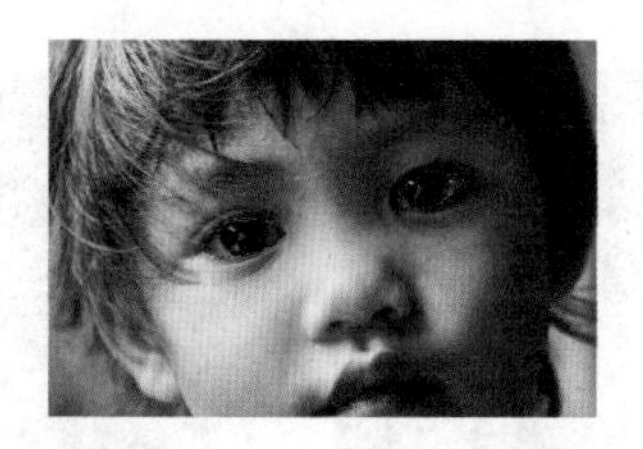

单击“创建新的填充或调整图层”按钮，在弹出的菜单中选择“曲线”命令，得到“曲线2”图层，在“属性”面板中设置其参数，以提亮人物的眼睛。

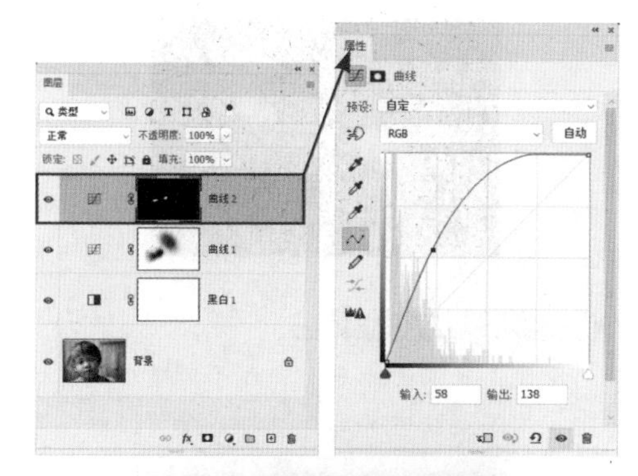

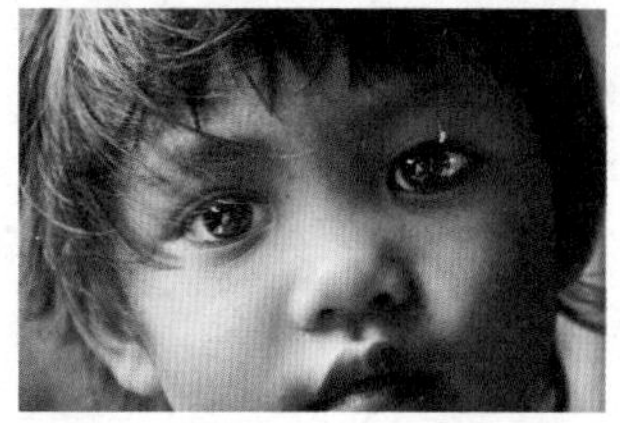

调整后的眼睛变得更加明亮了，但由于使用快速选择工具创建的选区的边缘较为生硬，因此可以明显看到调整后的边界。下面就来解决此问题。

选择“曲线2”图层的图层蒙版，在“属性”面板中适当提高“羽化”数值，以柔化选区边缘。

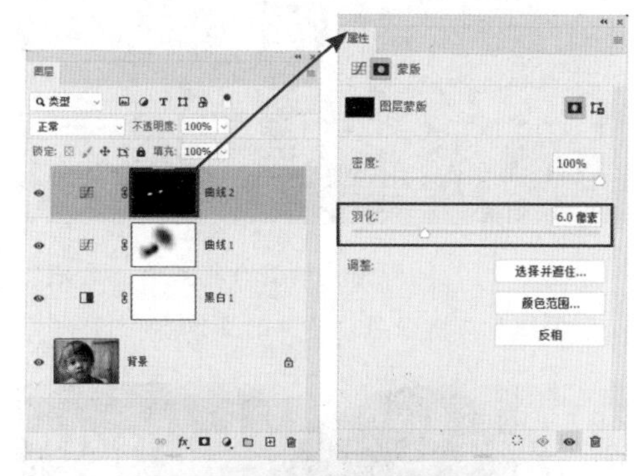

按住Alt键，单击“曲线2”图层的图层蒙版缩略图，可以查看其中的状态。

4.优化细节与增强立体感

至此，我们已经基本完成了对黑白照片的处理，下面来对照片整体进行处理，以优化细节与增强立体感，从而增强画面的表现力。

选择“图层”面板顶部的图层，按Ctrl＋Alt＋Shift＋E键执行“盖印”操作，从而将当前所有可见图层中的图像合并至新图层中，得到“图层1”图层。

选择“滤镜—其它—高反差保留”命令，在弹出的对话框中设置“半径”的数值为8，单击“确定”按钮退出对话框即可。

设置“图层1”图层的混合模式为“柔光”，以优化细节与增强照片整体的立体感。

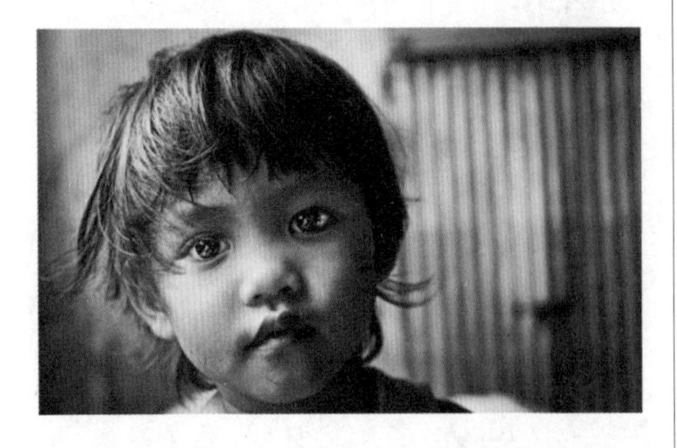

右上图所示为处理前后的局部效果对比。

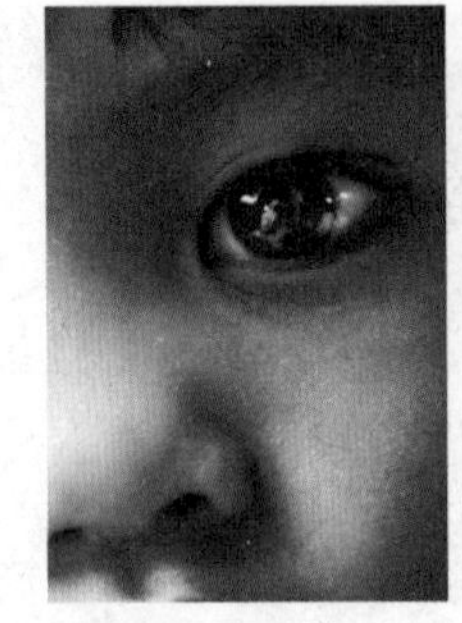
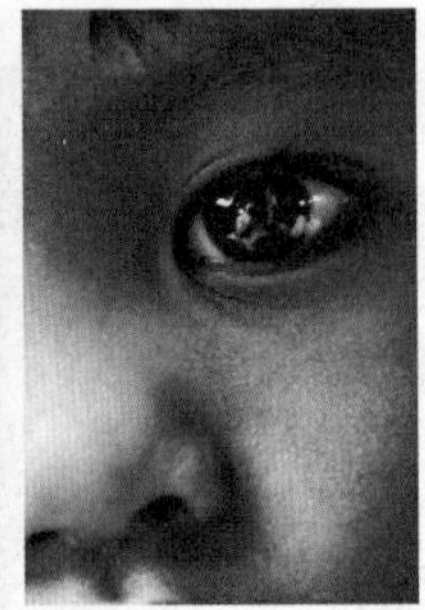

5.添加杂色

选择“图层”面板顶部的图层，按Ctrl＋Alt＋Shift＋E键执行“盖印”操作，从而将当前所有可见图层中的图像合并至新图层中，得到“图层2”图层。

选择“滤镜—杂色—添加杂色”命令，在弹出的对话框中设置相应的参数，单击“确定”按钮退出对话框即可。

下图所示为添加杂色前后的局部效果对比。

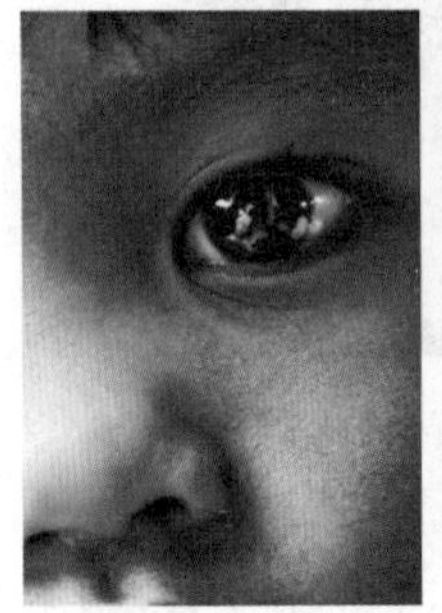
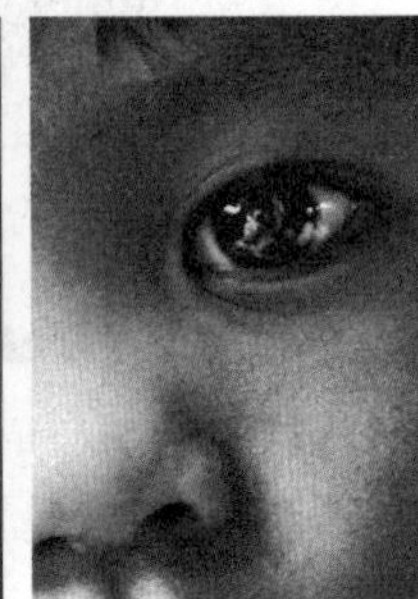

第 7 章

合成、堆栈处理技巧6招

C H A P T E R 7

38 第38招　将照片合成至画框中

技法导读

在本例中，我们将把一张照片合成至某油画展的一个局部场景中，使照片变得更加有格调。读者可以在本例的基础上，尝试将其合成至其他的场景中。

操作步骤

在Photoshop中打开需要编辑的原始照片。

使用移动工具 将原始照片拖曳至文件中，得到“图层1”图层。按Ctrl+T键调出自由变换控制框，将鼠标指针置于自由变换控制框的任意一角，按住Shift键对图像进行缩放操作，并调整其位置。

保持上一步调出的自由变换控制框不变，然后按住Ctrl键，将鼠标指针置于自由变换控制框左上角的控制句柄上，并向背景中左上角的画框进行拖曳，以对照片进行扭曲操作，并保证该角点与画框相对应的角点完全重合。

按照上一步编辑自由变换控制框左上角控制句柄的方法，再对另外3个角的控制句柄进行拖曳，直至得到满意的照片扭曲效果。按Enter键确认变换操作。我们还可以使用“色相饱和度”或“滤镜”等命令，对图像进行色彩方面的处理，直至其与其他图像相协调为止。

39 第39招　利用堆栈技术合成具有流云效果的无人景区照

技法导读

在白天，由于环境中的光线非常充足，因此难以通过长时间曝光的方式拍摄出流云效果。另外，在景区中拍摄景物时，往往由于游人较多，很难拍摄到空无一人的画面。Photoshop具有一个非常简单易用的功能，能够同时解决以上两个问题，本例就来讲解该功能。

操作步骤

1.载入堆栈

在Photoshop中，选择“文件—脚本—将文件载入堆栈”命令，在弹出的对话框的“使用”下拉列表中选择“文件”选项，然后单击“浏览”按钮，在弹出的对话框中打开需要编辑的原始照片，并载入原始照片。需要注意的是，一定要选中“载入图层后创建智能对象”选项。

若原始照片存在错位的问题，可以选中“尝试自动对齐源图像”选项，否则建议不要选中该选项，因为这可能会大幅度增加合成处理的时间。另外，若在“载入图层”对话框中，忘记选中“载入图层后创建智能对象”选项，可以在完成堆栈后，选择“选择—所有图层”命令以选中全部的图层，再在任意一个图层上单击鼠标右键，在弹出的菜单中选择“转换为智能对象”命令即可。

单击“确定”按钮，软件即开始载入原始照片并将其转换为智能对象图层。

选择“图层—智能对象—堆栈模式—中间值”命令，以计算当前智能对象图层中的图像。

在实际处理过程中，我们也可以尝试使用其他的堆栈模式，以得到不同的混合效果。例如在本例中，如果选择“平均值”模式，则天空中的流云会变得更加柔和，但存在的问题是，流云的移动线条会被减弱，从而失去一些动感。另外，近景桥面上会显示出较多的人物，需要通过后期处理进行修除。读者可以根据各自的喜好选择适当的堆栈模式。

在确认得到满意的堆栈结果后，我们可以在图层上单击鼠标右键，在弹出的菜单中选择“栅格化”命令，以将其转换为普通图层。由于当前智能对象图层中包含了100多张照片，在保存和处理它时都会占用大量的硬盘空间和系统资源，因此在确认得到满意的效果后，需要将其栅格化。

2.恢复被模糊的区域

通过第1步的处理，照片中绝大部分多余的人物都被自动滤除了，而且天空中的云彩也具有漂亮的形态和流动效果。但仔细观察画面中的景物可以看出，左右两侧的树木、近景的荷叶都变得有些模糊，这是前面对智能对象图层设置堆栈模式产生的问题，下面来解决此问题。

具体来说，当前照片左右两侧的树木和近景的荷叶存在模糊的问题，因此我们要找到一幅原始照片，其中对应的区域应该是清晰且没有多余游人的。

从本例的原始照片中找到一张合适的照片。在本例中，笔者选择的原始照片如下。打开此照片后，选择移动工具，按住Shift键将其拖至正在处理的照片中，得到“图层1”图层。

“图层1”图层中左右两侧的树木和近景的荷叶图像都是绿色的，且与环境有较大的差异，因此下面来利用通道创建选区，以将其保留下来。

隐藏“图层1”并选择“背景”图层。在“通道”面板中，分别单击“红”“绿”“蓝”3个通道，以观察其中的图像，并挑选出树木和荷叶图像与周围图像对比最强烈的一个通道。在本例中，笔者选择了“蓝”通道。

复制“蓝”通道得到“蓝 拷贝”通道，按Ctrl+L键应用“色阶”命令，在弹出的对话框中设置其参数，以提高图像的对比度。

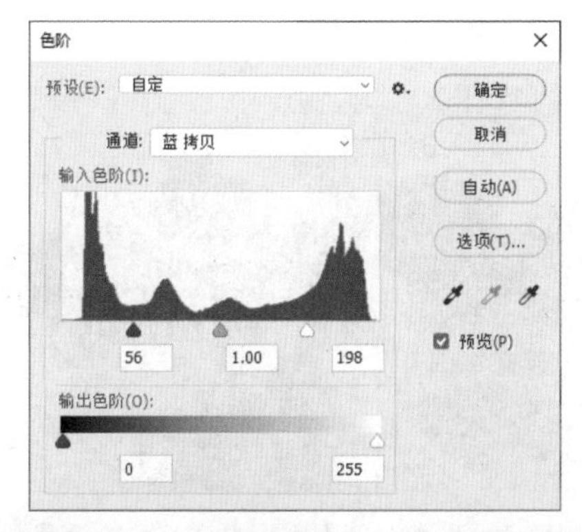

按住Ctrl键，单击“蓝 拷贝”通道的缩略图以载入其选区，然后切换至“图层”面板，显示并选择“图层1”图层，单击“添加图层蒙版”按钮，以当前选区为其添加蒙版，从而隐藏选区以外的内容。

当前照片中还存在一些多余的人物图像，下面将其隐藏起来。

选择“图层1”图层的图层蒙版，设置前景色为黑色，选择画笔工具 并在其工具选项栏中设置适当的画笔大小及不透明度等参数，然后在多余的人物上涂抹，以隐藏对应区域的图像。

按住Alt键，单击“图层1”图层的图层蒙版缩略图，可以查看其中的状态。

3.修除桥面上剩余的部分人物

在桥的扶手处还有一些人物图像，我们需要继续编辑图层蒙版，显示出“图层1”图层中的图像以进行覆盖。

选择“图层1”图层的图层蒙版，设置前景色为白色，选择画笔工具 并在其工具选项栏中设置适当的画笔大小及不透明度等参数，然后在桥面上多余的人物图像上涂抹，以显示“图层1”图层中对应区域的图像，实现对多余人物图像的覆盖。

按住Alt键，单击“图层1”图层的图层蒙版缩略图，可以查看其中的状态。

4. 修复右侧树木的模糊问题

此时，照片最右侧的树木还有些模糊，主要是由于“图层1”图层中的这里有一个人物，因此无法覆盖这些模糊图像。下面选用另一张照片，以修复这些模糊问题，这里选中的原始照片如下。

打开上述照片，按照前面讲解的方法，将其拖至本例处理的照片中，得到“图层2”图层。

按住Alt键，单击“添加图层蒙版”按钮 ，为“图层2”图层添加图层蒙版，从而将当前图层中的照片隐藏起来，然后设置前景色为白色，选择画笔工具 并在其工具选项栏中设置适当的画笔大小及不透明度等参数，在最右侧模糊的树木上涂抹以显示该区域的图像。

按住Alt键，单击“图层2”图层的图层蒙版缩略图，可以查看其中的状态。

5. 调整照片的曝光与色彩

至此，我们已经基本完成了对照片的合成处理，不仅制作出了流云效果，景区中多余的人物也被修除了。目前，我们还需要对照片整体进行一些曝光和色彩方面的调整，下面讲解其操作方法。

单击“创建新的填充或调整图层”按钮 ，在弹出的菜单中选择“色阶”命令，得到“色阶1”图层，在“属性”面板中设置其参数，以调整照片的亮度及颜色。

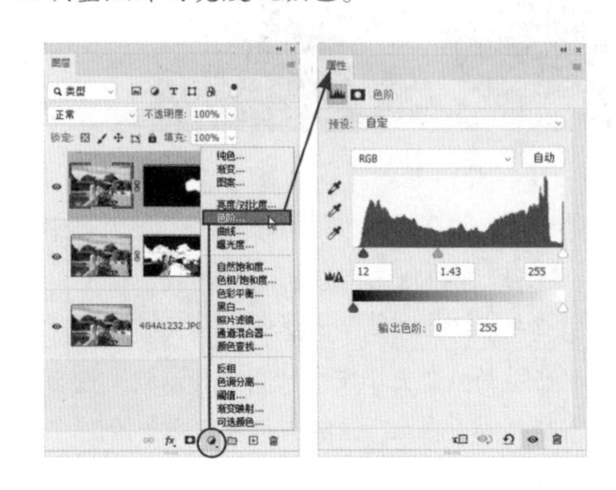

单击“创建新的填充或调整图层”按钮，在弹出的菜单中选择“自然饱和度”命令，得到“自然饱和度1”图层，在“属性”面板中设置其参数，以调整照片整体的饱和度。

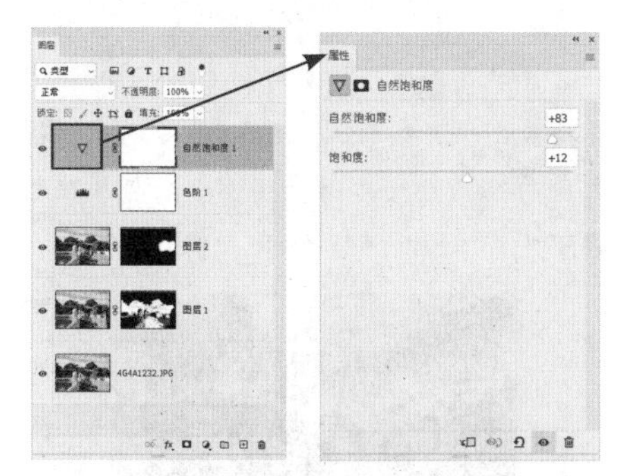

6.优化细节与增强立体感

至此，我们已经基本完成了对照片的处理。为了让照片的细节更加突出，下面使用“高反差保留”命令对其细节进行优化处理。

选择“图层”面板顶部的图层，按Ctrl＋Alt＋Shift＋E键执行“盖印”操作，从而将当前所有可见图层中的图像合并至新图层中，得到“图层3”图层。

在“图层3”图层上单击鼠标右键，在弹出的菜单中选择“转换为智能对象”命令，从而将其转换成为智能对象图层，以便于下面对该图层中的照片应用及编辑滤镜。

选择“滤镜－其它－高反差保留”命令，在弹出的对话框中设置“半径”的数值为14左右，单击“确定”按钮退出对话框。

设置“图层3”图层的混合模式为“柔光”，以优化照片中的细节，增强其立体感。

下图所示为设置图层混合模式前后的局部效果对比。

40 第40招　模拟通过多重曝光拍摄的多维空间效果

技法导读

多重曝光是指通过两次或者更多次独立曝光，然后利用指定的相机算法将它们堆叠起来，得到单一照片的摄影方法。通过多重曝光我们往往可以拍出具有奇特视觉效果的照片。但由于在拍摄过程中无法预览效果，更无法实现编辑修改，且每张照片在拍摄时都存在一定的变数，因此拍摄结果存在极大的变数，普通摄影师几乎无法拍摄出成功的多重曝光作品。在本例中，我们将通过较为简单的操作来模拟通过多重曝光拍摄的多维空间效果。

操作步骤

1.混合两张照片

在Photoshop中打开需要编辑的原始照片。

使用移动工具 将其中一张照片（巷子）拖至另一张照片（人物）中，同时得到“图层1”图层。

“图层1”图层中的照片比背景大，因此首先要将其缩小。

选择“图层1”图层并按Ctrl+T键调出自由变换控制框，按住Alt+Shift键并向中心拖动右上角的控制句柄，以将其缩小至与画幅基本相同即可。按Enter键确认变换操作。

设置“图层1”图层的混合模式为“滤色”，使巷子照片与人物照片进行混合。

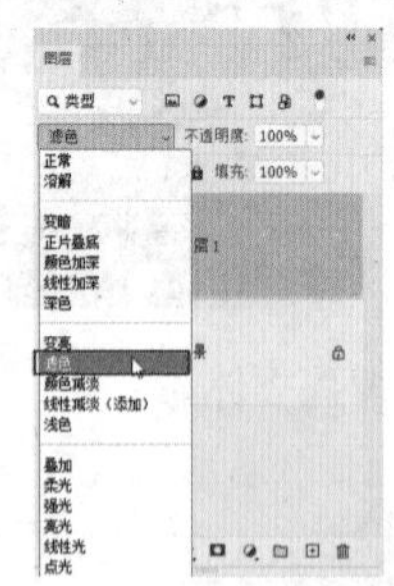

2.将照片调整为黑白效果

通过第1步的混合，我们已经基本制作出多重曝光的效果。在本例中，我们要将照片整体调整为黑白效果，因此在得到基本的多重曝光效果后，我们应先对照片整体的色彩进行调整。

单击“图层”面板中的“创建新的填充或调整图层”按钮 ，在弹出的菜单中选择“黑白”命令，在弹出的“属性”面板中设置相应的参数。

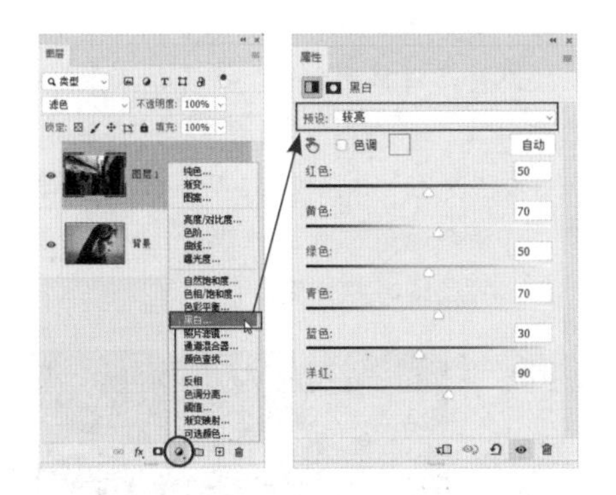

在“属性”面板中设置好参数后，即可将照片处理为黑白效果（见下图），并创建一个对应的“黑白1”图层。在有需要的时候，双击该图层的缩览图，在弹出的“属性”面板中继续调整其参数。在后面的操作中，我们将继续使用其他的图层进行处理。

3.调整照片的亮度并着色

按照第2步中的方法，创建“亮度/对比度”图层，在弹出的“属性”面板中设置参数，以提高照片的对比度，同时创建“亮度/对比度1”图层。

按照第2步中的方法，创建“色彩平衡”图层，在“色调”下拉列表中分别选择“阴影”和“中间调”选项并设置其参数，从而为照片叠加色彩。

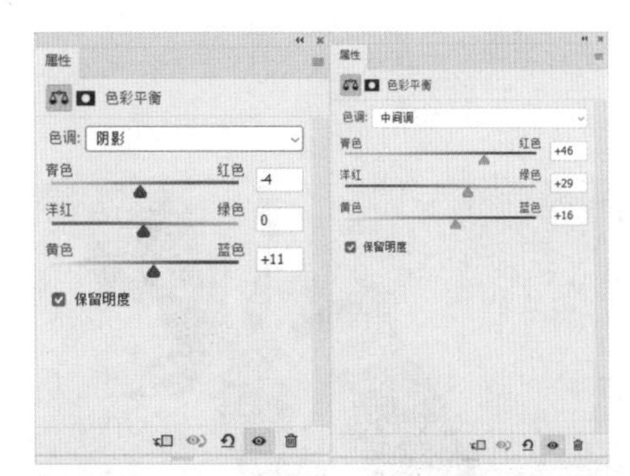

4.隐藏多余照片

至此，照片整体的色调已经基本调整完成。下面针对人像外围进行调整，使之变得更亮，以突出人物主体的轮廓感。

选择“图层1”图层，单击“图层”面板底部的“添加图层蒙版”按钮 为“图层1”图层添加图层蒙版。

下面编辑图层蒙版，以隐藏照片。

选择画笔工具，在照片中单击鼠标右键，在弹出的画笔选择器中设置画笔的大小、硬度等属性，也可以在其工具选项栏中进行设置。

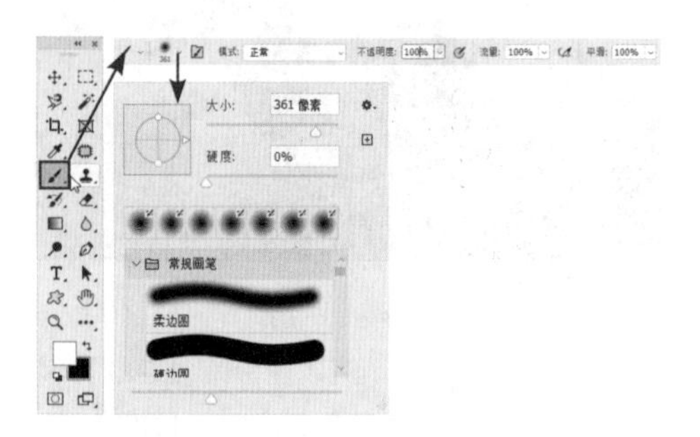

选中“图层1”图层的图层蒙版，按D键恢复默认的前景色与背景色，再按X键交换前景色与背景色，使前景色变为黑色，然后在人物以外的区域涂抹。

此时按住Alt键，单击“图层1”图层的图层蒙版，可查看其中的状态。

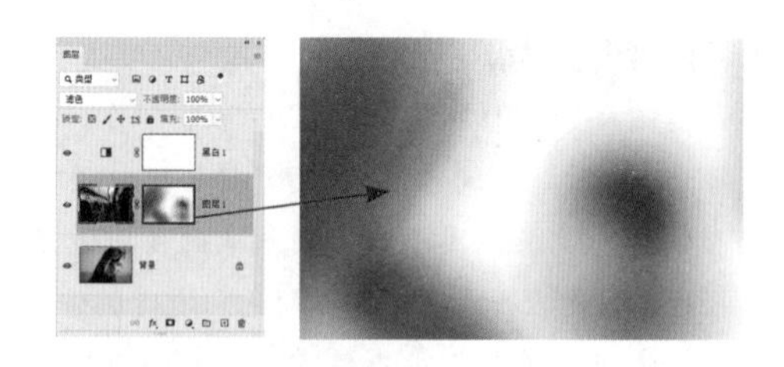

5.混合并调整其他照片

下面加入并处理另外一张照片，以丰富照片上半部分的细节。

打开需要编辑的原始照片。

按照前面讲解的方法，将其移至多重曝光照片文件中，并置于“图层1”图层的上方，然后结合“滤色”混合模式、图层蒙版、“曲线”图层，并使用画笔工具在背景上方涂抹灰色与白色，将过暗的照片提亮。

处理完成后的最终效果如下图所示。

41 第41招　为水面合成倒影

技法导读

在本例中，我们将讲解为水面合成倒影的操作方法。在处理过程中，我们主要运用了简单的混合模式、变换，以及调整功能。要注意的是，我们应选择水面较清澈的照片来合成倒影，以免得到的效果失真。

操作步骤

在Photoshop中打开需要编辑的原始照片。

按Ctrl+J键复制“背景”图层得到“图层1”图层，并设置其混合模式为“变暗”，不透明度为60%，选择“图像—变换—垂直翻转”命令，然后使用移动工具✥.向下移动其位置。

使用橡皮擦工具⌫.并设置适当的大小及不透明度等参数，将水面以外的图像擦除。

单击“图层”面板底部的“创建新的填充或调整图层”按钮◐.，在弹出的菜单中选择“亮度/对比度”命令，得到“亮度/对比度1”图层。按Ctrl+Alt+G键执行“创建剪贴蒙版”操作，然后在“属性”面板中设置相应的参数，使倒影显得更逼真。

单击“图层”面板底部的“创建新的填充或调整图层”按钮◐.，在弹出的菜单中选择“亮度/对比度”命令，得到“亮度/对比度2”图层。然后在“属性”面板中设置其参数，以改善照片整体的曝光。

42 第42招　制作逼真的丁达尔光效

技法导读

在茂密的树林中，我们常常可以看到从枝叶间透过的一道道光柱，这种光线效果即称为丁达尔光效。在实际拍摄时，由于环境的影响，我们往往无法拍摄出丁达尔光效，或是效果不够明显。本例将讲解通过后期处理制作逼真的丁达尔光效的方法。

操作步骤

1.调整制作光效的区域

在Photoshop中打开需要编辑的原始照片。

在“通道”面板中分别单击“红”“绿”“蓝”通道以查看其中的照片，其中“蓝”通道的对比度最佳，因此复制该通道得到“蓝 拷贝”通道。

制作丁达尔光效时，只需要树木以内的缝隙区域，因此首先将其外围涂黑。

选择画笔工具并在其工具选项栏中设置适当的参数。

设置前景色为黑色，使用画笔工具在树木以外的区域涂抹，直至其完全变黑为止。

在得到基本的缝隙区域后，再对其进行提高对比度的调整，使制作光效的区域更为明显。

按Ctrl+L键应用“色阶”命令，在弹出的对话框中调整参数，以提高照片的对比度。

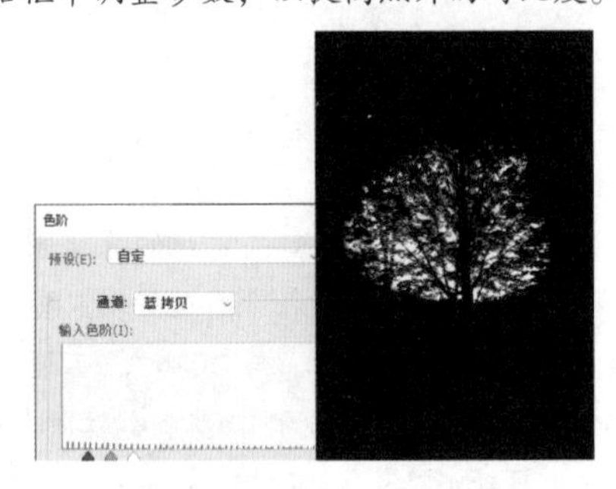

2.手动补充光效区域

按住Ctrl键，单击“蓝 拷贝”通道的缩略图以载入其选区，在“图层”面板中新建“图层1”图层，设置前景色为白色，按Alt+Delete键填充选区，按Ctrl+D键取消选区。

观察填充后的效果可以看出，此时得到的是树木内部的缝隙区域，但树冠底部边缘也是可以实现丁达尔光效的，因此需手动补充光效区域。

选择画笔工具并在其工具选项栏中将其设置为较小的硬边画笔，在树冠底部单击多次，以添加用于制作光效的区域。

3.制作丁达尔光效

选择“滤镜—模糊—径向模糊”命令，在弹出的对话框中设置参数，并注意调整模糊中心的位置，设置完成后单击“确定”按钮退出即可。

径向模糊的中心应与太阳所在的位置重合。若两者的位置有偏移，可以按Ctrl+Z键撤销，然后按Ctrl+Alt+F键重新调出“径向模糊”对话框进行设置，直至得到满意的效果为止。

为了让光效更加细腻，可以按Ctrl+F键重复应用“径向模糊”命令两次。

4.融合丁达尔光效

在制作出基本的丁达尔光效后，下面对其进行融合处理，让照片整体更加自然、逼真。

设置“图层1”图层的混合模式为“叠加”，使光效照片与树木照片融合在一起。

复制“图层1”图层得到“图层1 拷贝”图层，并修改其混合模式为“正常”。

5.调亮发光区域

至此，我们已经基本完成了丁达尔光效的制作。为了让照片更为逼真，下面对光效区域的树木进行一定的提亮处理。

选择“图层1 拷贝”图层，按住Ctrl键，单击其缩略图以载入其选区。

单击“创建新的填充或调整图层”按钮，在弹出的菜单中选择“曲线”命令，得到“曲线1”图层，在“属性”面板中设置其参数，以调整照片的亮度与对比度。

6.润饰照片整体

下面对照片整体进行润饰处理，以增加照片整体的美感。首先，我们要显示出高光区域的细节。

选择“背景”图层，按Ctrl+J键复制得到“背景 拷贝”图层，选择“图像—调整—阴影/高光”命令，在弹出的对话框中设置“高光”参数，以显示出高光区域的细节。

其次，我们要调整照片整体的饱和度。

选择“曲线1”图层，单击“创建新的填充或调整图层”按钮 ◕，在弹出的菜单中选择“自然饱和度”命令，得到“自然饱和度1”图层，在“属性”面板中设置其参数，以调整照片整体的饱和度。

最后，我们要使用“可选颜色”命令，分别针对树叶和天空进行调整，使画面色彩更加浓郁。

单击“创建新的填充或调整图层”按钮 ◕，在弹出的菜单中选择“可选颜色”命令，得到“选取颜色1”图层，在其“属性”面板的“颜色”下拉列表中分别选择“红色”和“黄色”选项并设置相应的参数，以调整树木的颜色。

再选择“青色”和“蓝色”选项并设置相应的参数，以调整天空的颜色。

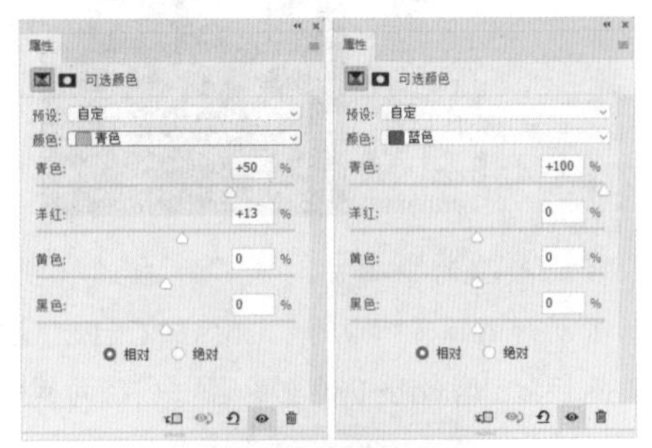

43 第43招　将惨白的天空替换为云彩美观的天空

技法导读

在拍摄风光照片时，若以地面景物为主进行测光并拍摄，则天空区域可能因此曝光过度，变得惨白。即使获得了较好的曝光结果，也可能会由于天空中的云彩不够美观，进而影响画面整体的表现。本例就来讲解将惨白的天空替换为云彩美观的天空的方法。

在本例中，我们主要使用“正片叠底”混合模式，使新的天空与原始照片融合在一起，并利用图层蒙版对边缘进行适当的修饰。然后，主要使用调整图层对新天空的曝光及色彩进行适当的调整，使之与原照片相匹配。最后，在树木的缝隙处增加太阳光芒效果，使照片整体更加逼真，视觉效果更为丰富。

操作步骤

1.初步融合两幅照片

在Photoshop中打开需要编辑的原始照片。

使用移动工具将其中一张照片（云彩）拖至另一张照片（树木）中，得到“图层1”图层，并设置其混合模式为“正片叠底”，然后适当调整云彩的位置。

在实际处理时，可能出现两张原始照片大小不一致的问题，此时可以按Ctrl+T键调出自由变换控制框，按住Shift键并拖动照片四角的任意一个控制句柄，以调整照片的大小。得到满意的效果后，按Enter键确认变换即可。

单击“添加图层蒙版”按钮为“图层1”图层添加图层蒙版，设置前景色为黑色，选择画笔工具并在其工具选项栏中设置适当的参数。

使用画笔工具在下方多余的图像上涂抹，直至将其隐藏为止。

按住Alt键，单击“图层1”图层的图层蒙版缩略图，可以查看其中的状态。

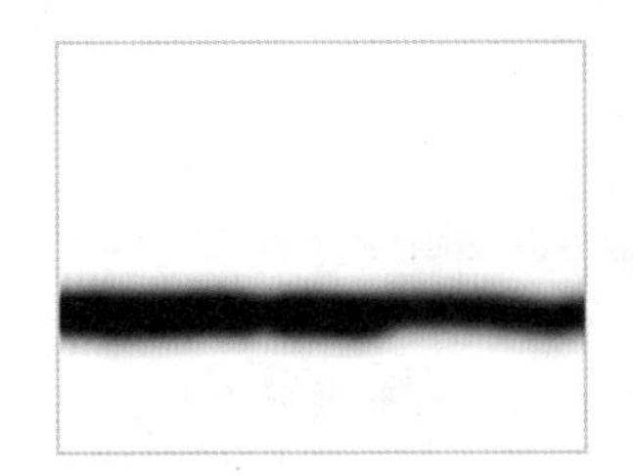

2.调整天空的曝光及色彩

通过第1步的处理，新的天空已经与原始照片融合在一起，但新的天空的对比度与原始照片的对比度不太统一，因此下面对其对比度进行适当的调整。

单击“创建新的填充或调整图层”按钮，在弹出的菜单中选择“亮度/对比度”命令，得到“亮度/对比度1”图层，按Ctrl＋Alt＋G键创建剪贴蒙版，从而将调整范围限制到下面的图层中，然后在“属性”面板中设置相应的参数，以调整照片的亮度与对比度。

对比天空与地面可以看出，天空主要偏向冷调，而原始照片则偏向暖调，因此需要对二者进行统一。对当前照片来说，原始照片的暖调的视觉效果更好，因此下面将以原始照片为准，将天空调整为偏向暖调的色彩效果。

单击“创建新的填充或调整图层”按钮，在弹出的菜单中选择“色彩平衡”命令，得到“色彩平衡1”图层，按Ctrl＋Alt＋G键创建剪贴蒙版，从而将调整范围限制到下面的图层中，然后在“属性”面板中设置相应参数，以调整照片的色彩。

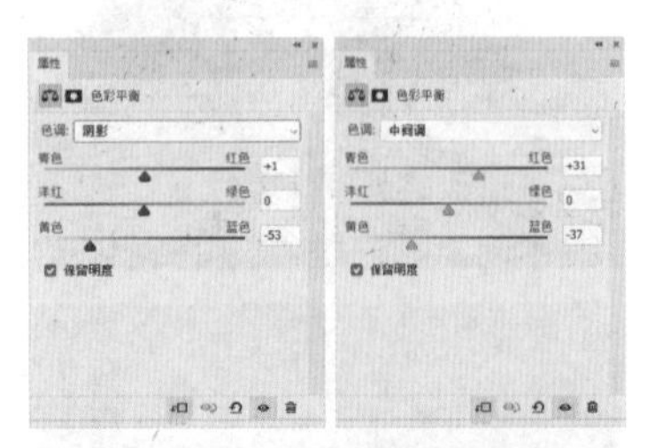

3.在树木的缝隙处添加太阳光芒

在逆光拍摄时，光线可能会透过景物的缝隙，配合适当的摄影技术，我们可拍摄出太阳光芒效果，这可以在很大程度上增加画面的美感。但在本例的原始照片中，由于背景的光线过强，且树木的缝隙较小，因此没能拍出太阳光芒效果。下面将利用特殊画笔以及一些修饰方法制作太阳光芒效果。

载入需要的画笔，选择画笔工具并在照片中单击鼠标右键，在弹出的菜单中选择刚刚载入的画笔。

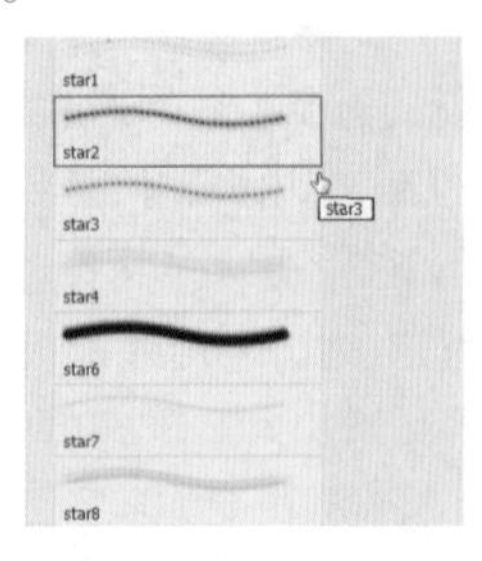

新建“图层2”图层，设置前景色为白色，使用画笔工具在树木缝隙处与背景中太阳相重合的位置单击，以添加太阳光芒。

当前的太阳光芒比较小，下面将其放大，后面还会对太阳光芒应用滤镜，因此先将其转换为智能对象图层。

在“图层2”图层上单击鼠标右键，在弹出的菜单中选择“转换为智能对象”命令，从而将其转换成为智能对象图层。

按Ctrl+T键调出自由变换控制框，按住Alt+Shift键将太阳光芒放大，调到适当的大小后，按Enter键确认变换操作。

当前的太阳光芒是纯白色的，还不够真实，下面为其增加一些与环境相匹配的金色发光效果。

单击“添加图层样式”按钮，在左侧区域中选中“外发光”选项，在中间区域中设置适当的参数，从而为太阳光芒增加金色发光效果，其中颜色块的颜色值为ffb400。

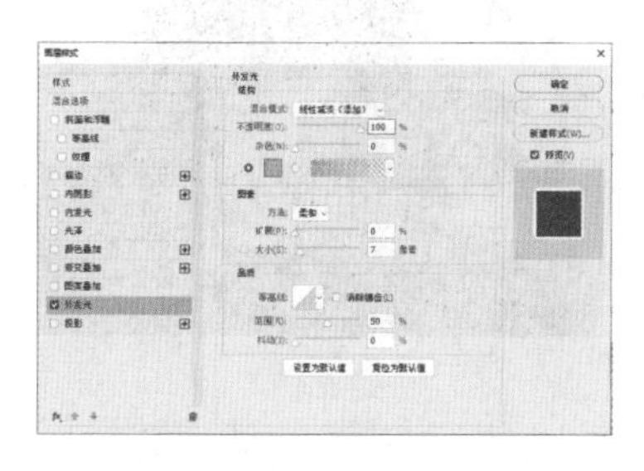

由于之前使用画笔工具绘制的太阳光芒的尺寸较小，后面做大幅度的放大处理后，其边缘会有较明显的质量下降。下面对太阳光芒的边缘进行模糊处理。

选择“滤镜—模糊—径向模糊”命令，在弹出的对话框中设置参数，并确保径向模糊的中心点与太阳光芒的中心点一致，然后单击“确定”按钮退出对话框即可。

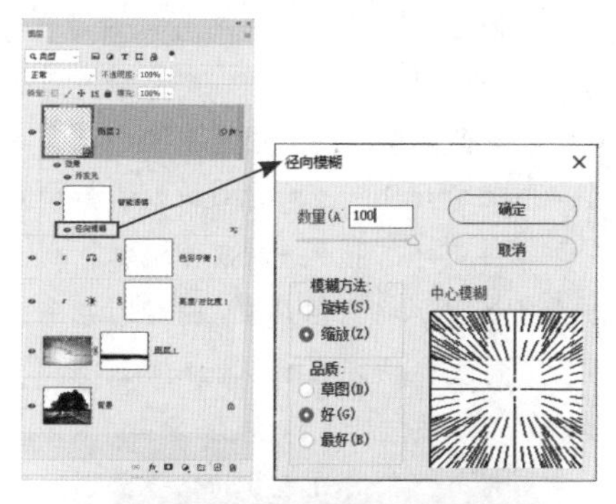

在使用“径向模糊”滤镜时，其聚焦中心的位置较难精确定位。由于前面已经将“图层2”图层转换为智能对象图层，因此应用“径向模糊”滤镜后，此图层下方会生成一个对应的智能滤镜。直接双击该智能滤镜，并在弹出的对话框中重新设置，直至得到满意的结果为止。

4.为太阳光芒增加光晕

高品质的镜头往往可以更好地抑制光晕和鬼影的出现，从而获得更好的画质。但对于类似本例中合成的太阳光芒来说，适当增加一些光斑，可以增加其真实感。从个人喜好的角度来说，光晕也可以作为一种较好的装饰元素出现在照片中。下面将利用Photoshop中的“镜头光晕 ”命令，为太阳光芒增加类似摄影中自然产生的光晕效果。

为了营造照片整体的氛围，下面为照片添加光晕效果。新建“图层3”图层，设置前景色为黑色，按Alt＋Delete键填充前景色，然后在该图层上单击鼠标右键，在弹出的菜单中选择“转换为智能对象”命令，再设置其混合模式为“滤色”。

将“图层3”图层转换为智能对象图层，是为了后面应用“镜头光晕”命令时，能够生成相应的智能滤镜，并且由于光晕的位置可能无法一次调整到位，此时就可以双击该智能滤镜，在弹出的对话框中进行反复编辑，直至得到满意的效果。将“图层3”图层的混合模式设置为“滤色”，是为了将黑色完全过滤掉，在后续添加光晕时，可以只保留光晕。

在本例中，我们对光晕的位置要求比较严格，因此下面讲解了一种精确控制光晕位置的方法。

按F8键显示“信息”面板，并将坐标的单位修改为“像素”，然后将鼠标指针置于太阳光芒的中心位置，此时“信息”面板会显示当前鼠标指针所在的位置，记住这个位置，在后续应用“镜头光晕”命令时会用到。

双击“图层3”图层下方的“镜头光晕”智能滤镜，按住Alt键，在弹出的对话框的预览区中单击，在弹出的对话框中输入之前记下的鼠标指针的位置，单击“确定”按钮，返回“镜头光晕”对话框中，设置适当的参数，再次单击“确定”按钮退出即可。

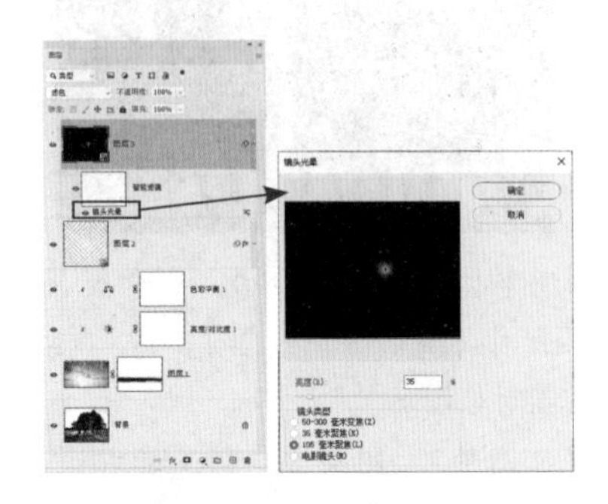

当前的光晕效果还是有些平淡，光晕色彩也与照片整体不太协调，因此下面对光晕色彩调整。

单击“创建新的填充或调整图层”按钮 ，在弹出的菜单中选择“色彩平衡”命令，得到“色彩平衡2”图层，按Ctrl＋Alt＋G键创建剪贴蒙版，从而将调整范围限制到下面的图层中，然后在“属性”面板中设置相应参数，以调整光晕的色彩。

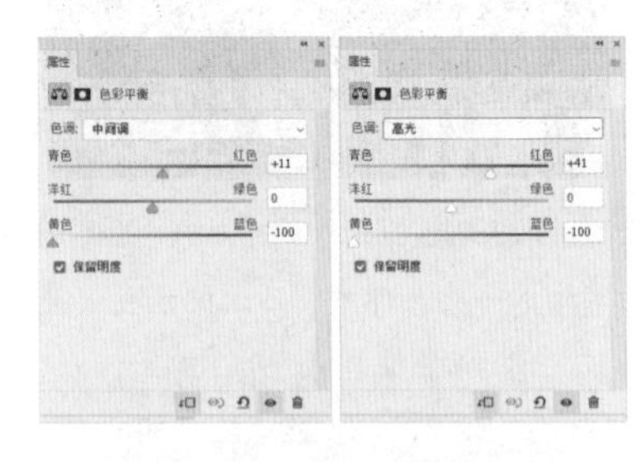

第 8 章

RAW格式照片基本处理技巧7招

C H A P T E R 8

44 第44招　同步多张照片

技法导读

同步是指将某张照片的调整参数，完全复制到其他照片中，常用于对拍摄的系列照片做统一、快速的处理，从而大大提高工作效率。

操作步骤

1.调整照片

在Photoshop中打开要做同步处理的3张原始照片，启动Adobe Camera Raw，此时3张原始照片会列于Adobe Camera Raw界面的下方。

选择“基本”选项卡，调整“色温”的数值，以改变照片的色调。

进一步调整照片的“对比度”“自然饱和度”“饱和度”等的数值，以增强照片的色彩。

2.同步照片

下面开始同步对当前照片所做的调整，首先选中作为同步源的照片，然后选中所有照片。在本例中，作为同步源的照片是第1张照片，也就是在第1步中调整好的照片。

在软件界面下方的照片列表中的第1张照片上单击，以选中该同步源，然后按Ctrl+A键选中所有的照片。

如果不想选中所有照片，可以按住Shift键单击照片，以选中连续的照片；也可以按住Ctrl键单击照片，以选中不连续的照片。但选中的第1张照片一定要是作为同步源的照片，否则同步时会出现错误。

按Alt+S键，在弹出的“同步”对话框中设置参数，以确定要同步的参数，在本例中使用默认的参数设置即可。

单击“确定”按钮退出“同步”对话框，即可完成同步操作。

45 第45招　校正建筑照片的透视问题

技法导读

在使用广角镜头拍摄照片时，照片中常常会出现透视变形的问题，尤其对于建筑、树木等对象来说，由于其本身的线条感较强，因此该问题会更明显。校正照片的透视问题的思路与校正照片的倾斜问题较为相近，都是要先确定参照物，并创建与之平行的线条。二者的区别在于，校正透视问题时往往需要确定两个甚至多个参照物。另外，Adobe Camera Raw提供了多种快速校正功能，可以帮助用户快速、准确地完成校正。

操作步骤

校正透视问题

在Camera Raw中打开需要编辑的原始照片。

选择右侧工具栏下方的“切换网格覆盖图”按钮，并在上方显示的“网格大小”选项中拖动滑块，适当调整网格的大小，以便于准确进行校正。

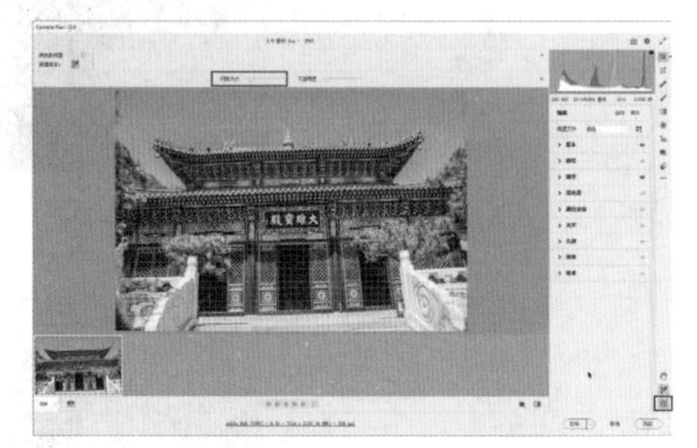

在编辑界面右侧的“几何”选项卡中单击“纵向”按钮，从而依据当前建筑中垂直线条的倾斜角度在“手动转换”中调整“缩放”的数值，以进行校正。此时可以观察网络，以确定调整的结果是否满意。

通过前面对照片的透视问题进行校正，照片已经具有正常的透视效果，但照片的左下角也因此出现了空白，需要将其裁剪掉。

在“几何”选项卡中增大“缩放”的数值，以放大图像，将校正后的空白区域填满。

对于上述对“缩放”参数的调整，我们也可以直接使用Adobe Camera Raw中的裁剪和旋转工具 对照片进行处理。通过网格可以看出，照片在水平方向上有些倾斜，下面就来解决这个问题。

在“几何”选项卡中适当减小“旋转”的数值，使照片逆时针旋转一定角度，直至变为完全水平为止。

对于上述对“旋转”参数的调整，我们也可以直接使用Adobe Camera Raw中的裁剪和旋转工具 对照片进行处理。

选择“光学”选项卡中的“手动”子选项卡，点击“晕影”右侧的◂图标显示“中点”选项，然后调整“晕影”及“中点”参数，以增加暗角并调整照片中点的位置。

46 第46招　修复边缘色差

技法导读

在拍摄照片时，由于强光照射、镜头质量等因素的影响，照片中的一些图像边缘经常存在色差问题，常见的有紫色或绿色色差，适当地对其进行消减处理，可以进一步提高照片的纯净度和美感。但在消减色差的过程中，我们要注意把握尺度，避免由于消减某部分图像的色差，而导致其他区域的图像变得不正常。

操作步骤

1.消减紫色色差

在Camera Raw中打开需要编辑的原始照片。

双击缩放工具，从而将显示比例增大至100%，并使用抓手工具移动视图，以查看照片中较容易产生色差的边缘，如摩托车车头的金属边缘。

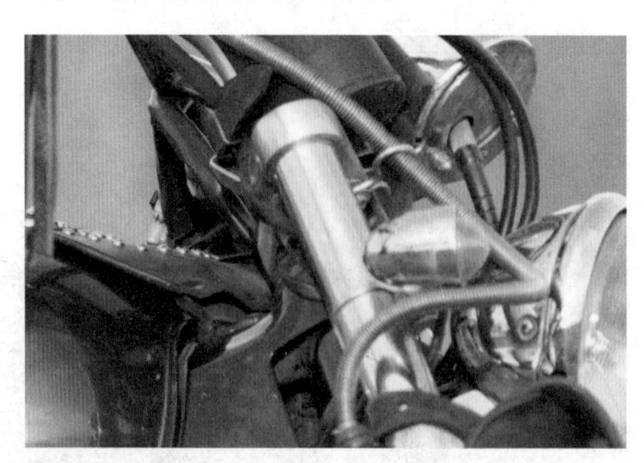

在“光学”选项卡中选择“手动”子选项卡，然后在“去边”区域中向右侧拖动“紫色数量”滑块，以消除车头边缘的紫色色差。

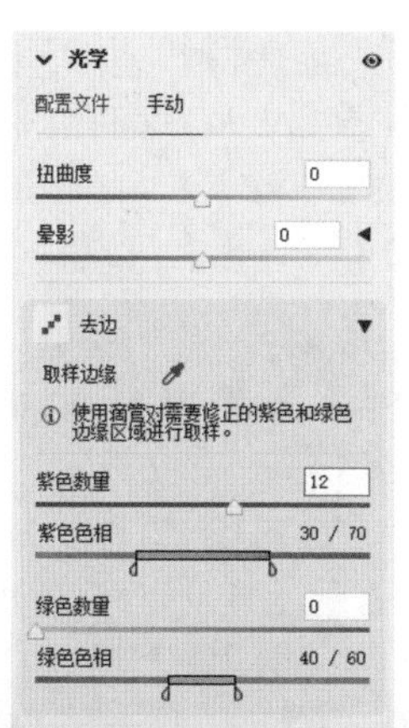

继续查看车头附近的图像，可以看出轮胎附近有较明显的紫边问题，但继续调整“紫色数量”参数已经无法消除此处的色差。主要原因在于，此处的颜色偏向于红色，之前的消减范围对消减此处的色差不起作用。下面通过调整消减范围，来消除此处的色差。

在“光学”选项卡的“手动”子选项卡中，向右侧拖动“紫色色相”右侧的滑块，以增大消减范围，直至消除偏红色的色差为止。

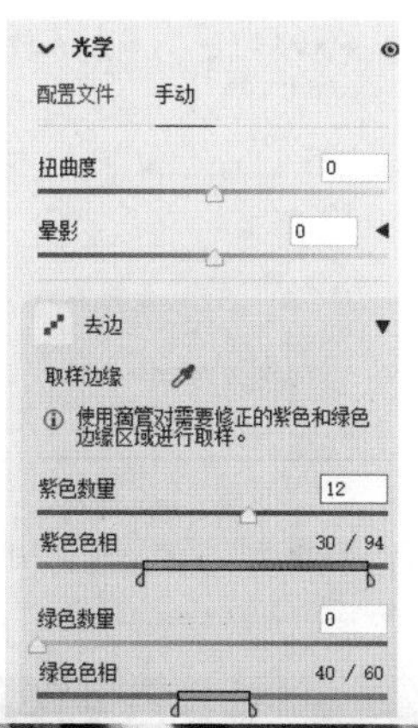

2.消除绿色色差

检查摩托车的其他位置，可以看出车尾还存在一定的绿色色差。下面对其进行消减处理。

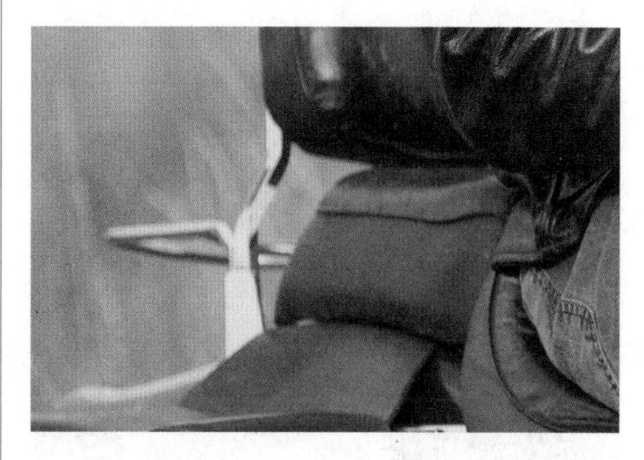

在“光学”选项卡的“手动”子选项卡中，向右侧拖动“绿色数量”滑块，向右侧拖动“绿色色相”右侧的滑块，直至消除绿色色差为止。

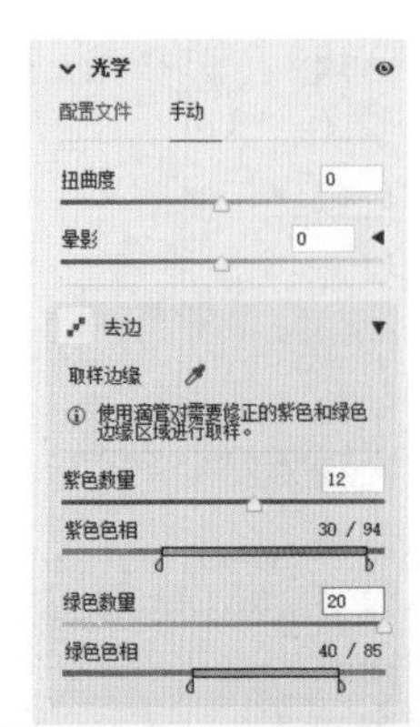

3. 恢复人物头部边缘的颜色

通过前面的处理，我们已经基本消除了照片中摩托车车身的色差，但观察其他区域时可以看出，人物头部边缘的色差消减过多，导致人物头部边缘出现了异色问题。下面将恢复人物头部边缘的颜色。

由于人物头部边缘以红色为主，结合前面的处理可以看出，主要是在消减紫色色差时，增大了消减范围，进而导致人物头部边缘的颜色出现问题，因此需要减小消减范围。

在“光学”选项卡的“手动”子选项卡中，向左侧拖动“紫色色相”右侧的滑块，以减小消减范围，直至人物头部边缘的颜色恢复正常为止。

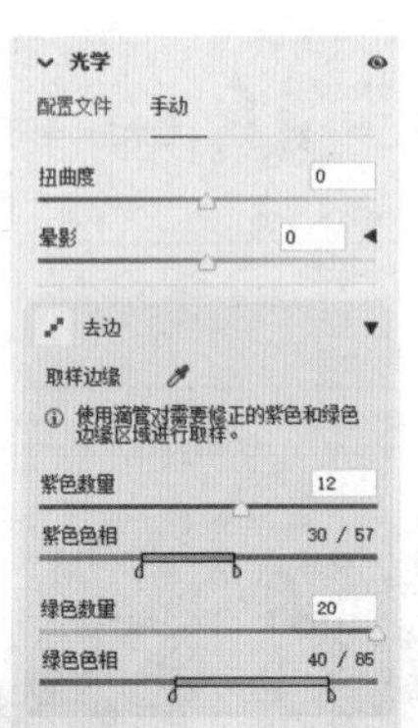

通过前面的调整可以看出，在针对某部分图像进行色差校正时，可能会错误地将正常的图像调整得不正常，尤其是主体图像受到影响时，应以主体（如本例中的人物）为准进行调整。

下图所示为对照片的曝光、对比度及暗角等进行处理后的效果，由于这些不是本例要讲解的重点，因此不做详细说明。

47 第47招　消除照片中的暗角

技法导读

暗角又称晕影、四角失光，常常是受镜头质量、焦距长短或光圈数值等因素的影响而产生的。一部分摄影师认为暗角是由镜头质量低导致的，是照片中的瑕疵，应该将其消除；而另一部分摄影师则对暗角“情有独钟”，认为有了暗角，照片才有氛围感，甚至认为没有暗角的照片是存在“缺陷”的。对于此问题，即使是在国际性比赛中，也没有一个标准的答案，因此读者完全可以根据个人喜好进行选择。但要注意的是，如果要加暗角，就要让暗角明显一些，让人知道这是拍摄时产生的或后期加上去的暗角；如果要消除暗角，则应该将其完全消除，不要留有痕迹，这会被人认为是没有处理好的瑕疵，并影响照片的美感。

操作步骤

1.调整曝光与色彩

在Camera Raw中打开需要编辑的原始照片。

暗角会受到照片调光校色处理的影响，有时在对照片进行整体调整后，原本很明显的暗角可能变淡了，原本不明显的暗角也可能变得明显了。因此，通常来说，我们需要先对照片做初步的整体处理，然后处理暗角。本例的照片明显存在较大的曝光和色彩方面的问题，因此下面先对其整体进行大致的处理。

选择“基本”选项卡，调整“阴影”和“黑色”参数，以改善照片暗部的曝光。

基本
白平衡　原照设置
色温　4200
色调　+6
曝光　0.00
对比度　0
高光　0
阴影　+100
白色　0
黑色　+100

调整暗部的曝光后，照片显得比较平淡，下面对其进行美化处理。

在“基本”选项卡中，向右侧拖动“清晰度”滑块，以优化细节和增强立体感。

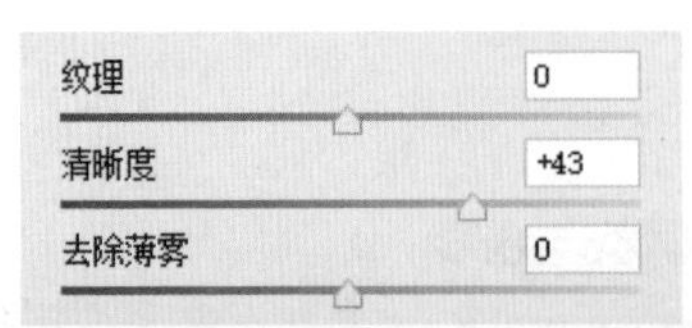

在“基本”选项卡中，向右侧拖动“去除薄雾”滑块，以增强画面的通透感。

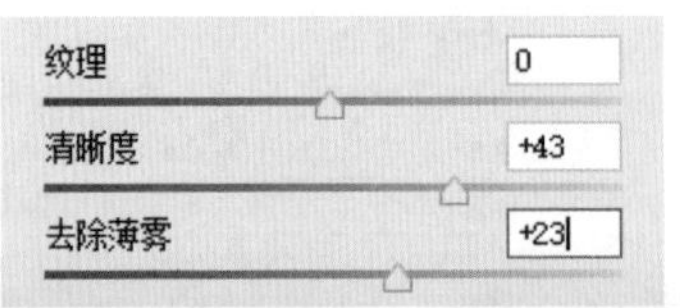

此时，照片的曝光已经较为合适，但色彩还有较大的不足，因此下面对照片的色彩做适当的强化处理。

在“基本”选项卡中，向右侧拖动“自然饱和度”滑块，以调整照片的色彩，直至满意为止。

2.消除暗角

选择“光学”选项卡的“手动”子选项卡，适当调整“晕影”参数，直至将暗角消除为止。

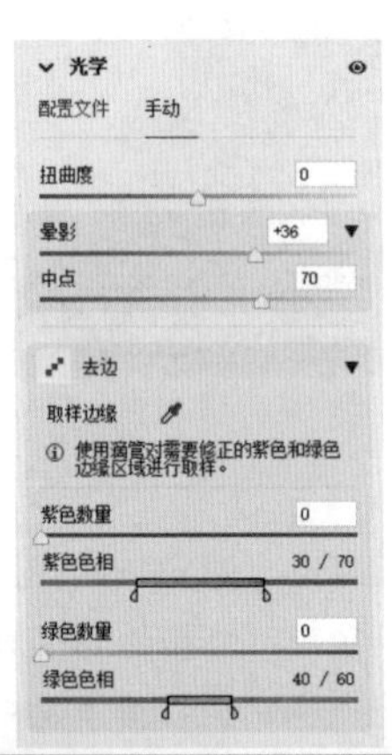

在消除暗角时，要特别注意把握好处理的尺度，具体来说就是刚好消除暗角即可，避免出现消除了暗角之后，又出现了亮角的问题。

48 第48招　修除照片中的多余元素

技法导读

在拍摄照片时，由于构图失误或构图需要，画面中不可避免地会存在一些多余的杂物。Adobe Camera Raw的修复功能较为简单，可以满足常见的斑点或杂物的修除需求。在本例中，由于部分区域的图像较为复杂，因此在修复时，我们要特别注意选取恰当的源图像，以得到满意的修复结果。

操作步骤

1.设定画笔参数

在Camera Raw中打开需要编辑的原始照片。

在顶部的工具栏中选择污点去除工具，并在右侧设置画笔的基本属性。通常来说，画笔略大于被修除的目标即可。

用户可以按住鼠标右键向左、右拖动，以缩小或放大画笔；也可以按住Shift键和鼠标右键向左、右拖动，以缩小或增大“羽化”数值。

2. 修除简单杂物

将鼠标指针置于要修除的目标上单击，Adobe Camera Raw就会自动分析目标图像，并自动在照片中选择一个相近的区域作为源图像，进行修复处理。

图中红色圆圈部分是需要被修复的目标图像，绿色圆圈部分是作为修复参考的源图像。

按照上述方法，将左上角的叶子修除。

3. 修除复杂杂物

至此，照片中比较简单的杂物已经被修除，下面来修除左下角和右下角两处较复杂的杂物。当前设置的画笔大小不够大，除了增大画笔外，也可以通过涂抹的方式进行处理。下面讲解其具体操作方法。

将鼠标指针置于照片左下角的亮斑上，并按住鼠标左键进行涂抹，以将其完全覆盖，释放鼠标左键后，软件即可自动进行修复。采用涂抹的方式绘制修复范围时，红色标记和绿色标记分别表示目标图像和源图像。

观察照片可以看出，由于当前的画笔设置了羽化，因此在涂抹时虽然完全覆盖了亮斑，但实际上亮斑的边缘部分并没有完全覆盖，导致画面中还存在一部分杂物，下面对其进行处理。

保持涂抹区域的选中状态，然后在右侧适当减小“羽化”数值，以减弱画笔的羽化属性，从而使涂抹区域完全覆盖亮斑。

按照上述方法在照片右下角的光斑上涂抹，以将其覆盖。

观察修复结果可以明显看出，此处要修复的图像边缘存在明显的直线，而修复结果中该直线略有错位，而且由于源图像较亮，导致修复结果也偏亮，与周围图像不太匹配，下面对这些问题进行适当的处理。

将鼠标指针置于绿色标记的源图像内，并向下拖动，同时注意使修复后的边缘线条保持对齐。

选择抓手工具 以应用当前的修复结果，此时相关的标记会被隐藏，如左下图所示。

右下图所示为对照片的曝光和色彩进行美化后的结果，由于这些不属于本例要重点讲解的知识，因此不做详细说明，读者可自行尝试处理。

49 第49招　增强照片的立体感、提高清晰度

摄影师：李文平

技法导读

很多照片在拍摄完成后，都会显得比较平淡，存在清晰度和锐度不足的问题。无论摄影水平的高低、摄影器材的优劣，我们拍出的照片都具有一定的提升空间，而恰当的处理可以让照片的细节更为突出，从而增强画面的质感和表现力。在本例中，我们主要使用“清晰度”“去除薄雾”“锐化”等参数。当然，在此之前，我们还需要对照片做适当的润饰处理。

操作步骤

1.增强细节的立体感、提高清晰度

在Camera Raw中打开需要编辑的原始照片。

在本例中，原始照片存在较多的构图、曝光及色彩等方面的问题，因此已经对照片的基本问题进行了处理。下面将在此基础上，对照片的细节做调整，首先来提高细节的立体感和清晰度。

选择“基本”选项卡并向右侧拖动“去除薄雾”滑块，以增强细节的立体感，同时进一步强化照片的色彩。

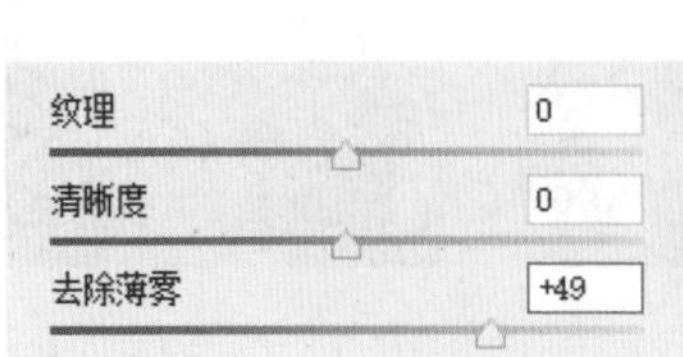

在“基本”选项卡中向右侧拖动“清晰度”滑块，以提高细节的清晰度。

2.消减噪点与锐化细节

下面将锐化照片的细节，但将照片的显示比例增大至100%后，照片中显示出了较多的噪点，因此下面先做降噪处理。

将照片的显示比例增大至100%，并移动视图至噪点最多的区域。选择“细节”选项卡，调整“减少杂色”和“杂色深度减低”区域中的参数，从而消减照片中的噪点。右下图所示为消减噪点前后的局部效果对比。

降噪后，照片的细节有一定损失，下面对其进行锐化处理，以增强其表现力。

在“细节”选项卡的“锐化”区域中增大“锐化”数值，以提高细节的锐度。

通过上面的处理，照片的细节显得有些锐化过度，因此下面对其做适当的优化处理。

在“锐化”区域中调整“细节”“蒙版”等参数，以解决锐化过度的问题，并尽量保留锐化的细节，直至得到满意的效果为止。右下图所示为锐化前后的局部效果对比。

50 第50招　消除大幅度增加曝光后产生的大量噪点

摄影师：李文平

技法导读

RAW格式的照片拥有非常高的宽容度，对曝光不足的照片来说，增加曝光可以大幅度提高其亮度，但与此同时，也会使照片产生大量噪点，本例就来讲解对增加曝光后的照片进行降噪处理的方法。值得一提的是，在对曝光不足的照片进行校正时，应该考虑到可能会产生的噪点，且提亮的幅度越大，生成的噪点也就越多，因此要注意二者之间的平衡。在本例中，我们在调整好曝光后，分别针对画面中的噪点和杂色进行校正即可。

操作步骤

1.调整照片的曝光

在Camera Raw中打开需要编辑的原始照片。

当前照片存在严重的曝光不足的问题，因此需对其进行曝光方面的调整。

选择“基本”选项卡，调整照片整体的曝光与对比度。

初步调整照片的曝光后，下面将调整照片的色彩。

在“基本”选项卡中，设置照片的白平衡、清晰度及与饱和度相关的参数，以改善照片的色彩。

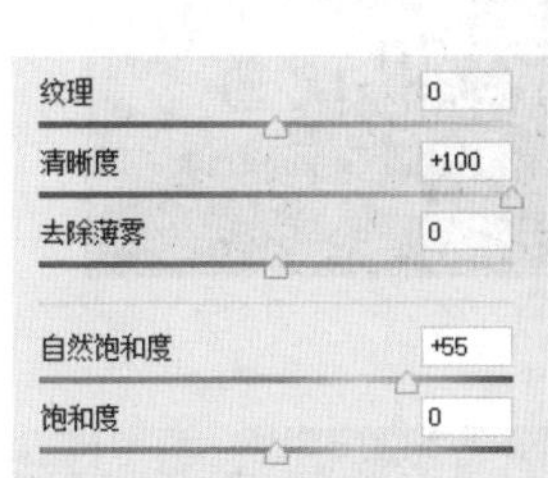

2.消减噪点

此时，增大照片的显示比例后可以看出，提亮后的阴影部分显示出了较多的噪点。下面就来解决这个问题。

切换至“细节”选项卡，向右侧拖动“减少杂色”滑块，以消减照片中的噪点，并尽量保留较多的细节。

下图所示为处理前后的局部效果对比。

在消除了部分亮度噪点后，还剩余大量的彩色噪点，下面对其进行消减处理。

按照上面的方法，调整“杂色深度减低”中的“细节”与“平滑度”滑块，以改善画面中的杂色。

下图所示为处理前后的局部效果对比。

右图是对部分色彩及暗角问题进行修饰后的结果，由于这些不是本例讲解的重点，因此不做详细说明。

第 9 章

RAW格式照片调曝光、校色技巧4招

C H A P T E R 9

51 第51招　使用简单方法快速优化大光比照片

技法导读

在大光比环境中拍摄照片时，以阴影或高光区域为准进行测光，由此拍摄的照片容易产生曝光不足或曝光过度的问题。因此，我们应拍摄RAW格式的照片，然后通过后期处理的方式对其进行优化。通常情况下，拍摄时应尽量以高光区域为准进行曝光，当然，如果光比太大，也可以适当增加不要超过1挡的曝光，以避免暗部过暗。

操作步骤

1.显示暗部与高光区域的细节

在Camera Raw中打开需要编辑的原始照片。

当前照片暗部占比更大一些，而且存在曝光不足的问题，因此先对暗部进行校正处理。

选择“基本”选项卡，分别向右侧拖动“阴影”和“黑色”滑块，以显示出暗部的细节。

通过上面的处理，照片暗部已经基本校正完毕，下面对高光区域的细节进行修复。

在“基本”选项卡中，分别向左侧拖动“高光”和“白色”滑块，以显示出高光区域的细节。

2.校正对比度和色彩

通过上面的校正，我们已经初步完成对暗部及高光区域的处理，但调整后的照片的对比度略有不足，且色彩偏灰暗，下面对其进行校正处理。

在“基本”选项卡中，在“白平衡”下拉列表中选择“自定”选项。

我们也可以根据需要直接拖动“色温”和“色调”滑块，以改变照片的色彩。

在“基本”选项卡中，分别调整“对比度”“清晰度”“自然饱和度”“饱和度”等参数，以提高照片的对比度和清晰度，以及色彩的饱和度，直至得到满意的效果为止。

52 第52招　恰当利用RAW格式照片的宽容度校正曝光过度问题

技法导读

在光比较大的环境中拍摄时，由于测光不准确，或过多地以中间调甚至暗部为准进行测光，可能会导致高光区域出现曝光过度的问题。在校正过程中，我们需要较大幅度地减少画面的曝光，但同时要注意对暗部进行适当的优化，以避免校正了曝光过度，却又造成了曝光不足的问题。

操作步骤

1. 设置相机校准预设

在对照片进行调色处理前，我们要先为其指定一个合适的相机校准预设，这可以帮助我们快速对照片进行一定的色彩优化，并且会影响后续的调整结果。

在Camera Raw中打开需要编辑的原始照片。

在“配置文件”下拉菜单中选择“相机风景”，以针对风景照片优化其色彩与明暗关系。

2. 调整照片的曝光

下面通过减少整体的曝光，来修复高光区域的曝光过度问题。

选择“基本”选项卡，在参数区的中间部分调整“曝光”与“对比度”参数，以调暗照片，并提高对比度。

减小曝光后，照片的暗部变得曝光不足，因此下面专门针对暗部进行优化处理。

在“基本”选项卡中，在参数区的中间部分分别调整“高光”“阴影”“黑色”参数，以提亮照片的暗部。

3.调整照片的色彩

通过前面的调整，照片整体的曝光已经基本恢复正常，下面对照片的色彩进行强化处理。

在“基本”选项卡中分别调整“自然饱和度”“饱和度”参数，直至得到满意的色彩效果为止。

53 第53招　模拟包围曝光并合成HDR照片

技法导读

HDR是近年来一种极为流行的摄影表现手法，准确地说，它是一种照片后期处理技术。HDR的英文全称为High Dynamic Range，指“高动态范围”，简单来说，就是让照片的高光和阴影区域都能够显示出充分的细节。本例使用的是RAW格式的照片，因此采用的是Adobe Camera Raw 9.0中新增的“合并到HDR”命令，它可以充分利用RAW格式照片的宽容度，从而合成出效果更佳的HDR照片。

操作步骤

1.合并HDR照片

在Camera Raw中打开需要编辑的原始照片。

在下方的列表中选中任意一张照片，并按Ctrl+A键选中所有的照片。按Alt+M键，或单击下方任意一张照片右上角的菜单按钮■，在弹出的菜单中选择“合并到HDR”命令。

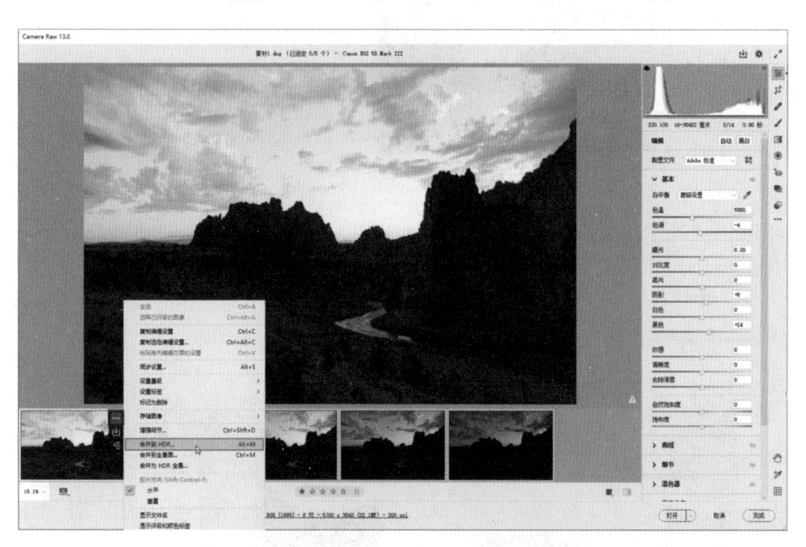

建议使用Photoshop CC 2015版搭配Adobe Camera Raw 9.0以上的版本，否则可能会出现无法合成HDR的问题。

软件经过一定的处理过程后，将显示“HDR合并预览”对话框，通常情况下，以默认参数进行处理即可。

要注意的是，我们依次观察5张照片可以看出，其中的云彩是有较大位移的，因此需要对合并后的照片进行消除重影处理。此时可以根据位移的幅度，在“消除重影”下拉列表中选择适当的选项。经过尝试后，本例选择“低”选项，并选中“显示叠加”选项，以便于在对话框中观察被处理的区域。

单击“合并”按钮，在弹出的对话框中选择文件保存位置，并以默认的DNG格式进行保存，保存后的文件会与之前的照片一起，显示在软件主界面下方的列表中。

2.设置相机校准预设与曝光

本例的照片需要从曝光、色彩及其相关细节等多方面进行调整，因此在调整前，我们应先根据照片的类型选择一个合适的相机校准预设，从而让后续的调整工作能够达到事半功倍的效果。

在“编辑”区域的“配置文件”下拉列表中选择“Adobe 风景”选项，以针对当前的风景照片进行优化处理，这对后续所要做的曝光及色彩等方面的处理都会有影响。

当前照片还存在较严重的曝光不足问题，因此下面对照片整体进行一定的校正处理。

选择“基本”选项卡，并适当编辑“对比度”“阴影”“黑色”“清晰度”等数值，直至得到满意的效果。

3.润饰照片的色彩

初步调整好画面的曝光后，色彩灰暗的问题更加明显了。同时增大照片的显示比例后，我们可以明显地看到右上方的山体边缘存在明显的杂边，这是照片没有完全重合导致的，此问题在Adobe Camera Raw中很难校正，因此暂时不予处理，待其他方面调整完成后转至Photoshop中进行修复。下面先来润饰照片整体的色彩。

选择“混合器”选项卡，然后在“调整”下拉列表中选择“HSL”选项，并分别拖动“饱和度”子选项卡中的滑块，以初步改变天空的色彩。

此时，天空的色彩已经较为明艳，但地面景物的色彩还有些灰暗。要进一步提高地面景物色彩的饱和度，就要对地面和天空进行分区处理。本例是使用渐变滤镜工具 进行处理的。

选择渐变滤镜工具 ，按住Shift键从下至上拖动，并在右侧设置其参数，以调整地面的曝光及色彩。

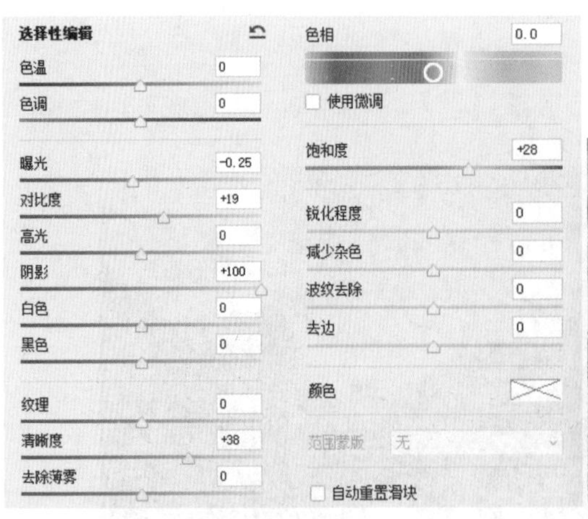

此时，地面右侧区域的色彩较明艳，但左下方的色彩还较平淡，因此需要进一步做分区处理。本例是使用调整画笔工具 进行处理的。

选择调整画笔工具 ，并在右侧设置适当的画笔参数。

使用调整画笔工具 在照片左下方的地面上进行涂抹，并在右侧设置适当的参数，以改善该部分的曝光及色彩。

4.将照片格式转换为JPG格式

至此，我们已经基本完成了HDR效果的制作，下面将照片输出为JPG格式，然后在Photoshop中修除右上方山体的杂边及场景中多余的人物。

单击Adobe Camera Raw右上角的“存储图像”按钮，在弹出的对话框中适当设置输出参数。

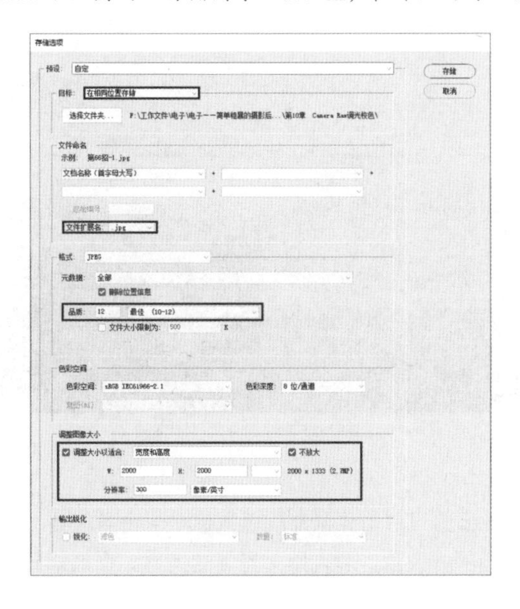

本例是将导出的照片的尺寸限制为2000像素×2000像素，也就是说，导出的照片的最大宽度或最大高度不会大于2000像素，而不是指导出2000像素×2000像素的照片。此外，导出的照片是与原照片等比例的。

设置完成后，单击“存储”按钮即可在当前RAW格式的照片所在的文件夹中生成一张同名的JPG格式的照片。

如果导出的JPG格式的照片有同名文件，软件会自动进行重命名，以避免覆盖同名文件。

在Photoshop中打开导出的JPG格式的照片，结合修补工具、仿制图章工具等，将山体的杂边及多余的人物修除，并适当锐化其细节即可。由于其操作方法比较简单，且不是本例要讲解的重点，因此不做详细说明。

右下图所示为修除杂边前后的局部效果对比。

54 第54招　云雾景象的对比与层次调修

技法导读

在拍摄山景时，大量的云雾可以增强画面的氛围感，但也可能让画面失去层次，并使画面色彩变得灰暗，甚至形成模糊的一大片，影响照片整体的美感。在调修此类照片时，我们应以增强画面的立体感，提高饱和度及对比度为主，但同时还要注意，由于云雾多是较亮的灰色，因此应避免其出现曝光过度的问题。

操作步骤

1.初步增强照片的立体感

在Camera Raw中打开需要编辑的原始照片。

当前照片存在较明显的雾蒙蒙的感觉，下面将利用去除薄雾功能进行优化处理，使画面变得更加通透。

选择“效果”选项卡，并向右侧拖动“去除薄雾”滑块，直至得到满意的效果为止。

2.初步调整照片的曝光与色彩

通过第1步的调整，画面已经初步显现出了较好的立体感，但这远远不够。下面继续调整照片的曝光与色彩，以进一步丰富画面的层次。

选择“基本”选项卡，调整“曝光”“对比度”等参数，以初步调整照片的曝光。

此时画面整体偏冷调，下面对画面色彩进行一定的润饰处理。

在“基本”选项卡中，分别调整照片的色温和清晰度，以润饰照片的色彩，进一步增强画面的立体感。

3. 分区调整色彩

下面分别调整上方云海与下方地面的色彩，使其分别具有冷调和暖调的效果，从而增大对比，增强视觉冲击力。

选择渐变滤镜工具 ，按住Shift键，从照片顶部中间向下拖动，以确定调整的范围，然后在右侧设置适当的参数，直至得到满意的效果。

按照上述方法，再从照片底部中间向上拖动，并在右侧设置适当的参数，直至得到满意的效果。

4.细化色彩

我们已经初步调整好照片的色彩基调，但部分色彩还需要单独进行优化处理，下面讲解具体操作方法。

选择“混合器”选项卡，在“调整”下拉列表中选择“HSL”选项，选择“色相”子选项卡，并在其中设置适当的参数，以改变照片中相应的颜色，直至得到满意的效果。

选择“饱和度”子选项卡，并在其中设置适当的参数，以提高相应色彩的饱和度，直至得到满意的效果。

如果希望简单、快速地提高饱和度，可以在“基本”选项卡中调整“自然饱和度”“饱和度”参数，但这样是对照片整体进行调整的，调整后的照片可能会出现部分颜色过度饱和的问题。而本步所使用的方法，是分别针对不同的色彩进行提高饱和度处理的，因此更能够精确把握调整的尺度。我们在实际处理时，可根据情况选择恰当的方法。

选择“明亮度”子选项卡，并在其中设置适当的参数，使相应的色彩更加明亮，直至得到满意的效果。

第 10 章

风光、建筑照片处理技巧4招

C H A P T E R 10

55 第55招　林间唯美意境效果制作

技法导读

清晨时，林间常常会有雾气产生，可以在很大程度上营造画面的唯美意境。但在雾气较浓时，画面容易显得灰暗，整体缺乏对比和层次，尤其是在缺少充足的光线时，高光区域的曝光不足，导致画面不够通透。在本例中，在对曝光的处理方面，我们主要是以提升画面各部分的对比度为主，让画面显现出清晰的层次，但要注意，雾气较浓的地方可能会产生“死白”的问题，此时应充分利用RAW格式照片的优势，进行恰当的修复处理；在对色彩的处理方面，我们将远景中原本以绿色为主的树木，调整为以暖色为主的效果，以更好地突出画面的唯美意境。

操作步骤

1.裁剪构图

在Camera Raw中打开需要编辑的原始照片。

观察照片可以看出，其左下角存在一些多余的枝叶，其色彩和亮度都较为突出，使画面的焦点变得分散。因此，下面将通过裁剪处理，将左侧及底部的部分图像裁剪掉，使照片的重点更为突出。

使用裁剪和旋转工具在照片中绘制裁剪框，以确定要保留的区域。

设置完成后，按Enter键确认裁剪即可。

2.让画面更通透

当前画面中的雾气较浓，导致画面不够通透，因此下面将通过调整，减少雾气，使景物变得更加清晰，并丰富画面的层次。针对减少雾气导致画面氛围感不强的问题，我们会在Photoshop中进行处理。

选择“基本”选项卡，适当增大“去除薄雾”的数值，使景物变得更加清晰。

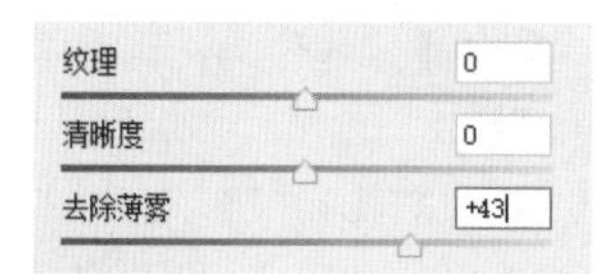

此处对参数的设置并非固定不变的，我们可以根据自己的喜好进行适当的调整。要注意的是，在减小“去除薄雾”的数值时，画面可能会出现曝光过度的问题，因此需进行相应的校正处理。

3.调整曝光与色彩

在“基本”选项卡的上方分别设置“色温”“色调”参数，以初步改变照片的色调及整体的色彩。

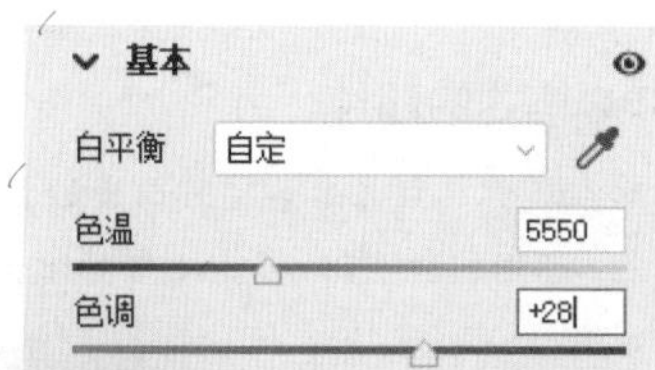

在“基本”选项卡中，分别设置中间及底部区域的“高光”“清晰度”等参数，从而对曝光进行适当的调整。

基本
白平衡：自定
色温 5550
色调 +28
自动 默认值
曝光 0.00
对比度 +26
高光 -32
阴影 +20
白色 +19
黑色 -21
清晰度 +18
自然饱和度 +21
饱和度 0

4.调整局部高光

第3步的调整主要是让高光和暗部区域显示出更多的细节，从而让整体的曝光更加均衡。尤其是中间水面上的高光，这是体现画面氛围以及实现曝光平衡的关键点，可以略有一些曝光过度，但切忌出现曝光不足的问题。对当前照片来说，由于高光区域较多，难以只通过上述参数进行有效的处理，因此在初步调整了曝光后，下面将对高光区域进行优化。我们先从面积较大的天空区域开始处理。

选择径向渐变工具◉并在右侧底部设置适当的“羽化”数值。

使用径向渐变工具◉大致以天空为中心，绘制一个椭圆形的渐变调整框，并在右侧设置适当的参数，以减少曝光，修复其曝光过度的问题。

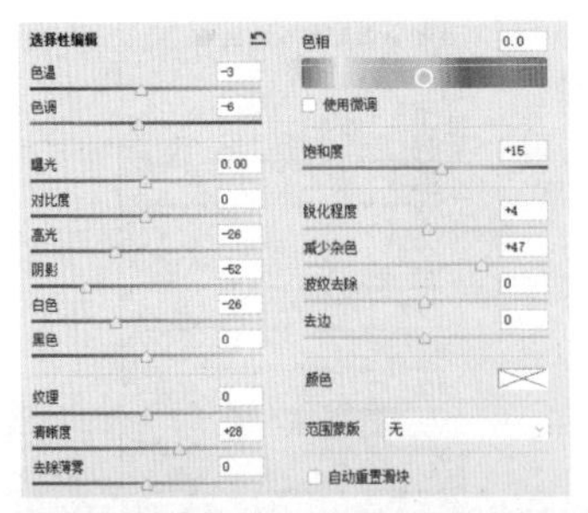

按照上述方法，再以水面为中心绘制一个椭圆形的渐变调整框，并在右侧设置适当的参数，以提高此处的亮度。

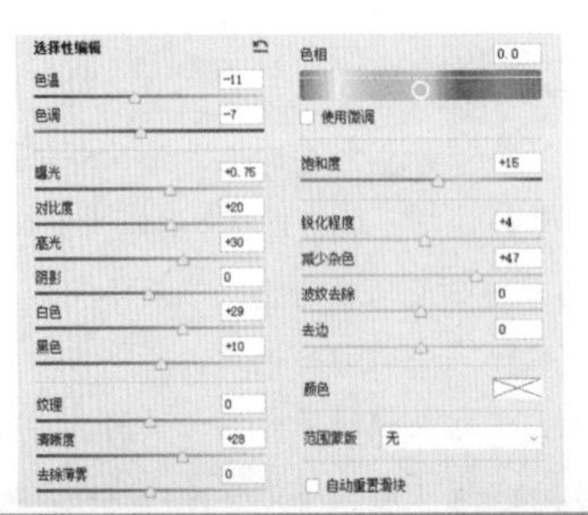

5. 优化照片的色彩

至此，我们已经初步调整好了画面的曝光。对当前的照片来说，主要问题是画面的色彩不够鲜艳，下面对画面色彩进行优化处理。

选择“混合器”选项卡，在“调整”下拉列表中选择“HSL”选项，然后选择“饱和度”子选项卡，并分别拖动“红色”“橙色”“黄色”“绿色”滑块，以针对这些色彩进行提高饱和度的处理。

6. 导出JPG格式的照片

至此，我们已经基本调整好画面的整体色彩及曝光，下面将转至Photoshop中对细节及天空进行处理。

单击Adobe Camera Raw右上角的“存储图像”按钮，在弹出的对话框中适当设置输出参数。

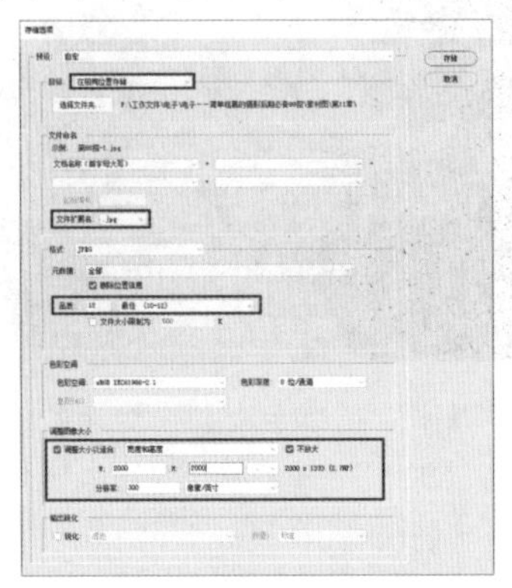

设置完成后，单击“存储”按钮即可在当前RAW格式的照片所在的文件夹中生成一张同名的JPG格式的照片。

7.提亮水面高光

单击“创建新的填充或调整图层”按钮 ，在弹出的菜单中选择“曲线”命令，得到“曲线1”图层，在“属性”面板中设置其参数，以调整照片整体的颜色及亮度。

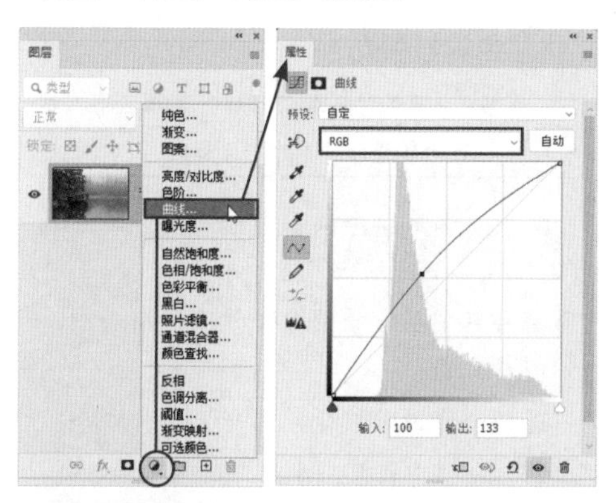

选择“曲线1”图层的图层蒙版，按Ctrl+I键执行“反相”操作，设置前景色为白色，选择画笔工具 并在其工具选项栏中设置适当的参数，然后在水面的高光区域涂抹，以显示出调整图层对该区域的处理。

按住Alt键，单击“曲线1”图层的图层蒙版缩略图，可以查看其中的状态。

8.优化照片的细节

至此，我们已经基本完成了对照片的处理。下面对照片整体的立体感及细节的锐度做适当调整。

选择“图层”面板顶部的图层，按Ctrl＋Alt＋Shift＋E键执行“盖印”操作，从而将当前所有可见图层中的图像合并至新图层中，得到“图层1”图层。

选择“滤镜－其它－高反差保留”命令，在弹出的对话框中设置“半径”的数值为3.7。

设置“图层1”图层的混合模式为“叠加”，不透明度为65%，以强化照片中的细节，增强其立体感。

下图所示为锐化前后的局部效果对比。

9.为画面补充雾气

观察照片整体可以看出，由于前面做了较大幅度的增强画面立体感的处理，导致原有的雾气效果大幅度减弱，影响了对画面意境的表现，因此下面对雾气进行补充。

新建“图层2”图层，按D键将前景色和背景色恢复为默认的黑色和白色，选择“滤镜—渲染—云彩”命令，以制作得到随机的云彩效果。

设置“图层2”图层的混合模式为“柔光”，不透明度为73%，使云彩与下面的照片相融合。

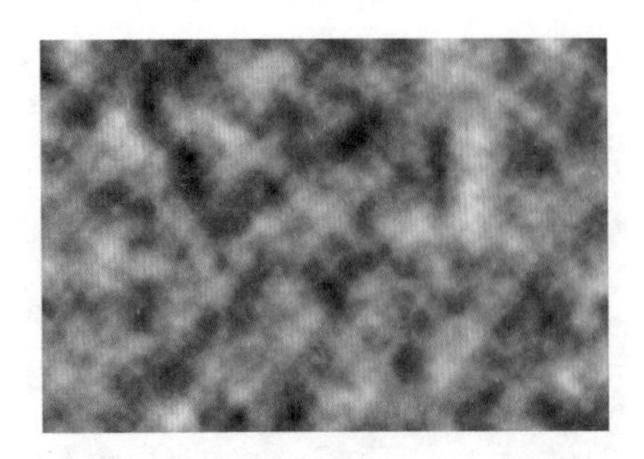

10.优化色彩与曝光

在第9步为照片添加云彩后，画面显得有些发灰，下面对其进行一定的优化处理。

选择“图层”面板顶部的图层，按Ctrl＋Alt＋Shift＋E键执行“盖印”操作，从而将当前所有可见图层中的图像合并至新图层中，得到“图层3”图层。

选择“滤镜—模糊—高斯模糊”命令，在弹出的对话框中设置“半径”的数值为5.9，单击“确定”按钮退出对话框。

设置“图层3”图层的混合模式为“柔光”，以提高整体的色彩饱和度与对比度，同时，由于之前做过一定的模糊处理，因此照片中能够呈现一定的柔光效果，让整体的氛围更佳。

此时，画面右侧的色彩和对比已经比较理想，但左侧的树木由于之前就比较暗，因此在设置混合模式后，显得有些过暗了。下面对其进行恢复。

单击“添加图层蒙版”按钮为“图层3”图层添加图层蒙版，设置前景色为黑色，选择画笔工具并在其工具选项栏中设置适当的画笔大小及不透明度，在左侧区域涂抹。

按住Alt键，单击“图层3”图层的图层蒙版缩略图，可以查看其中的状态。

调整画面左侧区域后，右侧区域又显得相对较暗，因此下面对其进行一定的提亮处理。由于该范围刚好与“图层3”图层的图层蒙版的范围相反，因此下面将直接借助该图层蒙版进行处理。

单击“创建新的填充或调整图层”按钮，在弹出的菜单中选择“曲线”命令，得到“曲线2”图层。按住Alt键并拖动“图层3”图层的蒙版至“曲线2”图层上，在弹出的对话框中单击“是”按钮即可，以复制图层蒙版，并按Ctrl+I键执行“反相”操作。

双击“曲线2”图层的图层缩略图，在“属性”面板中设置其参数，以提高左侧区域的亮度。

11.修除多余的人物

当前的照片中还存在明显的瑕疵，就是其中有多余的人物，下面将其修除。

新建一个图层，得到“图层4”图层，选择仿制图章工具并在其工具选项栏中设置适当的参数。

按住Alt键，在人物周围的位置单击以定义复制的源图像，然后在要修复的位置涂抹，直到得到满意的效果为止。

56 第56招 夕阳照射下的水面效果制作

技法导读

对于重点表现景物及水面全景的照片来说，最重要的就是要表现出画面整体的通透感，以及水面倒影的清澈感。对于本例的照片来说，由于拍摄时间较晚，照片存在严重的曝光不足问题，因此我们首先要对整体的曝光及色彩进行初步的处理，然后对冷调的天空及暖调的云彩进行分区处理，以突出二者的对比。同时，我们还应该通过添加光源、增强立体感等方式，让画面的明暗对比更加均衡。要注意的是，由于本例的照片需要做较大幅度的提亮处理，不可避免地会产生噪点，因此我们在最后要适当地对照片进行降噪处理。

操作步骤

1. 设置相机校准预设

在Camera Raw中打开需要编辑的原始照片。

对于本例的照片，我们需要从曝光、色彩及其相关细节等方面进行调整。因此在调整前，我们先根据照片的类型选择一个合适的相机校准预设，从而让后续的调整工作能够达到事半功倍的效果。

在“编辑”区域的“配置文件”下拉列表中，选择“Adobe 风景”选项，以针对当前的风景照片进行优化处理，这对后续所做的其他曝光及色彩方面的调整处理都会有影响。

编辑 自动 黑白
配置文件 Adobe 风景

2. 调整基本的曝光与色彩属性

由于当前照片存在较严重的曝光和色彩问题，我们很难通过一次性的调整得到满意的结果，因此我们先对照片进行基本的曝光与色彩调整，以确定大致的调整方向，然后针对各部分的问题进行进一步的调整。这也是在调整大型的或较复杂的照片时常用的一种处理方式。

在“基本”选项卡中，分别拖动中间区域的各个滑块，以调整照片的曝光、对比度等属性。

曝光	+0.90
对比度	+24
高光	-55
阴影	+58
白色	-52
黑色	+43

当前照片在曝光方面仍有较多的问题，例如缺少高光、暗调过多，导致画面显得非常灰暗，但其中间调已经基本调整到位，如果继续提亮，该部分就会损失一定的细节。因此下面就以调整好的中间调为准，继续进行美化处理。

除了上述对曝光的基本处理外，我们还要对照片细节的立体感进行增强处理。

在“基本”选项卡中，向右侧拖动“清晰度”滑块，以增强细节的立体感，尤其是云彩部分。

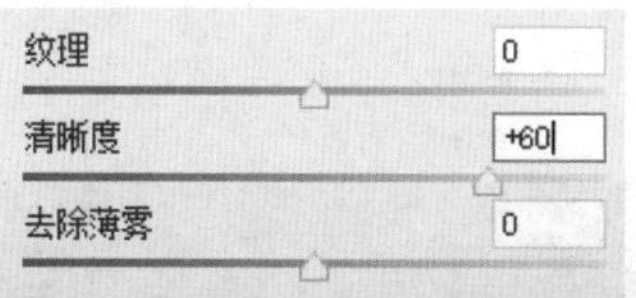

下面再来调整照片整体的色彩，使其整体趋向于暖调效果。但要注意的是，这并不是我们最终需要的效果。为了让照片更富于对比和变化，我们会将天空的局部区域调整为蓝色，但整体仍然以暖调为主，因此这里的调整主要是确定照片整体的色彩倾向。

在“基本”选项卡中，分别拖动上方的“色温”“色调”滑块，直至得到较好的暖调色彩效果。

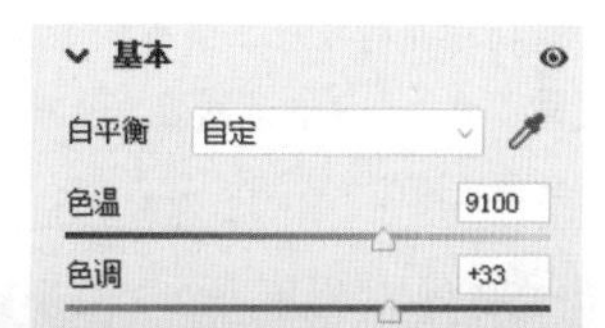

3.将画面处理得更通透

在原始照片中，画面显得较为朦胧，看着像有雾气一样，下面对其进行处理，使画面显得更加通透。

选择“基本”选项卡并向右侧拖动“去除薄雾”滑块，直至得到满意的效果为止。

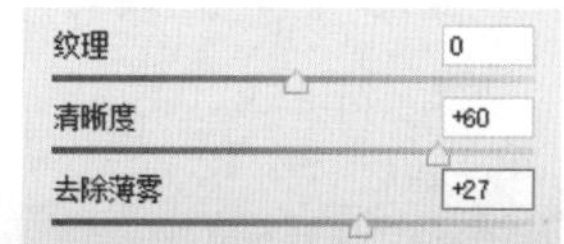

Dehaze即“去除薄雾”，是Adobe Camera Raw 9.1版本中新增的一项功能，它在抽取、优化被笼罩画面细节方面的作用是非常强大的，因而可以轻易地将当前照片调出极佳的通透感。

4. 恢复天空中的蓝色

我们最终要实现的是云彩与天空的空白处有一定的对比，常见的就是暖调的云彩与冷调的天空。通过前面的处理，云彩已经基本调整为暖调效果，因此下面将利用渐变滤镜工具▣将天空的空白处调整为冷调效果。

选择渐变滤镜工具▣，按住Shift键从上向下拖动至地平线附近，以确定调整的范围，然后在右侧设置适当的参数，直至让天空的空白处变为蓝色为止。

选择性编辑
色温 -37
色调 +24
曝光 +1.05
对比度 +5
高光 +6
阴影 -31
白色 +2
黑色 +14
纹理 0
清晰度 +46
去除薄雾 0
色相 0.0
使用微调
饱和度 +28
锐化程度 +46
减少杂色 0

在本例的照片中，水面上具有较为明显的天空倒影，因此我们在将上方天空调整为冷调效果后，应对下方水面倒影中对应的区域进行相应的调整。当然，由于水面倒影相对较暗，因此不用与上方天空的色彩完全一致，只要在色调上保持基本统一即可。

按照上述方法，使用渐变滤镜工具▣在下方的水面倒影中从下向上拖动，并在右侧适当设置参数。

5. 调整细节色彩

至此，照片的色彩倾向、各部分的色彩效果都已经基本确定，但在细节上还需进行进一步的调整。下面分别进行处理。

在“调整”下拉列表中选择“HSL”选项，选择“色相”子选项卡，并向左侧拖动“蓝色”滑块，从而让照片中冷调的天空变得更为纯粹。

选择“饱和度”子选项卡，分别对照片中的暖调及冷调的色彩进行提高饱和度的处理，从而让照片的色彩变得更加鲜艳。

如果希望简单、快速地提高饱和度，我们也可以在“基本”选项卡中调整“自然饱和度”“饱和度”参数，但这是对整体进行调整的，可能会出现部分色彩过度饱和的问题。而本步所使用的方法，是分别针对不同的色彩进行提高饱和度的处理的，因此我们更能够精确把握调整的尺度。在实际处理时，我们可根据需要选择恰当的方法。

当前照片在色彩及饱和度方面已经基本调整到位，但仍然存在色彩亮度不足的问题，下面对其进行处理。

选择“明亮度”子选项卡，拖动相应滑块，以分别调整照片中暖调与冷调色彩的亮度，直至得到满意的效果为止。

6.增加局部高光

我们在本例的第2步中就提到过，照片缺少高光，这直接导致了照片整体显得较为昏暗，视觉效果不佳。因此下面将充分利用RAW格式照片的宽容度，手动制作高光，也就是模拟太阳即将落山且被云彩挡住的明亮效果。

选择径向滤镜工具◉，以地平线中间偏上偏右的位置为中心，绘制一个径向滤镜，并在右侧设置其参数，使该区域变得明亮起来。

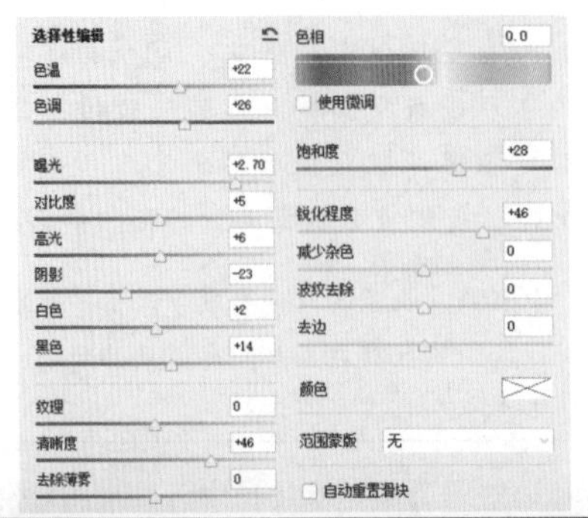

通过上面的处理，照片中已经拥有了一个模拟太阳余晖的明亮高光，但就整体来说，这个高光显得有些突兀。因为从常理上来说，在如此明亮的光照下，其周围非常昏暗是不合理的，所以尤其是地平线附近的位置，应该会受到光线的影响而变得更加明亮。下面就来解决此问题。

按照上面的方法，绘制一个覆盖地平线附近的径向滤镜，并设置适当的参数，以提高地平线附近的亮度，使照片变得更加真实。

7.将照片转换为JPG格式

通过前面的操作，照片已经基本处理完成，但在细节、颜色等方面仍有一些不足。因此下面将照片输出为JPG格式，然后在Photoshop中进行修饰处理。

单击Adobe Camera Raw右上角的“存储图像”按钮，在弹出的对话框中适当设置输出参数。

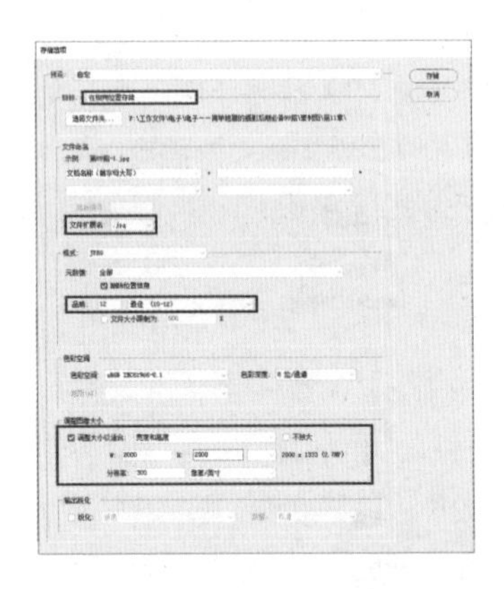

本例将导出的照片的尺寸限制为2000像素×2000像素，也就是说，导出的照片的最大宽度或最大高度不会大于2000像素，而不是指导出2000像素×2000像素尺寸的照片。此外，导出的照片是与原始照片等比例的。

设置完成后，单击“存储”按钮即可在当前RAW格式的照片所在的文件夹中生成一张同名的JPG格式的照片。

如果导出的JPG格式的照片有同名文件，软件会自动进行重命名，以避免覆盖同名文件。

8.润饰色彩

在Photoshop中打开第7步导出的JPG格式的照片，单击“创建新的填充或调整图层”按钮◐，在弹出的菜单中选择“可选颜色”命令，得到“选取颜色1”图层，在“属性”面板中设置其参数，从而对照片中的冷、暖色彩分别进行一定的润饰处理。

9.强化太阳光处的色彩

下面将通过绘图并设置图层混合模式的方法，为阳光周围增加更多黄色，使其暖调效果更加强烈。

新建“图层1”图层，设置前景色的颜色值为fffe1f，选择画笔工具🖌并在其工具选项栏中设置适当的画笔大小等参数，然后在太阳周围涂抹。

设置“图层1”图层的混合模式为“叠加”，不透明度为67%，使上面涂抹的图像与照片相融合，从而增强其暖调效果。

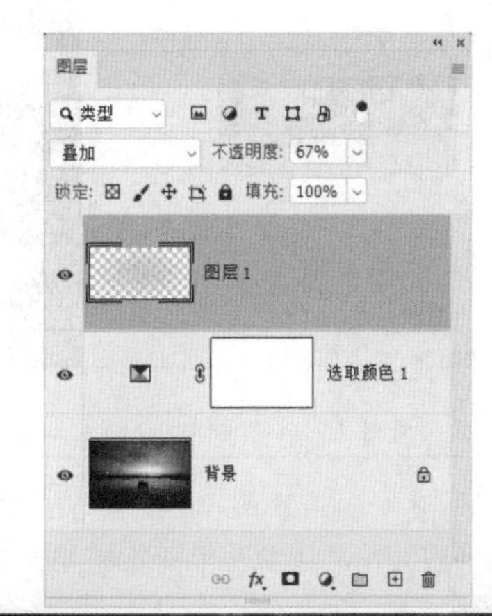

10.消除噪点

在本例中，由于原始照片较为昏暗，因此在进行大幅度的提亮处理后，照片中不可避免地显露出了一些噪点。本例的照片主要用于网络展示，因此在限定最大宽度为2000像素时，只有少量较明显的噪点会显示出来。下面针对这部分噪点进行处理。

选择“图层”面板顶部的图层，按Ctrl＋Alt＋Shift＋E键执行“盖印”操作，从而将当前所有可见图层中的图像合并至新图层中，得到“图层2”图层。

选择“滤镜－模糊－表面模糊”命令，在弹出的对话框中设置参数，直至将噪点较明显的区域模糊掉为止。

下面利用图层蒙版将中间部分的主体图像重新显示出来。

单击“添加图层蒙版”按钮 为“图层2”图层添加图层蒙版，设置前景色为黑色，选择画笔工具 并在其工具选项栏中设置适当的画笔大小及不透明度，在中间的主体图像区域涂抹以将其隐藏即可。

按住Alt键，单击“图层2”图层的图层蒙版缩略图，可查看其中的状态。

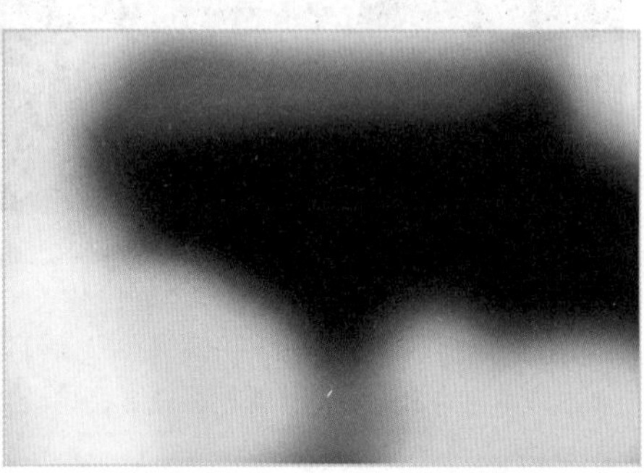

57 第57招　运用合成方法打造唯美水景大片

技法导读

在以水面为主体拍摄照片时，若水面与天空之间的光比太大，可以以水面及其周围的元素为主进行曝光。因为水面及其周围的元素的细节相对较多，也更难进行修复或替换处理，而天空则更容易进行处理。

在本例中，我们首先在Adobe Camera Raw中利用RAW格式照片的宽容度，初步调整好画面的基本色调及曝光，然后转至Photoshop中，结合调整图层及图层蒙版等功能，对照片的细节进行润饰。

操作步骤

1.校正照片的倾斜问题

在Camera Raw中打开需要编辑的原始照片。

从整体上来看，照片存在较明显的倾斜问题，也就是地平线不是水平的，这会在很大程度上影响画面的美感和平衡感，因此下面先对此问题进行校正处理。

选择裁剪与旋转工具 并将鼠标指针置于左侧的地平线起始位置。

按住鼠标左键向右侧拖动，并保持虚线与地平线平行。释放鼠标左键，完成地平线校正处理，此时软件将自动对照片进行相应的裁剪处理。

按Enter键确认校正处理。

2.调整照片的色调与曝光

在本例中，我们主要是想将画面处理为以暖调为主的效果，在曝光方面保持正常即可，因此下面先从整体的色调入手进行调整。

在“基本”选项卡顶部分别调整“色温”“色调”参数，直至得到满意的暖调效果。

在“基本”选项卡的中间及底部分别设置各个参数，以适当优化照片的曝光与色彩。

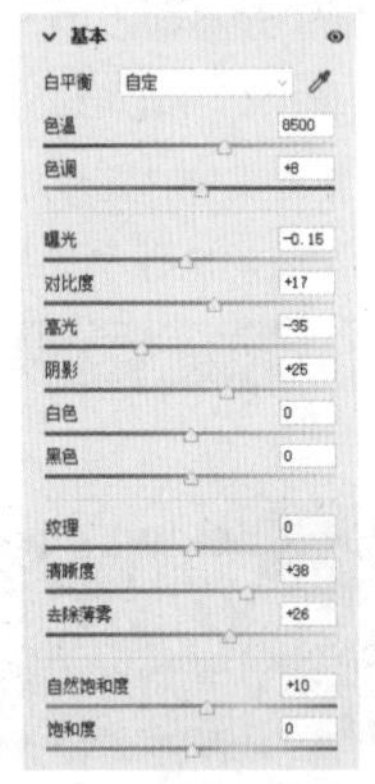

3.导出JPG格式的照片

至此，我们已经基本调整好画面的整体色彩及曝光，下面将转至Photoshop对其细节及天空进行处理。

单击Adobe Camera Raw右上角的“存储图像”按钮，在弹出的对话框中适当设置输出参数。

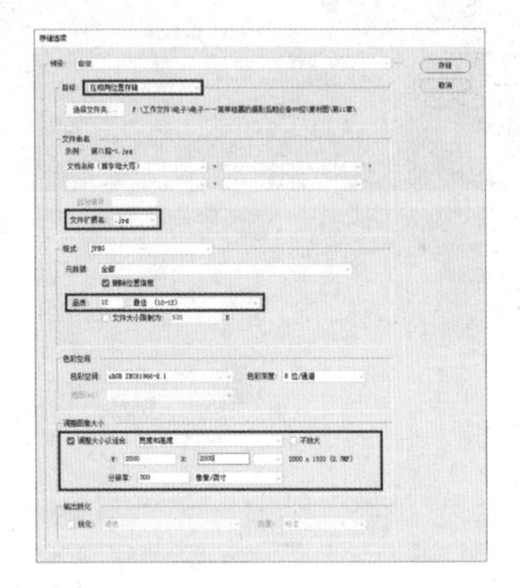

设置完成后，单击“存储”按钮即可在当前RAW格式的照片所在的文件夹中生成一张同名的JPG格式的照片。

4.优化局部的色彩

观察照片可以看出，下方水面和周围礁石的色彩较为相近，因此画面显得有些平淡。下面将结合调整图层与图层蒙版，分别对水面与礁石的色彩进行一定的调整，使二者具有较好的对比和层次差异。

打开第3步导出的JPG格式的照片，单击“创建新的填充或调整图层”按钮，在弹出的菜单中选择“色彩平衡”命令，得到“色彩平衡1”图层，在“属性”面板中设置其参数，以调整照片的颜色。

选择“色彩平衡1”图层的图层蒙版，按Ctrl+I键执行“反相”操作，从而将其处理为纯黑色。

设置前景色为白色，选择画笔工具 并在其工具选项栏中适当设置其参数，然后在礁石上涂抹，使调整图层只对该区域进行色彩调整。

按住Alt键，单击“色彩平衡1”图层的图层蒙版缩略图，可以查看其中的状态。

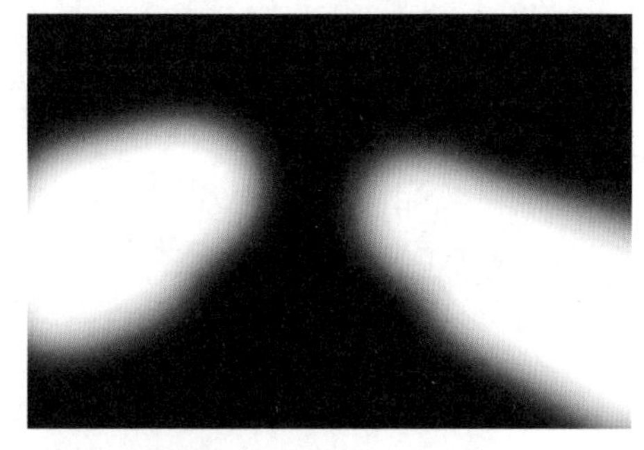

按照上述方法，创建“色彩平衡2”图层，并适当设置其参数，然后利用图层蒙版，将其调整范围限制在水面区域内。

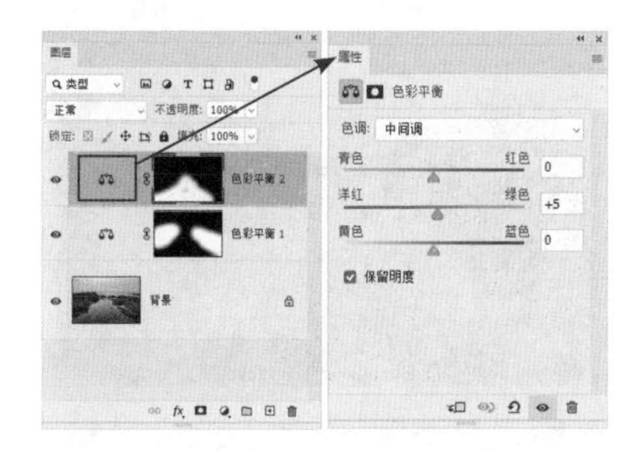

按住Alt键，单击“色彩平衡2”图层的图层蒙版缩略图，可以查看其中的状态。

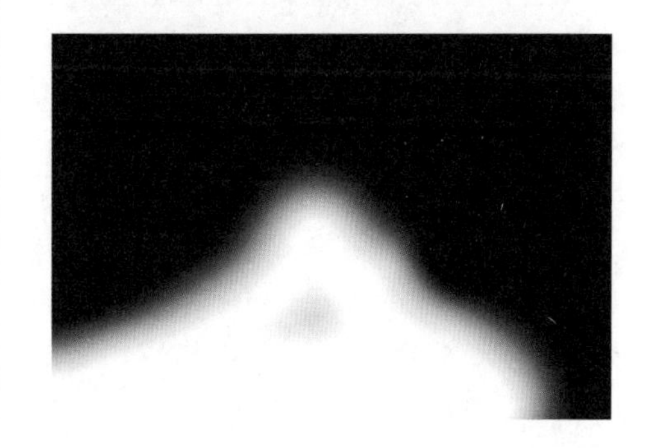

5. 合成新的天空

在本例中，天空较为单调，缺乏美感，因此我们使用了一张漂亮的天空照片进行替换。下面将讲解其具体操作方法。

在Photoshop中打开用于替换的天空照片。选择移动工具，按住Shift键将其拖至经过上述调整的原始照片中，得到“图层1”图层，按Ctrl＋T键调出自由变换控制框，适当地调整图像的大小及角度，并将其底部与地平线对齐。

确认得到满意的效果后，按Enter键确认变换即可。

新的天空的底部与地平线之间的过渡还比较生硬，下面进行处理，以使二者之间的过渡柔和、自然。

单击“添加图层蒙版”按钮为“图层1”图层添加蒙版，选择渐变滤镜工具，在其工具选项栏中选择“线性”选项，并在“渐变编辑器”对话框中的“基础”预设中选择“黑白渐变”预设，然后在天空底部边缘处从下至上拖动。

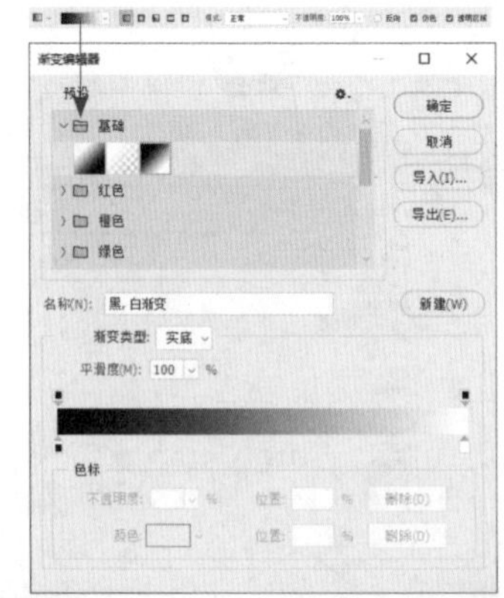

按住Alt键，单击“图层1”图层的图层蒙版缩略图，可以查看其中的状态。

6. 锐化细节

通过前面的处理，画面主体已经基本调整完成。下面对其进行必要的锐化处理，以呈现出更多的细节。

选择“图层”面板顶部的图层，按Ctrl＋Alt＋Shift＋E键执行“盖印”操作，从而将当前所有可见图层中的图像合并至新图层中，得到“图层2”图层，并在该图层上单击鼠标右键，在弹出的菜单中选择“转换为智能对象”命令，以便于后续对该图层应用滤镜。

选择“滤镜—其它—高反差保留”命令，在弹出的对话框中设置“半径”的数值为2.1。

设置“图层2”图层的混合模式为“柔光”，以强化照片中的细节。

下图所示为锐化前后的局部效果对比。

7.添加光晕

为了增强整体的氛围感，下面给照片添加光晕效果。

新建“图层3”图层，设置前景色为黑色，按Alt+Delete键填充前景色，然后在该图层上单击鼠标右键，在弹出的菜单中选择“转换为智能对象”命令，再设置其混合模式为“滤色”。

将“图层3”图层转换为智能对象图层，是为了后续应用“镜头光晕”命令时，能够生成相应的智能滤镜，并且由于光晕的位置可能无法一次调整到位，此时可以双击该智能滤镜，在弹出的对话框中进行反复编辑，直至得到满意的效果为止。将“图层3”图层的混合模式设置为“滤色”，是为了将黑色完全过滤掉，在后续添加光晕后，可以只保留光晕。

选择“滤镜—渲染—镜头光晕”命令，在弹出的对话框中设置参数，并适当调整光晕的位置。

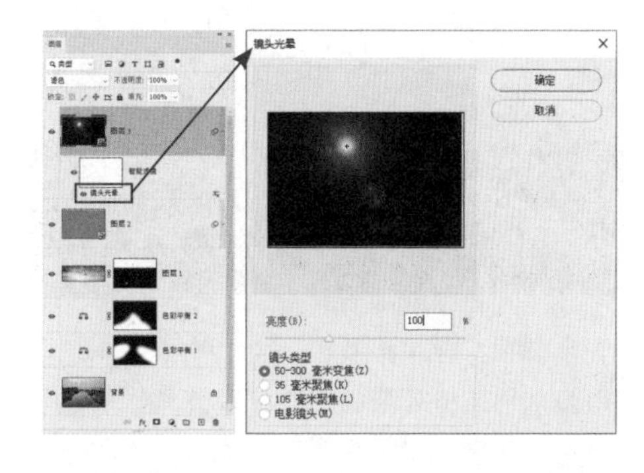

8.为天空补充蓝色

当前天空存在少量的蓝色，从整体上来说，该色彩可以与其他色彩形成鲜明的对比，增强画面的美感，但当前的色彩范围较小，且色彩不够纯正，下面对其进行调整。

设置前景色的颜色值为81b0f7，单击“创建新的填充或调整图层”按钮，在弹出的菜单中选择“渐变”命令，在弹出的对话框中设置参数，同时得到“渐变填充1”图层。

在创建“渐变填充1”图层前设置前景色，是因为该调整图层默认进行“从前景色到透明”的渐变，因此在设置前景色后，我们刚好可以得到我们需要的渐变效果。

设置“渐变填充1”图层的混合模式为“颜色加深”，不透明度为72%，使其中的色彩叠加在天空区域。

添加的渐变有一部分超出了天空的范围，影响了下方的水面及礁石，因此下面将多余的渐变区域隐藏起来。

按照第5步的方法，选择“渐变填充1”图层的图层蒙版，并在其中绘制黑白渐变，以隐藏多余的蓝色渐变。

按住Alt键，单击“渐变填充1”图层的图层蒙版缩略图，可以查看其中的状态。

第58招　通过合成得到细节丰富、色彩绚丽的唯美水镇照片

技法导读

日出前后是拍摄风光照片最佳的时机之一。此时，光照不均匀，环境中的光比很大，若以太阳附近为准进行曝光，其他区域可能会出现严重的曝光不足问题，反之，若以暗部为准进行曝光，则太阳附近可能会出现严重的曝光过度问题。因此，我们可以尝试以不同的曝光方式拍摄多张照片，如分别以太阳和暗部为准进行曝光，然后通过后期处理将它们合成一张完美的照片。

操作步骤

1. 合成曝光正常的部分

在Photoshop中打开需要编辑的原始照片。

选择移动工具，将一张照片（以暗部为准进行曝光）拖至另一张照片（以太阳为准进行曝光）中，得到“图层1”图层。

在本例中，我们以“背景”图层中的照片为基础，对“图层1”图层中曝光正常的建筑进行合成，从而形成一张各部分均曝光正常的照片。因此，我们需要将建筑选中。“图层1”图层中曝光正常的建筑较为复杂，不太容易选中；“背景”图层中的建筑由于较暗，与周围形成强烈对比，更容易选中。因此，下面将依据“背景”图层中的建筑图像，创建对应的选区。

隐藏“图层1”图层并选择“背景”图层。选择快速选择工具，并在其工具选项栏中设置适当的画笔大小，然后在建筑区域涂抹，直至将其大致选中为止。

显示并选择“图层1”图层，单击“添加图层蒙版”按钮，以当前选区为其添加蒙版，从而隐藏选区以外的图像。

2. 修复蒙版边缘

通过第1步的操作，我们已经基本将两张照片合成在一起。但由于建筑边缘与其他区域不是棱角分明的，它们之间存在一定的过渡，因此，建筑边缘仍然显得较为生硬。下面就来解决此问题。

选择“图层1”图层的图层蒙版，设置前景色为黑色，选择画笔工具并在其工具选项栏中设置其参数。

使用画笔工具在建筑边缘涂抹，以柔化建筑边缘，使其过渡更加自然。

按住Alt键，单击“图层1”图层的图层蒙版缩略图，可以查看其中的状态。

3. 调整水面

“背景”图层中的水面较为暗淡，“图层1”图层中的水面曝光较好，但显得过于杂乱，因此在权衡利弊之后，我们仍以“背景”图层中的水面作为最终要展示的部分。下面将对其曝光做适当的调整。

选择多边形套索工具，沿着水面边缘绘制选区，以将水面大致选中。

单击“创建新的填充或调整图层”按钮，在弹出的菜单中选择“曲线”命令，得到“曲线1”图层，在“属性”面板中设置其参数，以调整水面的亮度。

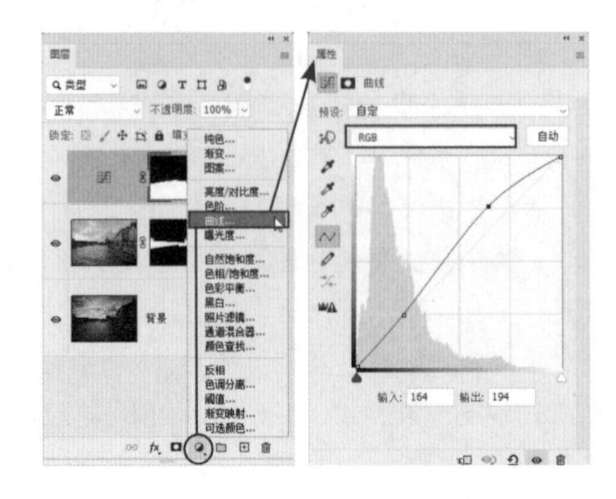

4.调整天空

在初步完成对建筑和水面的处理后，可以看出，天空的颜色和曝光显得有些不协调。下面就来解决这个问题。

对于天空的调整，其基本思路和方法与前面调整水面是基本相同的，即先创建天空的选区，然后利用调整图层对天空进行处理即可，故此处不再详细讲解。

下图所示为创建“曲线2”图层并结合图层蒙版调整天空曝光时的相关参数设置，及其调整结果。

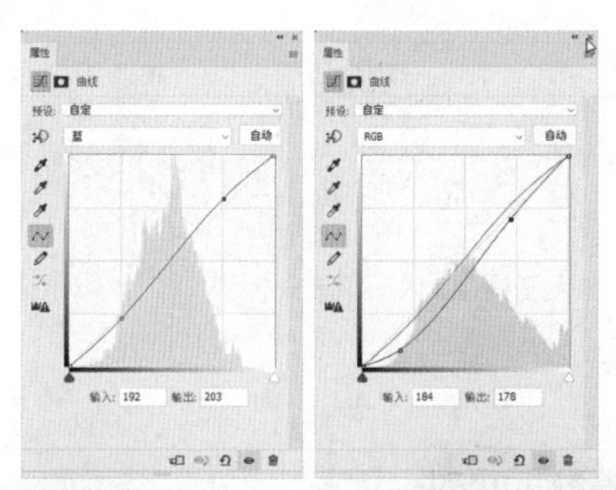

按住Alt键，单击“曲线2”图层的图层蒙版缩略图，可以查看其中的状态。

5.调整暗部细节

观察照片整体可以看出，画面还存在一些较暗的区域，尤其是四周的位置。下面对它们进行适当的校正，使整体的明暗更加均匀。

选择“图层”面板顶部的图层，按Ctrl＋Alt＋Shift＋E键执行“盖印”操作，从而将当前所有可见图层中的图像合并至新图层中，得到“图层2”图层。

选择“图像—调整—阴影/高光”命令，在弹出的对话框中设置相应的参数，以显示更多的暗部细节。

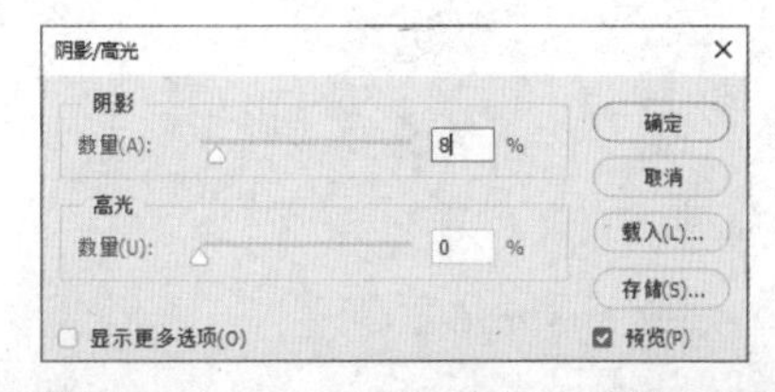

第 11 章

城市夜景、银河、星轨照片处理技巧4招

CHAPTER 11

59 第59招　梦幻银河后期处理

技法导读

在拍摄天空中的银河时，我们通常是以30秒或更短的曝光时间以及较高的ISO感光度进行拍摄的，以保证拍摄到没有发生任何移动的星星。但对于昏暗的天空来说，即使获得了足够的曝光，画面仍然会显得极为暗淡，而且会产生大量的噪点，这也正是对银河照片进行后期处理时的重点。我们在拍摄时将照片保存为RAW格式，能为后期处理留下更大的调整空间。

操作步骤

1.确定照片的基调

在Camera Raw中打开需要编辑的原始照片。

原始照片较为昏暗，因此我们首先要调整其曝光及白平衡属性，从而确定其亮度与色彩的基调。

选择“基本”选项卡并向右侧拖动“曝光”滑块，以增加照片的曝光。

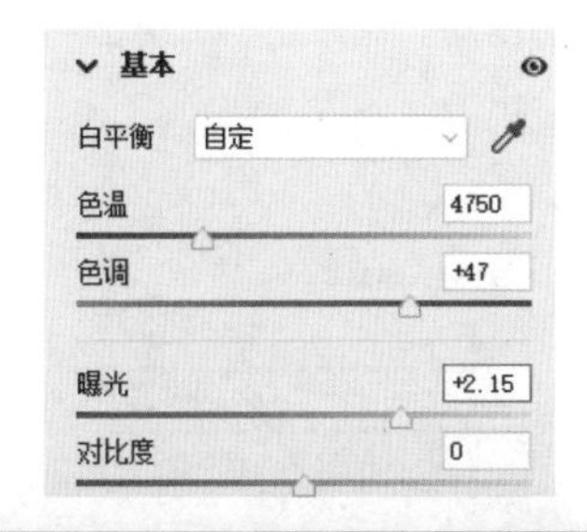

在基本调整好照片的曝光后，可以看出照片整体偏向于暖调色彩，而在本例中，我们要处理得到一种银河为紫色调、天空为蓝色调的效果。因此下面将调整照片的白平衡，以初步确定其色彩。

分别向左侧拖动“色温”“色调”滑块，以确定照片的基本色彩。

2.深入调整照片的曝光

在确定照片的基调后，下面将深入调整照片的曝光。

向右侧拖动“对比度”滑块至+100，以提高照片的对比度。

分别拖动“高光”“阴影”“白色”“黑色”滑块，以针对不同的亮度区域，进行曝光调整。

3.提高照片的饱和度

向右侧拖动“自然饱和度”滑块，以提高照片的饱和度。

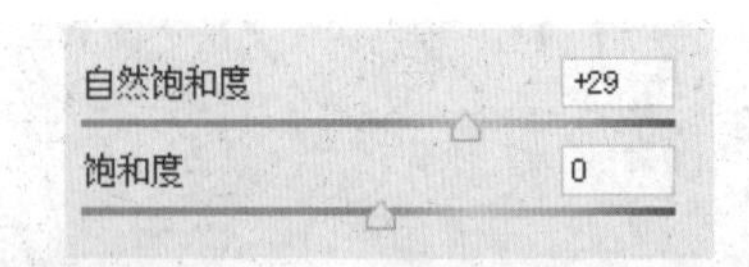

此处注意观察银河两侧天空的饱和度即可。对于银河以及左下方含有大量杂色的区域，后续会对其做专门的调整。

4.调整银河

通过前面的处理，我们已经初步调整好了照片的曝光和色彩。下面将开始分区进行优化调整，首先对银河主体进行调整。

选择调整画笔工具，在右侧参数区的底部设置适当的画笔大小及羽化等参数。

在右侧参数区任意设置参数（只要数值不全部为0即可），然后在银河上涂抹，再在右侧参数区中分别调整相应的参数，以调整银河的曝光、对比度及色彩等属性。

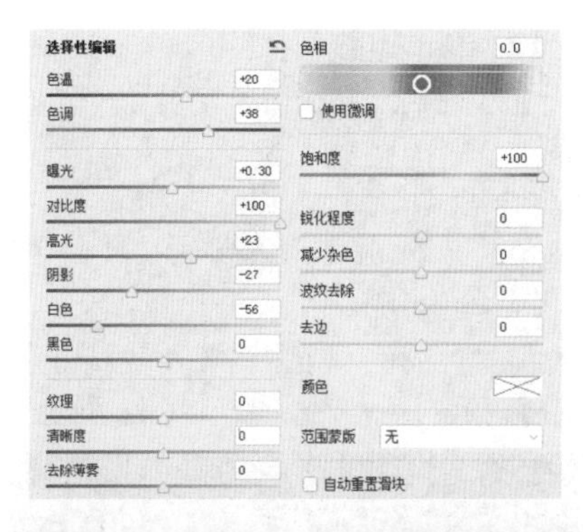

在上面的操作中，先设置任意参数并涂抹，然后设置详细参数，主要是为了先确定调整范围，这样在右侧参数区进行的调整才能实时地显示出来，从而调整出需要的效果。如果所有的参数数值都为0，将无法使用调整画笔工具 进行涂抹，且此时会弹出“错误”提示框。

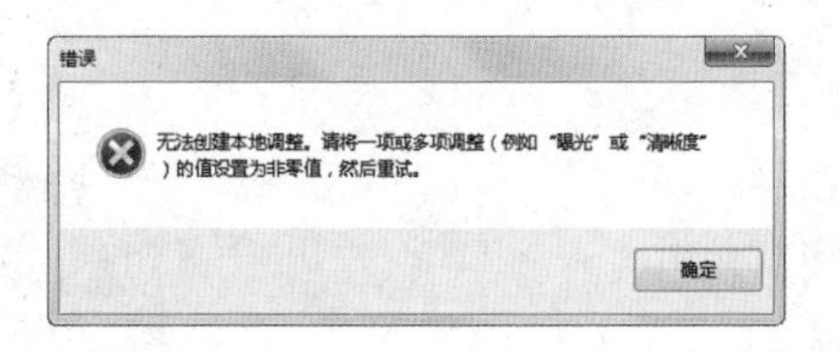

5.调整天空

在完成银河主体的处理后，下面对银河左右两侧天空的色彩进行调整，使其变为纯净的蓝色，其中右下角存在的大量杂色，也可以通过本次的操作进行覆盖。

选择渐变滤镜工具 ，在右侧参数区设置任意参数，然后从右下角向左上方拖动，以确定调整范围，然后在右侧参数区设置“色温”“色调”参数，以改变银河右侧天空的色彩。

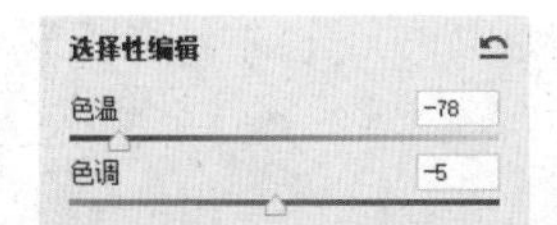

按照上述方法，从左上角向右下方拖动，并设置参数，以改变银河左侧天空的色彩。

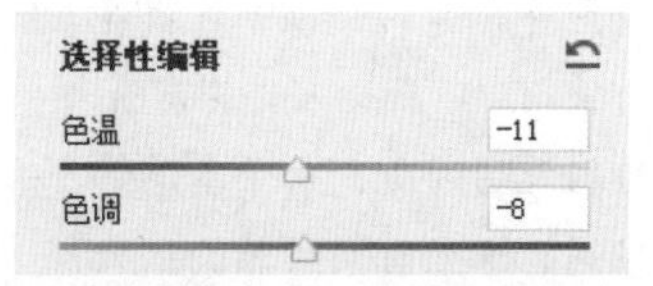

6.消除暗角

至此，我们已经基本完成了对照片各部分的曝光及色彩的处理，下面将消除照片的暗角，使照片整体更加通透。

选择“镜头校正”选项卡，并向右侧拖动“镜头晕影”区域中的“数量”滑块，直至消除暗角为止。

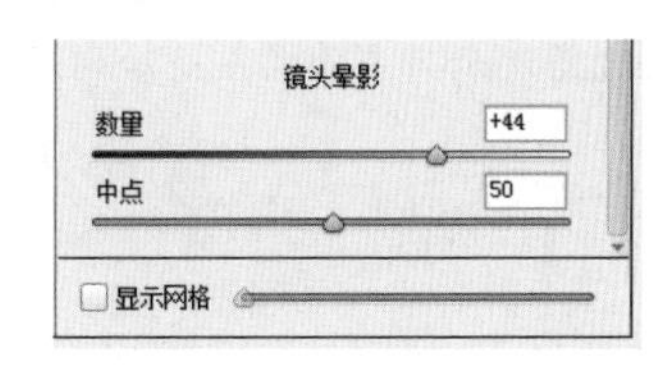

7.消除噪点

将照片放大至100%可以看出，虽然本例的照片是使用尼康数码单反相机D4S拍摄的，但由于使用了ISO 1600、30秒的拍摄设置，而且环境较为昏暗，因此画面在提亮后，显现出了大量的噪点。下面就来将其消除。

要特别说明的是，由于本例的照片设置的感光度较高、曝光时间较长，因此照片中出现了大量的星光。这对于照片表现来说并不是一件好事，因为大量的星光使照片显得非常凌乱，缺少层次感。因此在消除噪点时，我们对参数的调整幅度较大，从而消除一部分暗淡的星光。

选择“细节”选项卡，在其中的“减少杂色”区域中分别拖动相应滑块，以消除噪点及暗淡的星光。

减少杂色	100
细节	50
对比度	0
杂色深度减低	100
细节	0
平滑度	50

右上方图所示为消除噪点前后的局部效果对比。

由于对参数的调整幅度较大，下方的建筑损失了大量细节，此时可以不用理会，因为我们后续使用Photoshop进行调整时，会重新对此处的建筑进行处理。

下图所示为消除噪点后的整体效果，可以看出，通过上面的处理，已经消除了很多星光，照片整体看起来更加通透且有层次感。

8.导出JPG格式的照片

通过上面的操作，我们已经基本完成了在Adobe Camera Raw中的处理，下面要将当前处理结果输出为JPG格式的照片，以便于使用Photoshop继续对其进行处理。值得一提的是，我们可以直接在Adobe Camera Raw中单击“打开照片”按钮，即可应用当前的参数设置，并使照片以JPG格式在Photoshop中打开。但在本例中，我们要输出一张尺寸略小的照片，因此需要使用下述方法将其转换为JPG格式的照片。

单击Adobe Camera Raw右上角的“存储图像”按钮，在弹出的对话框中，设置其参数。

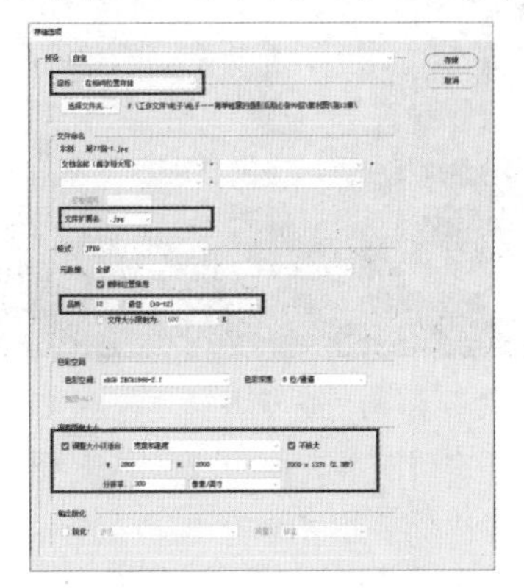

设置完成后，单击“存储”按钮即可生成一张JPG格式的照片。

若按住Alt键，单击右上角的“存储图像”按钮，可以使用之前设置好的参数，直接生成JPG格式的照片。

注意此处不要退出Adobe Camera Raw，在第9步我们还需要在此软件中继续调整。

9.处理建筑

在第7步中已经说明，由于消除噪点时使建筑损失了大量细节，因此下面专门对建筑进行优化处理，然后在Photoshop中进行合成。

选择“细节”选项卡，在其中重新调整“减少杂色”区域中的参数，这次是以建筑为准进行调整的，以在消除噪点的同时，尽可能保留更多的细节。

重新设置降噪参数后，按照第8步的方法，将其存储为JPG格式的照片即可，无须专门设置名称，若有同名文件，软件会自动重命名。

单击“完成”按钮退出Adobe Camera Raw。

10.叠加并抠选建筑

通过前面的操作，我们已经输出了两张分别针对天空和建筑进行降噪处理的照片。下面将建筑抠选出来，从而将两张照片中处理好的部分拼合在一起。

打开第8~9步中导出的照片，按住Shift键，使用移动工具将第9步导出的照片拖至第8步导出的照片中，得到“图层1”图层。

使用磁性套索工具沿着建筑的边缘选中建筑及照片右下方。

照片左下方是要修除的，因此无须选中。

单击“添加图层蒙版”按钮为“图层1”图层添加图层蒙版。

此时，除照片左下方外，建筑与天空都是我们需要的部分，下面再对建筑的色彩进行美化处理。

单击“创建新的填充或调整图层”按钮 ，在弹出的菜单中选择“自然饱和度”命令，得到“自然饱和度1”图层，按Ctrl＋Alt＋G键创建剪贴蒙版，从而将调整范围限制到下面的图层中，然后在“属性”面板中设置其参数，以调整照片整体的饱和度。

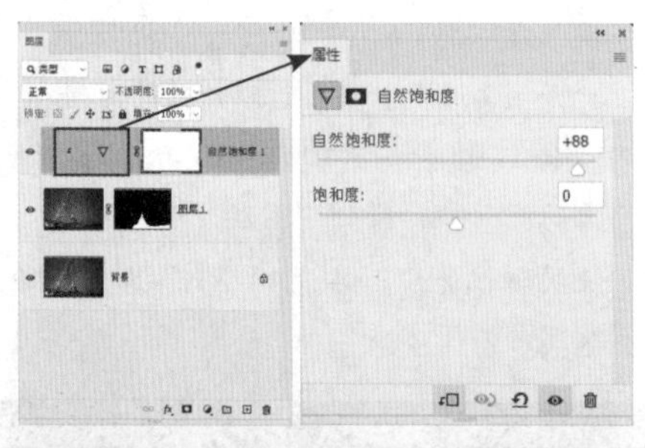

11.将左下方处理为剪影效果

在当前照片中，左下方由于存在大量的人工光，因此存在大面积曝光过度的区域，且人工光照亮了周围的景物，导致这里显得非常杂乱。下面将参考照片右下方，将此处处理为剪影效果。

使用磁性套索工具 沿着照片左下方的边缘绘制选区，以将其选中。

与建筑相交的区域多选中一些没有关系，因为后面会用“图层1”图层盖住这里的剪影。

选择吸管工具 并在照片右下方的剪影上单击，从而将其颜色吸取为前景色。

选择“背景”图层并新建得到“图层2”图层，按Alt+Delete键填充前景色，按Ctrl+D键取消选区。

当前剪影的上方还存在一些多余的元素，暂时不用理会，后续我们会在完成大部分的处理后，再对这里的细节进行修饰。

12.为左下方添加细节

通过第11步的操作，我们已经将照片左下方的区域填充为剪影，但对比照片右下方，此处由于缺少地面元素而显得失真，因此下面将通过复制照片右下方并进行适当处理的方法，为左下方添加细节。

按住Ctrl键，单击“图层1”图层的图层蒙版，以载入其中的选区，然后使用套索工具并按住Alt键进行减选，得到类似下图所示的选区即可。

按Ctrl+Shift+C键或选择“编辑—合并拷贝”命令，再选择“图层2”图层并按Ctrl+V键执行“粘贴”操作，得到“图层3”图层。

按Ctrl+T键调出自由变换控制框，在自由变换控制框内单击鼠标右键，在弹出的菜单中选择“水平翻转”命令，然后将其移动至左下方，并适当调整其大小。

得到满意的效果后，按Enter键确认变换即可。

13.修饰左下方及相关细节

观察左下方的处理结果可以看出，从照片右下方复制过来的图像与这里有一定差异，看起来不是很协调，因此下面对其进行调暗处理。

单击“创建新的填充或调整图层”按钮，在弹出的菜单中选择“曲线”命令，得到“曲线1”图层，按Ctrl＋Alt＋G键创建剪贴蒙版，从而将调整范围限制到下面的图层中，然后在“属性”面板中设置其参数，以压暗照片。

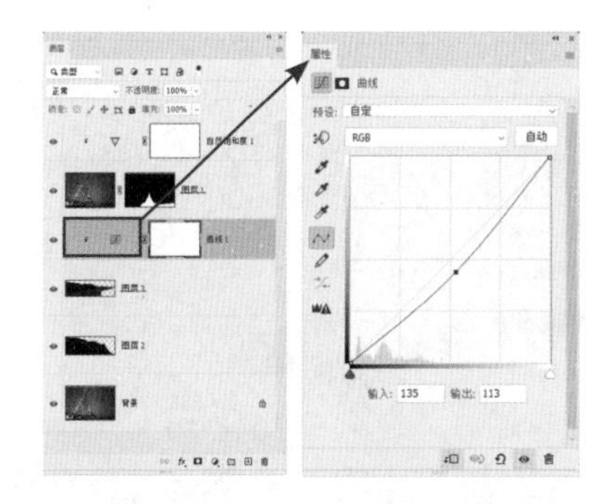

下面修除剪影上方多余的电线杆及杂色等。

选择“背景”图层并新建“图层4”图层，选择仿制图章工具并设置其参数。

按住Alt键，使用仿制图章工具在电线杆附近的照片上单击以定义源图像，然后在电线杆及杂色等位置涂抹，直至将其修除为止。

下图所示为单独显示“图层4”图层中图像时的效果。

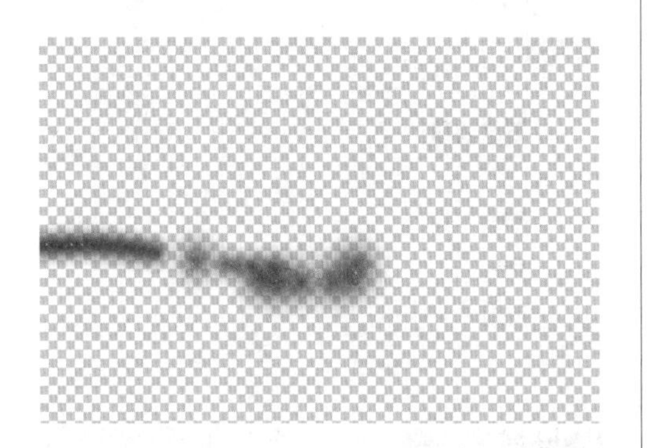

按照上述方法，在所有图层上方新建“图层5”图层，然后将照片右下方多余的指标牌等修除，使照片整体更加干净、整洁。

14.调整建筑局部的色彩偏差

观察建筑及照片左下方的剪影可以看出，二者的色彩并不协调，导致画面失真，下面就来解决此问题。

选择“图层5”图层，单击“创建新的填充或调整图层”按钮 ，在弹出的菜单中选择“色彩平衡”命令，得到“色彩平衡1”图层，在“属性”面板的“色调”下拉列表中选择“中间调”“阴影”选项并设置相应的参数，以调整照片的色彩。

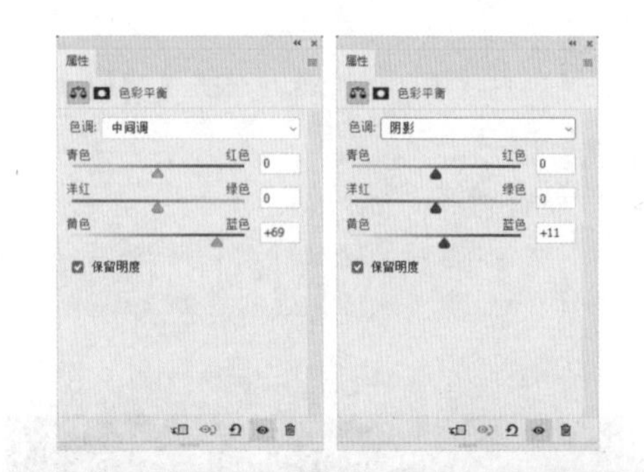

此处只是为了调整建筑左下角的色彩，因此在调整时只关注此处的色彩即可。下面利用图层蒙版将调整范围限制在建筑的左下角。

选择“色彩平衡1”图层的图层蒙版，按Ctrl+I键执行“反相”操作，设置前景色为白色，选择画笔工具 并在其工具选项栏中设置相应的参数。

按住Alt键，单击“色彩平衡1”图层的图层蒙版缩略图，可以查看其中的状态。

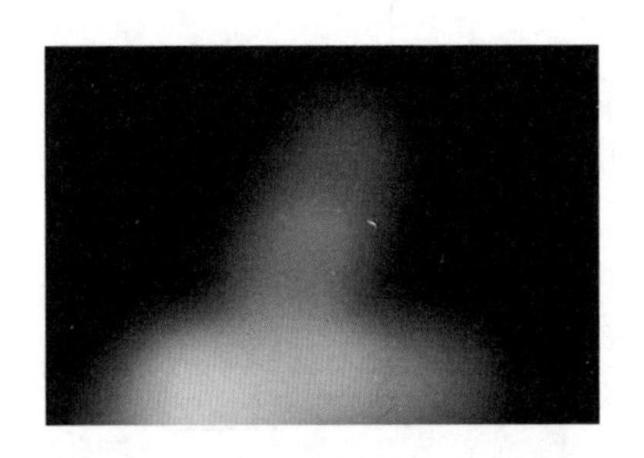

15.增强银河及建筑的立体感并优化其细节

为了让银河主体的细节更为突出，并增强其与建筑的立体感，下面将通过“高反差保留”命令对其进行处理。

选择“图层”面板顶部的图层，按Ctrl＋Alt＋Shift＋E键执行“盖印”操作，从而将当前所有可见图层中的图像合并至新图层中，得到“图层6”图层。

选择“滤镜—其它—高反差保留”命令，在弹出的对话框中设置“半径”的数值为14.1，并单击“确定”按钮退出对话框。

设置“图层6”图层的混合模式为“柔光”，即可增强照片整体的立体感并优化其细节。

下图所示为处理前后的局部效果对比。

下面通过添加并编辑图层蒙版来隐藏银河与建筑以外的杂乱图像，这样做一方面是为了突出银河与建筑，另一方面是为了减弱周围星光的强度，丰富照片的层次。

单击“添加图层蒙版”按钮 为“图层6”图层添加图层蒙版，设置前景色为黑色，选择画笔工具 并在其工具选项栏中设置适当的画笔大小及不透明度，在银河与建筑以外的区域涂抹。

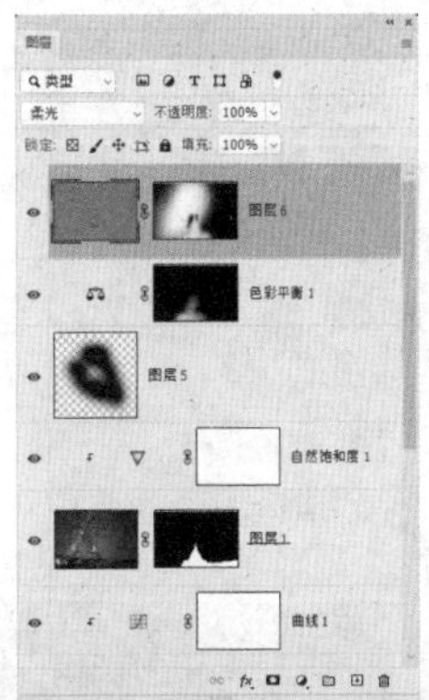

按住Alt键，单击“图层6”图层的图层蒙版缩略图，可以查看其中的状态。

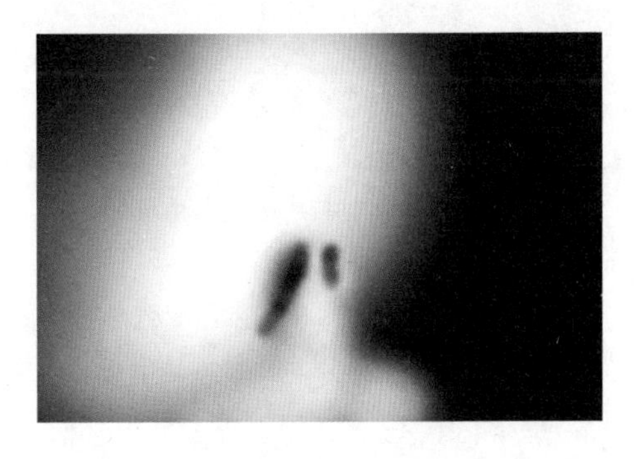

60 第60招　使用堆栈技术合成星轨

技法导读

传统的星轨照片是通过设置几十或数百分钟的曝光时间来拍摄的。这种拍摄方法具有明显的缺点，如曝光结果不可控、易形成光污染、易产生噪点等。堆栈是近年来非常流行的一种拍摄星轨的技术，我们可以以固定的机位及曝光参数，连续拍摄成百上千张照片，然后通过后期处理合成星轨效果。通过这种方法得到的星轨照片，可以有效避免传统的星轨照片具有的问题。

操作步骤

1.将照片载入堆栈

在本例中，我们将使用连续拍摄的147张照片，通过堆栈合成星轨效果。

在Photoshop中，选择“文件—脚本—将文件载入堆栈”命令，在弹出的对话框中单击“浏览”按钮。

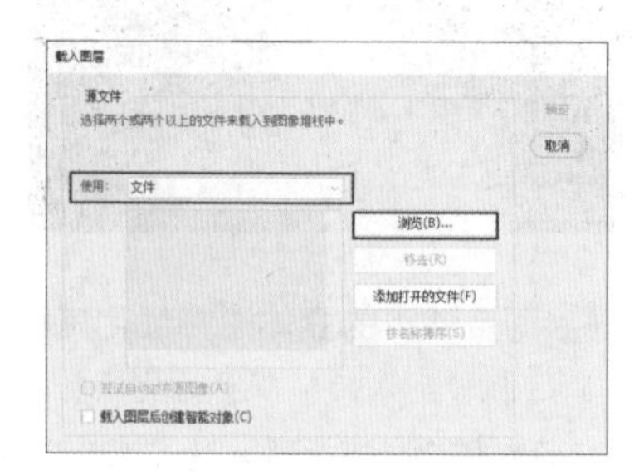

在弹出的“打开”对话框中，找到需要编辑的原始照片所在的文件夹，按Ctrl+A键选中所有要载入的照片，再单击“打开”按钮以将其载入“载入图层”对话框，并注意一定要选中“载入图层后创建智能对象”选项。

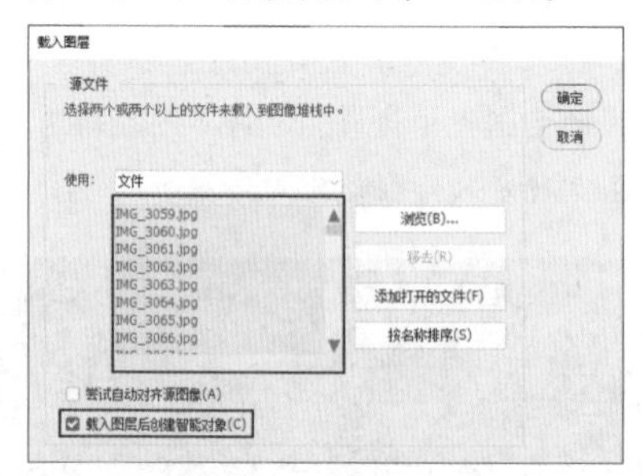

单击“确定”按钮即可开始将载入的照片堆栈在一起并转换为智能对象。

若在“载入图层”对话框中，忘记选中“载入图层后创建智能对象”选项，可以在完成堆栈后，选择“选择—所有图层”命令以选中全部图层，再在任意一个图层上单击鼠标右键，在弹出的菜单中选择“转换为智能对象”命令即可。

选中堆栈得到的智能对象，再选择“图层—智能对象—堆栈模式—最大值”命令，并等待Photoshop处理完成，即可初步得到星轨效果。

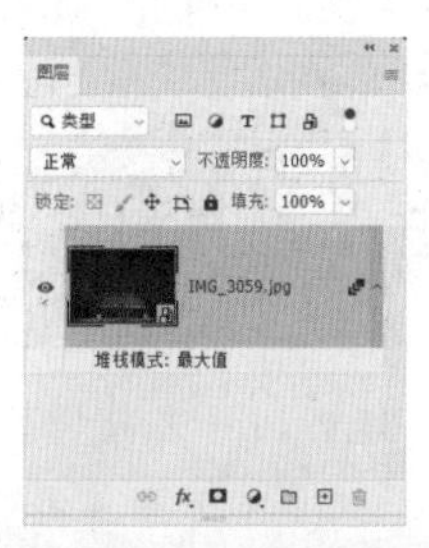

2.调整天空的曝光与色彩

通过第1步的操作，我们已经基本完成了星轨的合成，下面开始对照片的曝光与色彩进行美化处理。由于合成后的天空与地面有较大的差异，因此需要分别对二者进行调整。下面先调整天空的曝光与色彩，此时不用理会这些调整对建筑的影响。

单击“创建新的填充或调整图层”按钮 ，在弹出的菜单中选择“曲线”命令，得到“曲线1”图层，在“属性”面板中设置其参数，以提高天空的亮度。

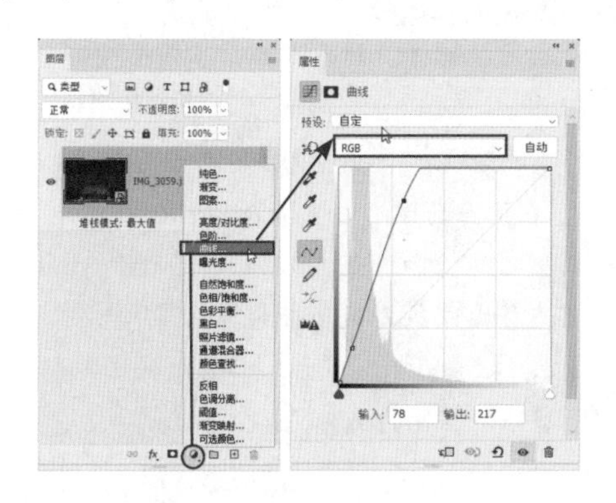

单击“创建新的填充或调整图层”按钮 ，在弹出的菜单中选择“自然饱和度”命令，得到“自然饱和度1”图层，在“属性”面板中设置其参数，以调整照片整体的饱和度。

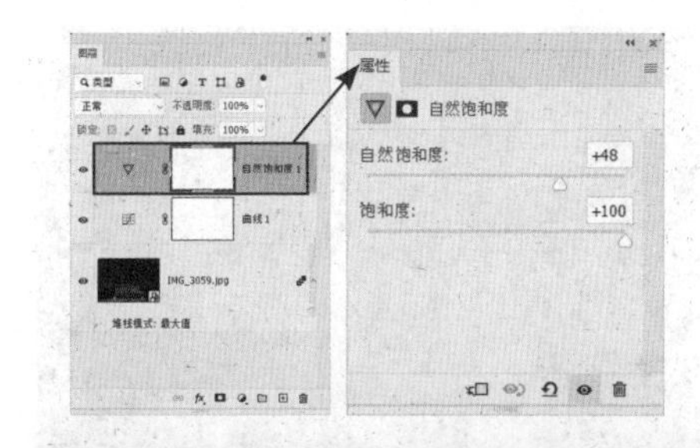

3.加入原始照片并抠选建筑

至此，我们已经基本完成了对天空的处理，下面调整建筑的曝光与色彩。

打开原始照片中的任意一张照片，按Ctrl+A键执行“全选”操作，按Ctrl+C键执行“复制”操作，然后返回星轨合成文件中，按Ctrl+V键执行“粘贴”操作，得到“图层1”图层。

下面将“图层1”图层中下方的建筑选中，以单独对其进行调整。

按Ctrl+A键执行“全选”操作，按住Alt键，使用快速选择工具 在星空上拖动，直至将星空完全减去，只选中建筑为止。

单击“添加图层蒙版”按钮 ，以当前选区为“图层1”图层添加图层蒙版，从而隐藏选区以外的图像。

4.调整建筑的曝光

选择“图像—调整—阴影/高光”命令，在弹出的对话框中设置相应的参数，以调整照片的阴影及高光。

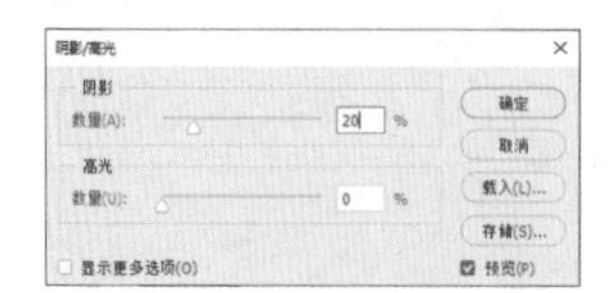

单击“创建新的填充或调整图层”按钮 ，在弹出的菜单中选择“曲线”命令，得到“曲线2”图层，按Ctrl + Alt + G键创建剪贴蒙版，从而将调整范围限制到下面的图层中，然后在“属性”面板中设置其参数，以调整建筑的亮度与对比度。

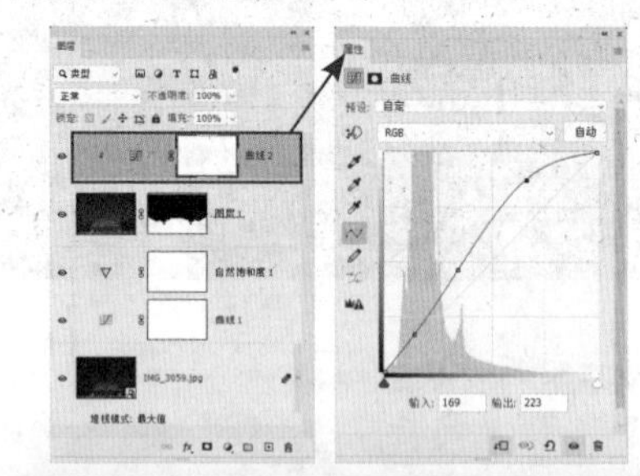

5.调整建筑的色彩

在调整好建筑的曝光后，下面继续调整其色彩。

单击“创建新的填充或调整图层”按钮 ，在弹出的菜单中选择“自然饱和度”命令，得到“自然饱和度2”图层，按Ctrl + Alt + G键创建剪贴蒙版，从而将调整范围限制到下面的图层中，然后在“属性”面板中设置其参数，以调整照片整体的饱和度。

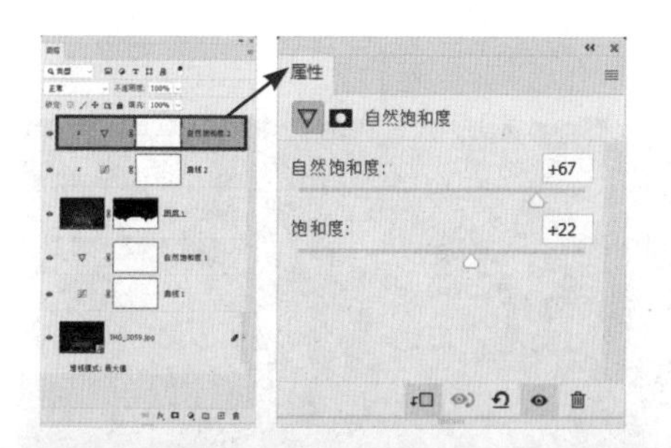

单击“创建新的填充或调整图层”按钮 ，在弹出的菜单中选择“色彩平衡”命令，得到“色彩平衡1”图层，按Ctrl＋Alt＋G键创建剪贴蒙版，从而将调整范围限制到下面的图层中，然后在“属性”面板中设置其参数，以调整照片的颜色。

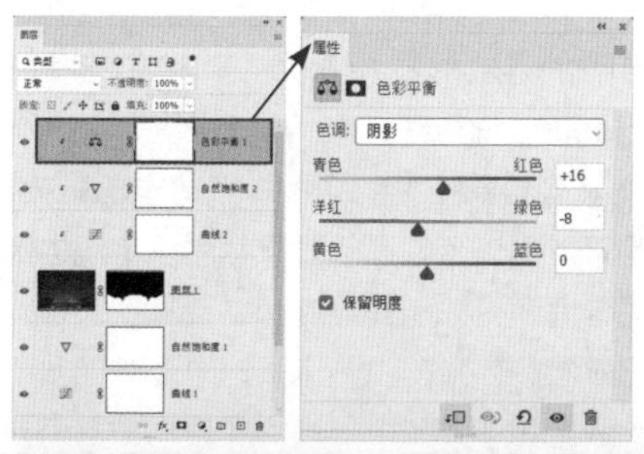

6.消除噪点

至此，我们已经基本完成了对星轨照片的处理，以100%的显示比例显示照片，仔细观察可以看出，照片中存在一定的噪点，天空部分尤为明显，下面就来解决这个问题。

选择“图层”面板顶部的图层，按Ctrl＋Alt＋Shift＋E键执行“盖印”操作，从而将当前所有可见图层中的图像合并至新图层中，得到“图层2”图层。

在“图层2”图层上单击鼠标右键，在弹出的菜单中选择“转换为智能对象”命令，从而将其转换成为智能对象图层，以便于后续对该图层中的照片应用及编辑滤镜。

选择“滤镜—Imagenomic—Noiseware”命令，在弹出的对话框的“预设”下拉列表中选择“风景”选项，即可消除照片中的噪点，并能够较好地保留细节。

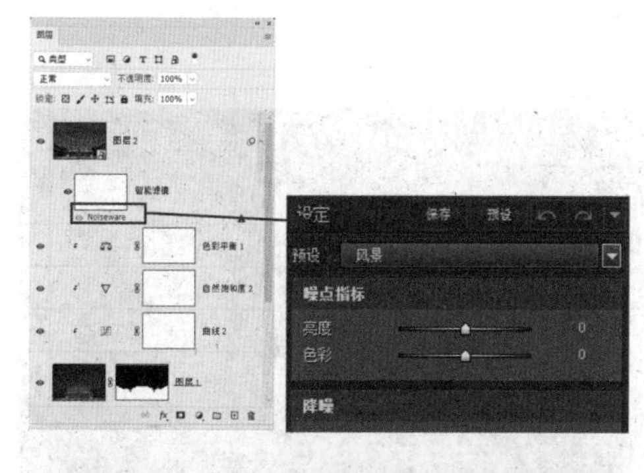

下图所示为消除噪点前后的局部效果对比。

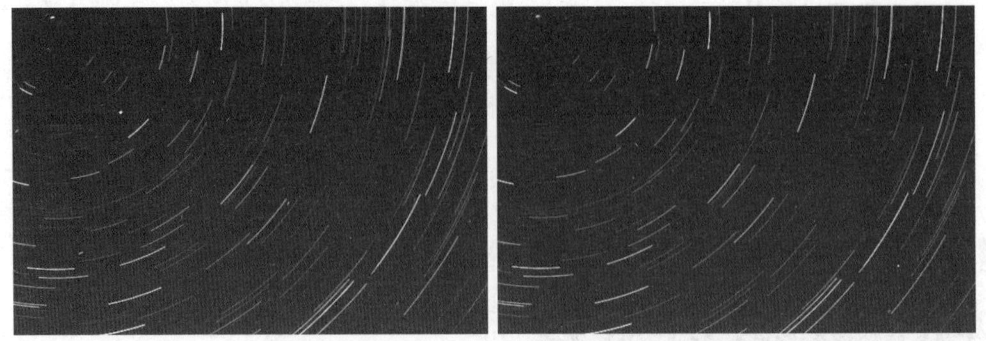

第1步执行堆栈处理后的智能对象图层包含了所有的照片文件，因此该图层会极大地增加保存时的文件大小。在确认不需要对该图层做任何修改后，我们可以在该图层上单击鼠标右键，在弹出的菜单中选择“栅格化”命令，从而将其转换为普通图层，这样可以大幅度降低以PSD格式保存时的文件大小。

61 第61招　使用StarsTail插件合成螺旋星轨

技法导读

StarsTail插件有一个非常重要的功能，即“堆栈”，它可以帮助我们轻松地合成星轨。相比传统的星轨拍摄方法以及第60招中提到的Photoshop堆栈法，该插件主要有两大优势。一是只需要拍摄1张照片即可制作星轨效果。二是可以制作多种星轨效果，除了传统的圆形星轨外，还可以制作螺旋状、彗星状、淡入与淡出等星轨效果。虽然运用这些炫酷的效果在很大程度上偏离了摄影的本质，制作具有这类效果的照片仍然被很多摄影爱好者所追捧。

操作步骤

1.消除噪点

在Photoshop中，打开需要编辑的原始照片。

在弱光环境下拍摄，即使使用较低的感光度，拍摄的照片也容易产生噪点，这些噪点会在合成星轨时对结果产生很大的影响。增大显示比例可以看出，照片中存在较多的噪点，因此需要先将其消除。

选择“滤镜—模糊—表面模糊”命令，在弹出的对话框中设置相应的参数，以消除照片中的噪点。

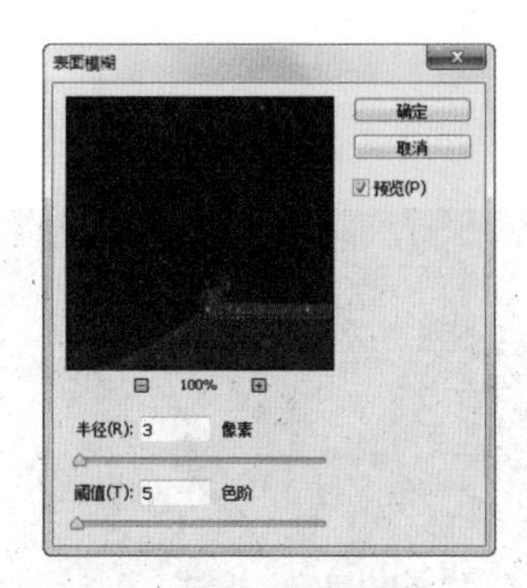

下图所示为消除噪点前后的局部效果对比。

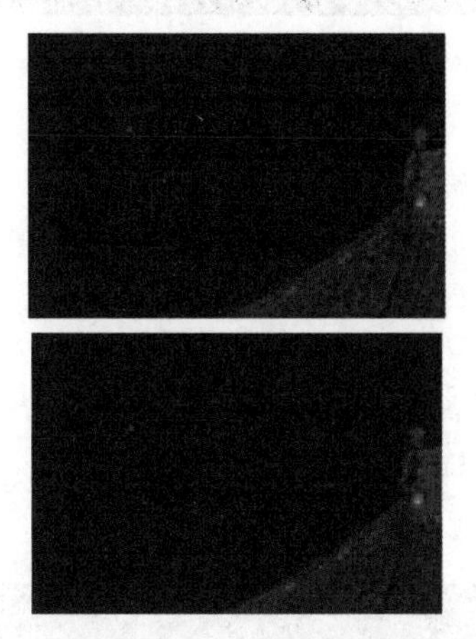

“表面模糊”命令可以自动检测照片的边缘并进行平滑处理，因此对于本例这种背景较为纯净的照片来说，该命令可以很好地消除其中的噪点。

2.将建筑处理为黑色

在使用StarsTail插件制作星轨效果时，其会对照片中的亮部进行计算，因此照片中的亮部越多，处理速度就越慢。对本例的照片来说，前景中的建筑是不需要参与制作星轨效果的，但它存在大量的亮部细节，会在很大程度上影响处理速度。因此，下面先将其选中并填充为黑色。

按Ctrl+A键执行“全选”操作，按住Alt键，使用快速选择工具在星空上拖动，直至将星空完全减去，只选中建筑为止。

设置前景色为黑色，按Alt+Delete键填充选区。切换至“通道”面板，单击“将选区存储为通道”按钮，从而将当前的选区保存为“Alpha 1”通道，然后按Ctrl+D键取消选区。

将选区保存为通道，是因为在完成星轨的处理后，还需要对前景中的建筑进行恢复，届时就可以直接调出该选区进行操作。

3.确定中心坐标

中心坐标用于确定星轨中心点。摄影师可根据构图和表现的需要，任意设置星轨中心点。下面以本例的照片为例，来讲解确定星轨中心点的方法。

按F8键或选择“窗口—信息”命令以显示“信息”面板，将鼠标指针置于要作为星轨中心点处，并观察“信息”面板中的位置属性即可。

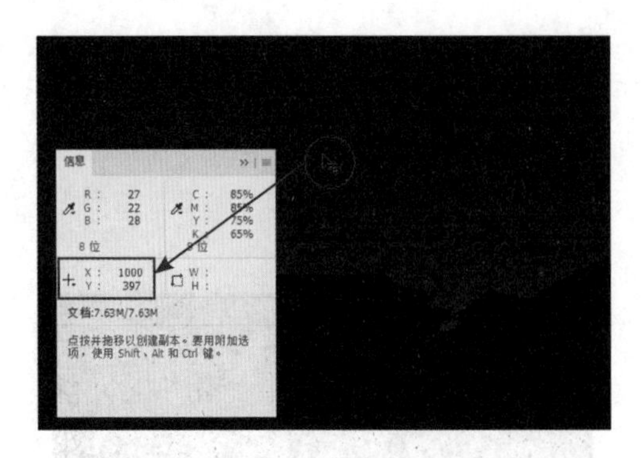

4.制作图层

通过前面的操作，我们已经准备好了要制作星轨的照片，下面就开始复制多个图层，以备StarsTail插件使用。为了便于操作，我们可以录制一个动作组，其中包含一些常用的复制图层的动作，这样我们只需要选择一个动作并播放，即可快速复制并得到相应数量的图层了。

打开事先录制的动作组，从而在“动作”面板中载入该动作组。选择“复制300个”动作，并单击“播放选定的动作”按钮 ▶ ，以复制并得到300个图层。

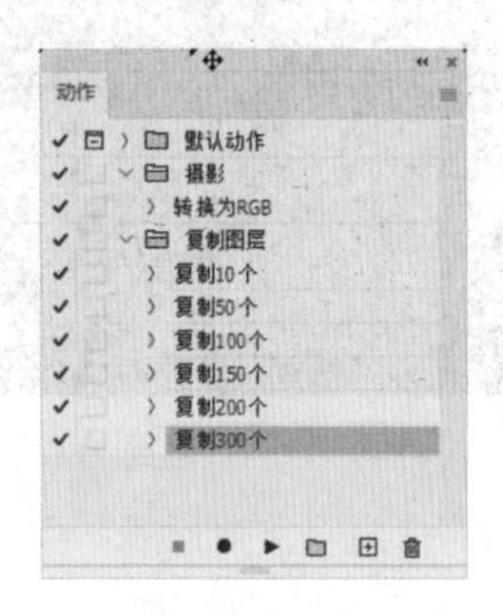

5.使用StarsTail插件制作星轨

选择“窗口—扩展功能—StarsTail”命令，以调出“StarsTail”面板。

在“StarsTail”面板中选择“堆栈”选项卡，单击“螺旋效果”按钮，在弹出的对话框中设置其参数，这里将中心坐标取整数，分别为1000、400。

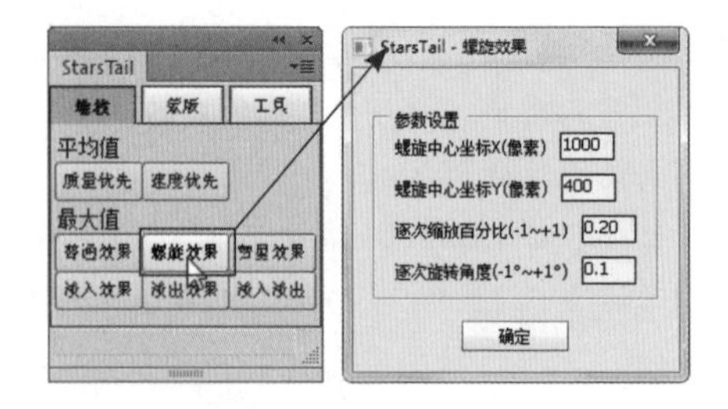

设置参数完成后，单击“确定”按钮，即可开始合成星轨，直至完成为止。

处理完成后，按Ctrl+Shift+E键将所有图层合并。

在使用StarsTail插件制作星轨的过程中，最耗费时间的就是合成星轨及合并图层等操作，图层越多，处理的时间也就越长。

值得的一提是，如果在第1步中没有执行消除噪点操作，则部分噪点也会变为螺旋状，那么画面中的线条就会非常凌乱，影响星轨效果的表现，如下图所示。

6.调整照片的曝光与色彩

在完成星轨合成后，我们可以将原始照片打开，将其拖至星轨文件中，再使用第2步中保存的选区将建筑单独抠选出来，然后结合“曲线”“自然饱和度”“色彩平衡”等调整图层，对照片的曝光与色彩进行美化。其操作方法与第60招中的第2~5步的方法基本相同，此处不再详细讲解。

7.尝试其他效果

通过前面的操作，我们已经制作完成了一个星轨效果。在明白基本操作流程及制作原理后，我们可以更深入地设置不同的参数，以制作得到不同的星轨效果。

例如要制作圆形星轨，就需要让星光旋转360度，以复制360个图层为例，需要将“逐次缩放百分比”设置为0，“逐次旋转角度”设置为1。

观察调整结果可以看出，虽然星轨已经形成了圆形，但只有靠近中心点的部分星轨形成了连续的圆形，而离中心点越远的位置，星轨越不连续，这是由于图层数量较少，离中心点越远的点在同样旋转1度时，移动的距离越长，因此解决方法就是复制更多的图层，并减小旋转角度。例如可将图层数量提高到原来的5倍，即1800个图层，并将旋转角度降低为原来的1/5，即0.2度。

62 第62招 制作唯美的城市夜景光斑效果

技法导读

使用大光圈进行脱焦拍摄，可以形成非常漂亮的光斑效果，但如果由于光圈不够大或其他原因导致拍不出这样的效果，那么使用本例讲解的方法，也能够制作出好看的光斑效果。

操作步骤

1.调整画面的亮度与对比度

在Photoshop中打开需要编辑的原始照片。选择“图像—调整—亮度/对比度”命令，在弹出的对话框中设置相应的参数，以降低照片的亮度，并提高对比度，使照片的明暗对比更强烈。

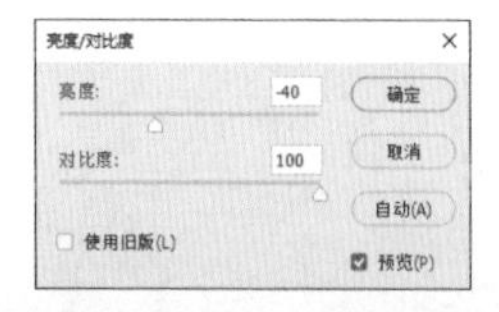

2.应用“场景模糊”命令

选择“滤镜—模糊画廊—场景模糊”命令，然后在其工具选项栏中选中“高品质”选项，再分别在“模糊工具”“效果”面板中设置相应的参数，以获得光斑效果。参数设置完成后，按Enter键确定即可。

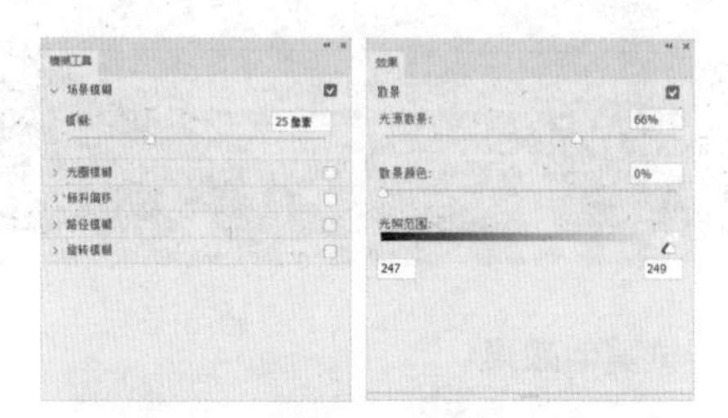

选择“图像—调整—亮度/对比度”命令，在弹出的对话框中设置相应的参数，以提高照片的亮度及降低其对比度。

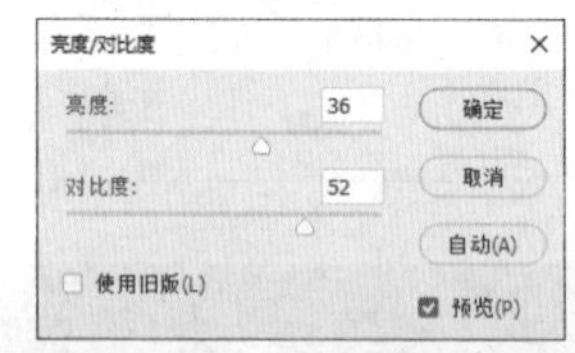

第 12 章

人像照片处理技巧6招

C H A P T E R 12

63 第63招　修出S形曲线

技法导读

在拍摄人像照片时，由于拍摄的角度、服装、造型或人物本身等，照片中人物的身材呈现得不够理想，此时可以使用Photoshop对其进行处理。

修饰人物身材时，要特别注意身体的协调性和自然性，避免过度修饰，导致人物身材显得怪异。另外，在修饰人物身材的过程中，还要注意对周围环境的影响，即周围环境不能出现明显的变形问题，从而影响画面的美观。

在本例中，我们使用的技术较为简单，主要使用"液化"命令中的向前变形工具，并设置适当的参数，在人物身体上需要美化的部位进行细致的涂抹即可。

操作步骤

1.复制图层转换为智能对象图层

在Photoshop中打开需要编辑的原始照片。

液化处理是一项很细致的工作，往往需要反复进行多次的修改，才能最终得到满意的结果。下面将复制"背景"图层，并将其转换为智能对象图层，从而在应用"液化"滤镜后，可以随时进行编辑和修改。

按Ctrl+J键复制"背景"图层得到"图层1"图层，并在"图层1"图层上单击鼠标右键，在弹出的菜单中选择"转换为智能对象"命令。

2.修饰腰部

按Ctrl+Shift+X键或选择"滤镜—液化"命令，然后适当增大显示比例，以便针对腰部进行处理。

在对腰部进行具体处理前，我们首先应分析一下周围的元素。在本例的照片中，腰部右侧是窗帘，为了平滑地收缩腰部，我们会采用较大的画笔进行处理，但此时容易使窗帘变形，因此首先应该将窗帘所在区域"锁定"，使液化处理不对该区域起作用。

在左侧的工具箱中选择冻结蒙版工具，并在右侧设置适当的画笔大小等参数，然后在腰部右侧的窗帘上涂抹，以将其冻结。默认情况下，被冻结的区域以红色显示。

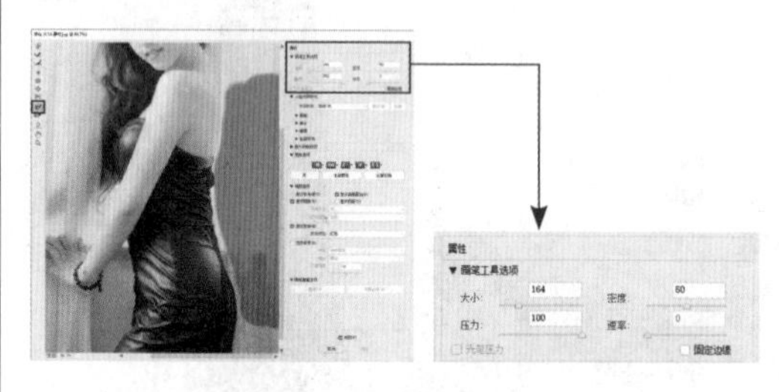

选择向前变形工具，并在右侧的"画笔工具选项"区域中设置相关参数，然后在人物腰部位置进行收缩处理。

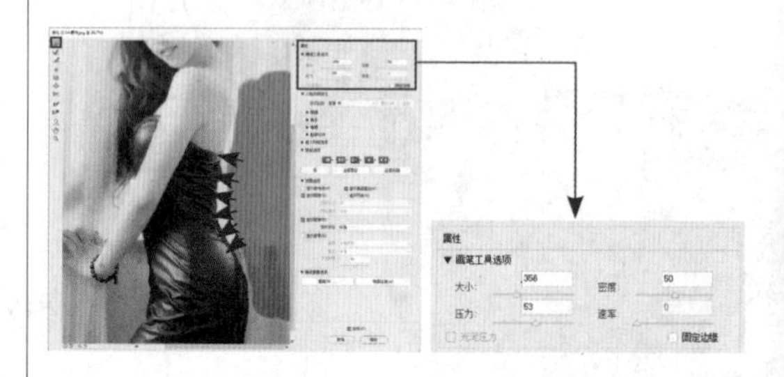

3. 修饰腹部

按照第2步的方法，继续使用向前变形工具对腹部进行适当的收缩处理即可。

由于腹部上方与手臂靠得比较近，为了避免产生手臂变形的问题，可以适当缩小画笔，以对二者相交的区域进行调整。或者可以按照第2步的方法，使用冻结蒙版工具将手臂区域冻结，从而彻底避免手臂变形。

4. 修饰胸部

下面对人物的胸部进行适当的处理。与腰部相比，人物胸部附近除了存在窗帘外，还存在手臂，为了避免二者产生变形，我们可以先将其冻结。

使用冻结蒙版工具在人物胸部附近的窗帘和手臂上涂抹，以将其冻结。

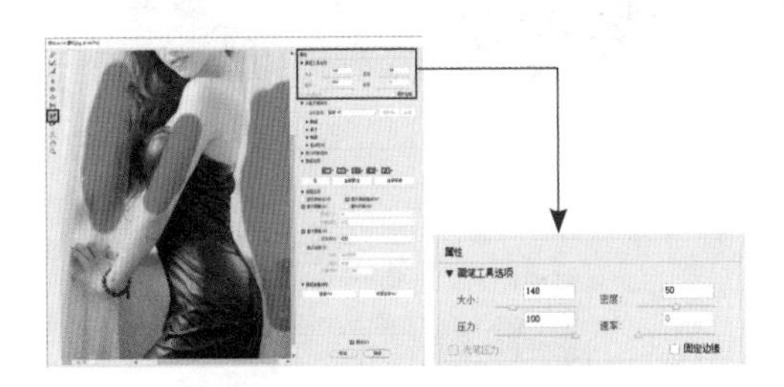

按照第2步的方法，使用向前变形工具对人物的胸部进行外扩处理即可。

下图所示为在选中“显示网格”选项时，进行液化处理前后的局部效果对比。通过观察网格的变形，我们可以更清晰地观察到各部分的变化。

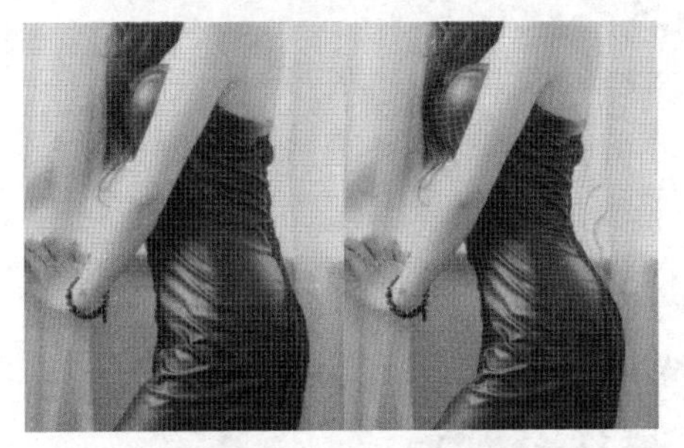

处理完成后，单击“确定”按钮退出对话框。由于前面已经将“图层1”图层转换为智能对象图层，因此当前应用的“液化”命令会自动生成为智能滤镜，并显示在“图层1”图层的下方。下图所示为修复后的整体效果，及对应的“图层”面板。

后续在应用“液化”命令时，可以直接双击“图层1”图层下方的“液化”智能滤镜，即可重新调出“液化”对话框，并在上一次编辑的基础上进行处理。

64 第64招　通道磨皮法

技法导读

对于前文讲到的两种模糊处理方法，基本是对图像细节的模糊处理，因此画面不可避免地会损失一定的细节。而本例讲解的通道磨皮法相对来说更具针对性，因而能够实现更好的磨皮效果。

操作步骤

1. 设置显示比例

在Photoshop中打开需要编辑的原始照片。

在本例中，我们主要是针对人物面部的皮肤进行处理，因此首先增大显示比例至100%，以便进行观察和调整。

2. 编辑“蓝”通道以确定调整范围

显示“通道”面板，分别单击“红”“绿”“蓝”通道。

在其中可以看出，由于人物皮肤包含较多的红色，“红”通道中人物皮肤对应的区域基本为白色，因此不需要处理，而“绿”“蓝”通道中则包含有较多的皮肤上的斑点，因此后面将对这两个通道进行处理。下面先对“蓝”通道进行处理。

复制“蓝”通道，得到“蓝 拷贝”通道。

选择“滤镜—其它—高反差保留”命令，在弹出的对话框中设置适当的参数。

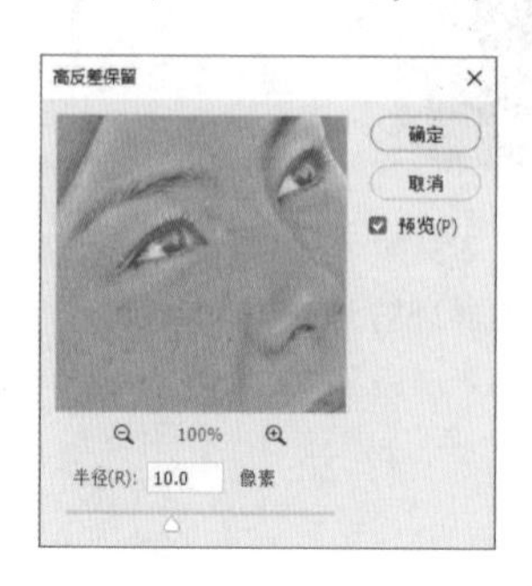

单击“确定”按钮退出对话框。

选择“滤镜—其它—最小值”命令，在弹出的对话框中设置适当的参数。

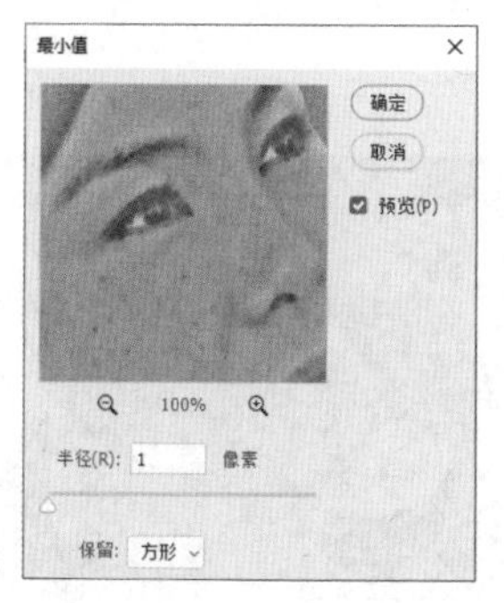

单击“确定”按钮退出对话框。

至此，我们已经对照片进行了初步调整，但其对比度还不足，因此需要提高其对比度。虽然使用“调整”命令可以快速调整对比度，但调整得不太精确，因此下面将使用“计算”命令进行处理。

选择“图像—计算”命令，在弹出的对话框中设置适当的参数。

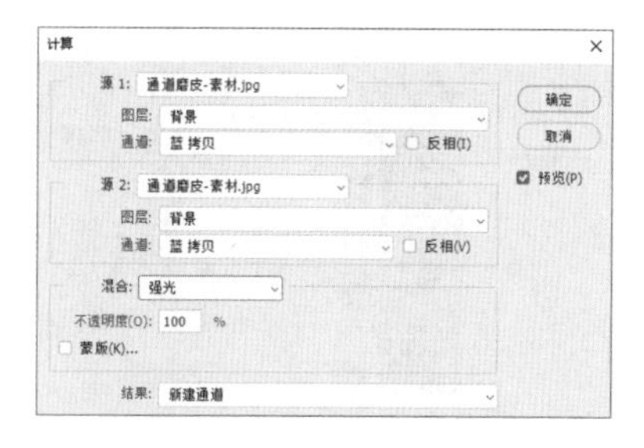

单击“确定”按钮退出对话框，此时将得到新通道“Alpha 1”。

选择“Alpha 1”通道，按照上述方法和参数，再次应用“计算”命令，得到新通道“Alpha 2”。

选择“Alpha 1”通道，按照上述方法和参数，第3次应用“计算”命令，得到新通道“Alpha 3”。

此时“通道”面板中新增4个新通道。

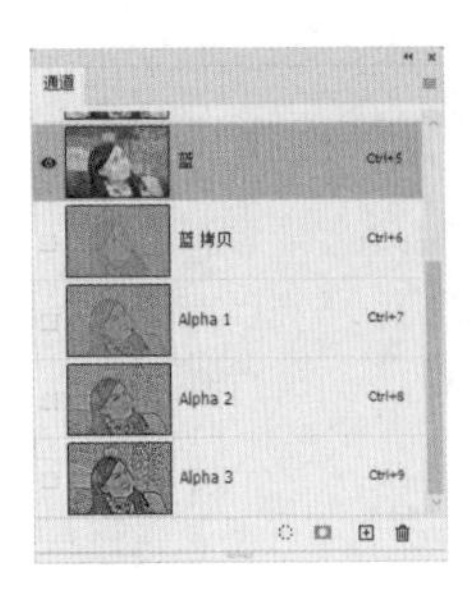

3.编辑“绿”通道

通过第2步的操作，我们已经完成对“蓝”通道中斑点区域的选择，下面按照相同的方法处理“绿”通道。

选择并复制“绿”通道，得到“绿 拷贝”通道。

按照第2步的方法，对“绿 拷贝”通道进行处理，最终得到的“Alpha 4”“Alpha 5”“Alpha 6”通道。

至此，我们已经初步调整好黑白范围，但其对比度还不足，因此需要提高其对比度。虽然使用“调整”命令可以快速调整对比度，但调整得不太精确，因此下面将使用“计算”命令进行处理。

选择“图像—计算”命令，在弹出的对话框中设置适当的参数。

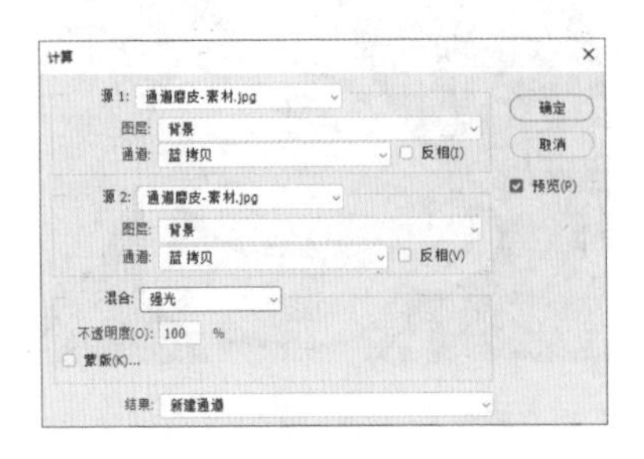

单击“确定”按钮退出对话框，此时将得到新通道“Alpha 4”。

选择“Alpha 4”通道，按照上述方法和参数，再次应用“计算”命令，得到新通道“Alpha 5”。

选择“Alpha 4”通道，按照上述方法和参数，第3次应用“计算”命令，得到新通道“Alpha 6”。

此时“通道”面板中新增4个新通道。

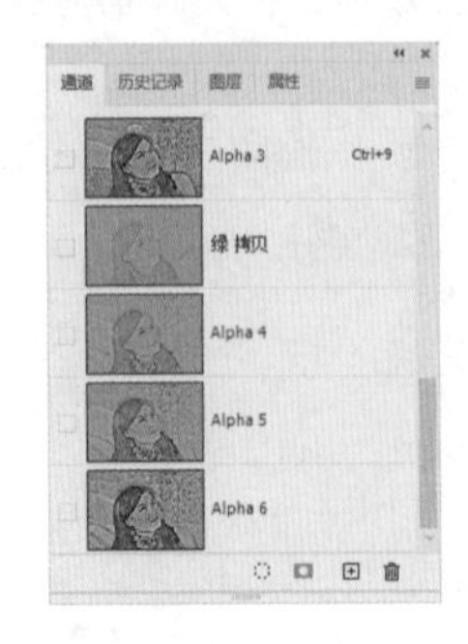

4.修复细节

通过上面的处理，人物皮肤上的大部分斑点已经修复，但仍然存在少量顽固的斑点无法修复，好在剩余的斑点较少。下面对其进行修复。

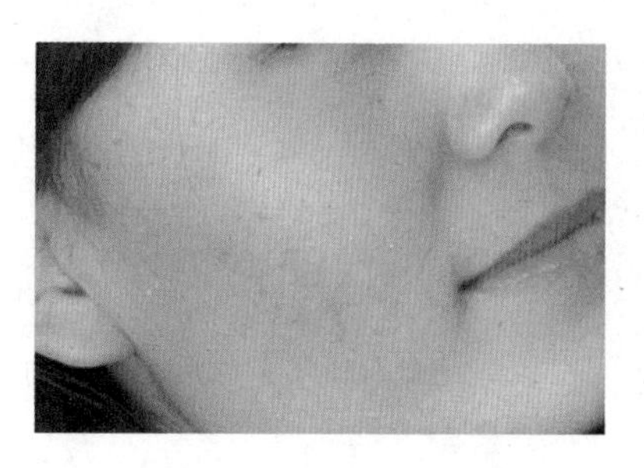

新建“图层1”图层，选择污点修复画笔工具并在其工具选项栏中设置适当的参数。

使用污点修复画笔工具在要修复的斑点上单击，直至完全修复为止。

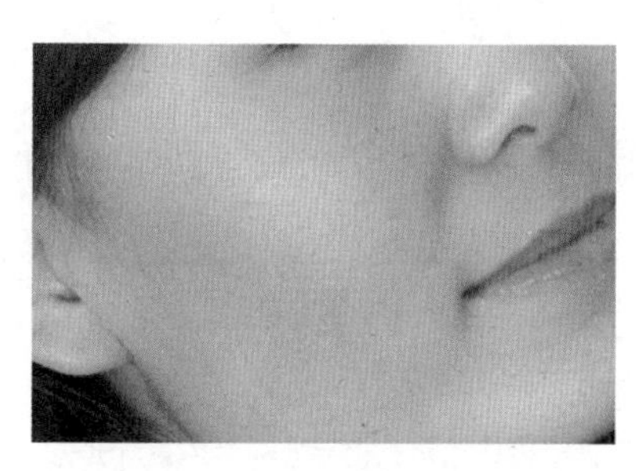

5.调整照片整体的对比度

至此，我们已经完成对面部皮肤斑点的处理。下面对照片整体的对比度做调整，使照片整体更加通透、美观。

单击“创建新的填充或调整图层”按钮，在弹出的菜单中选择“亮度/对比度”命令，得到“亮度/对比度3”图层，在“属性”面板中设置其参数，以调整照片的亮度及对比度。

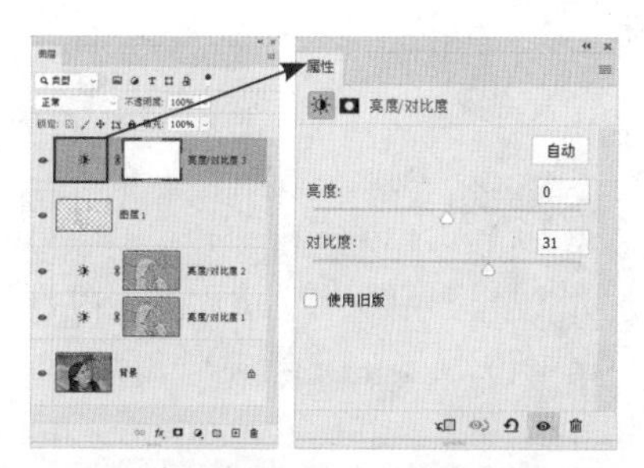

65 第65招　制作唯美秋意色调

摄影师：郑东

模特：夏寒璐

技法导读

秋天具有鲜明的季节特色，在秋天拍摄人像时，我们往往可以利用黄色、橙色及红色等，表现其特有的含蓄、诗意之美。实际上，我们不可能只在秋天拍摄，因此要使照片具有秋意色调，就需要进行后期处理。在本例中，原照片拍摄于夏天，画面中绿色较多，因此要进行大幅度的色彩调整，将绿色改为黄色，并针对人物做适当的明暗优化，以突显画面的美感。

操作步骤

1. 设置相机校准预设

在Camera Raw中打开需要编辑的原始照片。

在对照片进行调色处理前，我们应先为其指定一个合适的相机校准预设，这可以帮助我们快速对照片进行一定的色彩优化，并且会影响后续的调整结果。

在编辑区选择“配置文件”选项卡，在下拉列表中选择“浏览”选项，然后在“Camera Matching”中选择“人像 v2”预设，以针对照片中的人物优化照片的色彩与明暗。

相机校准预设是Adobe Camera Raw针对不同类型照片而提供的内部色彩优化方案，它不会对其他选项卡中的参数有影响。通常来说，根据照片类型选择相应的相机校准预设往往会得到较好的效果。在相同的调整参数下，选择不同的相机校准预设时，得到的效果会有较大的差异。在实际使用时，用户可尝试选择不同的相机校准预设，以期得到更好的结果。

2.调整照片的曝光与色彩

下面对照片整体的曝光与色彩进行初步的处理。

选择“基本”选项卡，调整相应参数，以优化照片的曝光与色彩，弱化照片的明暗对比，并将照片的色彩初步调整为偏暖黄的效果。

原始照片以绿色为主，而我们要将原始照片调整为具有秋意色调的视觉效果，因此下面针对原始照片中的绿色，从色相、饱和度及明亮度3个方面分别做大幅度的调整，使照片具有秋意色调。

选择“混合器”选项卡，并在“调整”下拉列表中选择“HSL”选项，分别选择“色相”“饱和度”“明亮度”子选项卡，并在其中设置适当的参数，直至得到满意的效果。

下面对现有的色彩做适当的润饰。

选择“颜色分级”选项卡，拖动“高光”区域中的“色相”和“饱和度”滑块，以改变高光区域的色彩，直至得到满意的效果。

此时，照片已经初步具有秋景的色彩，但还不够浓郁，下面继续强化色彩。

选择“曲线”选项卡，然后选择“蓝”“红”和RGB点曲线选项，在调节线上拖动，以添加节点并调整其亮度，直至得到满意的效果为止。其中“蓝”“红”通道主要用于调整照片的色彩，而对“RGB”通道的调整是为了强化照片的对比。

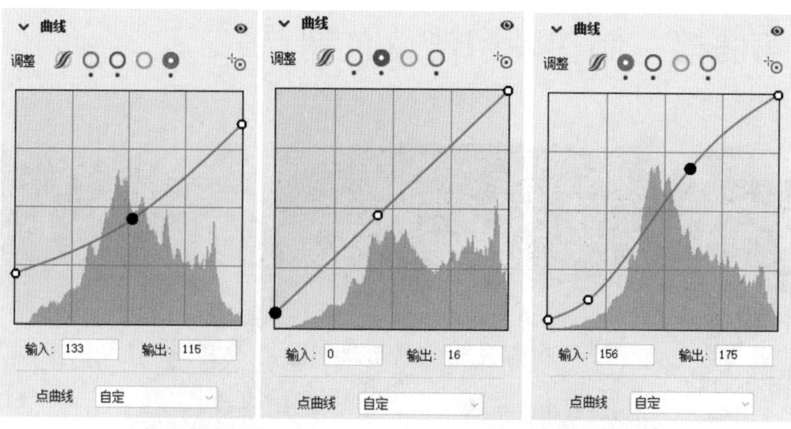

当前照片整体拥有的是一个统一的秋景色调，在视觉上略显单一，因此下面来对照片进行冷暖效果的对比处理。由于画面的上半部分存在较多的树叶和阳光，因此比较适合保持为暖调色彩，下面将照片的下半部分添加一定的冷调效果。

选择渐变滤镜工具，按住Shift键，在照片上从下向上处拖动，以确定调整的范围，然后设置适当的参数，直至得到满意的效果。

66 第66招　制作梦幻淡蓝色调

摄影师：韩冬阳

技法导读

本例制作的是一个典型的以人物为主体，以淡蓝色为主色调的照片效果，这也是近年来比较流行和常用的一种效果，其特点是画面较为清爽、明快、干净、自然，因而得到很多人的喜爱。在调整过程中，我们主要使用白平衡与调整曲线，使照片初步具有蓝色调效果，然后结合对曝光的调整，使画面变得轻快。

操作步骤

1.设置相机校准预设

打开需要编辑的原始照片，以启动Adobe Camera Raw。

在对照片进行调色处理前，我们应先为其指定一个合适的相机校准预设，这可以帮助我们快速对照片进行一定的色彩优化，并且会影响后续的调整结果。

在编辑区选择“配置文件”选项卡，在其右侧的下拉列表中选择“浏览”选项，然后在“Camera Matching”中选择“人像”预设，以针对人像优化照片的色彩与明暗。

2. 初步调整色彩与曝光

当前照片较偏暖，因此首先对其进行冷调色彩调整，这里主要是对白平衡进行调整。

选择“基本”选项卡，在右侧参数区的顶部适当调整“色温”“色调”参数，以初步确定照片整体的色调。

此时，照片的曝光问题越加明显，因此下面对照片的亮度与对比度进行适当的调整。

选择“基本”选项卡，在右侧参数区的中间部分，分别调整“曝光”“对比度”参数，以改善照片的曝光与对比度。

继续在右侧参数区的中间部分调整其他参数，以优化照片的高光和阴影部分，使画面变得更加轻快。

3.进一步润饰画面

通过第2步的调整，我们已经初步调整好照片的基本色调与曝光，下面对照片的细节和色彩进行润饰。

选择“基本”选项卡，在右侧参数区的底部分别拖动相应滑块，以调整照片的色彩，并削弱照片的立体感与优化其细节，使人物变得更加柔和。

在“曲线”选项卡中选择“蓝”选项，在调节线上拖动，以添加节点并加深照片中的蓝色。

4.润饰人物色彩

通过第3步的调整，照片整体已经变成偏冷调的效果，但人物皮肤显得过冷，下面针对此问题进行处理。

选择调整画笔工具 并在右侧参数区设置画笔大小等参数。使用调整画笔工具 在人物身上涂抹，以确定调整范围（为便于观看，笔者在右侧参数区选中了“蒙版选项”，以显示调整范围）。

在右侧参数区设置适当的参数，直至得到满意的调整结果。若调整范围过大，可以按住Alt键进行涂抹，以缩小调整范围。

5. 修正牙齿颜色

通过第4步的调整，人物的色彩变得较为正常，但可以明显看出牙齿有些发黄，因而画面不太美观，下面对其进行适当的调整。要注意的是，受Adobe Camera Raw功能的限制，我们很难将这种泛黄的效果完全修除，因此只是尽量将其修除。我们也可以在完成其他处理后，转至Photoshop中进行细致的调整，以彻底解决此问题。

选择调整画笔工具，并在右侧上方选择“新建”选项，然后按照第4步的方法，使用调整画笔工具在人物牙齿上涂抹，并在右侧参数区设置参数，以解决牙齿泛黄的问题。

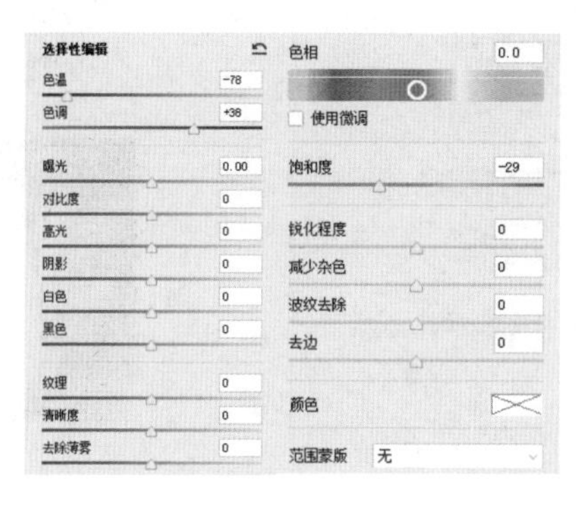

下图所示为修复前后的局部效果对比。

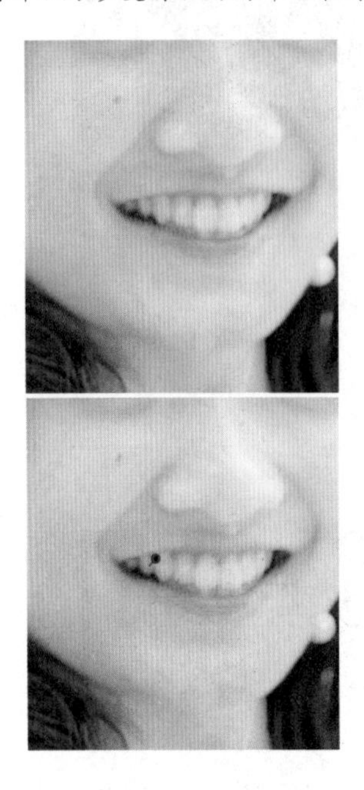

6.修除杂边

观察照片可以看出，由于镜头质量和光线等因素的影响，人物身体边缘有较明显的绿边，尤其是人物面部，下面对其进行修除。

在“光学”选项卡中选择“手动”子选项卡，并向右拖动“去边”区域中的“绿色数量”滑块，直至得到满意的效果为止。

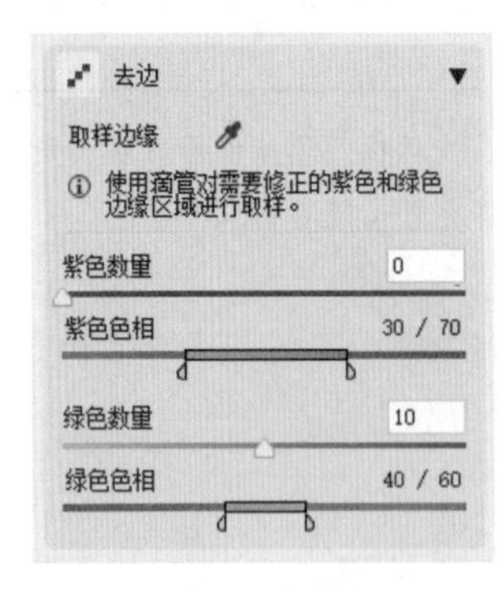

下图所示为去边前后的局部效果对比。

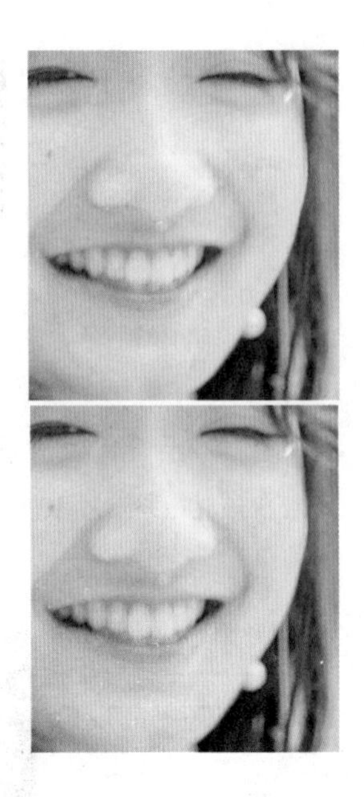

7.修复面部斑点

在放大显示人物面部时，可以看到较小的斑点，虽然在减小显示比例时基本看不到，但出于严谨的考虑，我们还是应该将其修除。

选择污点去除工具 并在右侧参数区设置适当的画笔参数，然后将鼠标指针置于斑点上，并保证当前的画笔大小能够完全覆盖目标斑点。单击，软件即可自动根据当前斑点周围的图像进行智能修除处理，其中红色圆圈表示被修除的目标图像，绿色圆圈表示源图像。

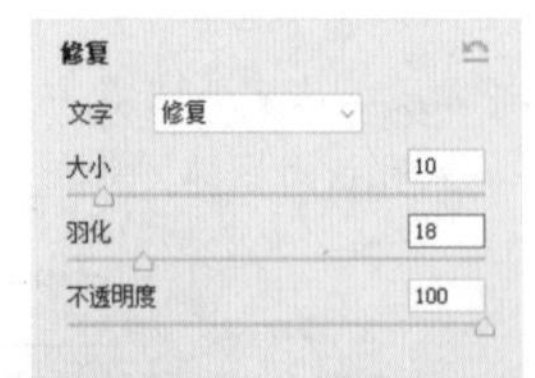

在修除过程中，可能需要不断调整画笔大小，用户可以按住Alt键并按住鼠标右键向左、右拖动，以快速调整画笔大小。

67 第67招　制作甜美的阳光色调效果

技法导读

本例制作的是清新甜美的阳光色调效果，较适合画面内容较为活泼的照片，以使色调与画面内容相辅相成，意境更为突出。值得一提的是，即使照片的天空区域存在较严重的曝光过度问题，也可以通过此方法对曝光过度区域加以掩盖，使人产生清新、甜美的视觉感受。

在本例中，我们主要使用“自然饱和度”和色相/饱和度命令调整照片的色彩，然后利用“渐变”命令与图层混合模式，为照片的顶部添加漂亮的阳光色调。

操作步骤

1.提高照片整体的饱和度

在Photoshop中打开需要编辑的原始照片。

单击“创建新的填充或调整图层”按钮 ，在弹出的菜单中选择“自然/饱和度”命令，创建“自然/饱和度1”图层，然后在“属性”面板中设置参数，以提高画面中色彩的饱和度。

单击“创建新的填充或调整图层”按钮 ，在弹出的菜单中选择“色相/饱和度”命令，创建“色相/饱和度1”图层，然后在“属性”面板中设置参数，从而进一步加深照片中的绿色与黄色。

2.添加阳光色调

下面结合“渐变”命令及图层混合模式为照片的上半部分添加阳光色调。

设置前景色的颜色值为db2404，单击“创建新的填充或调整图层”按钮 ◕，在弹出的菜单中选择“渐变”命令，创建“渐变填充1”图层，此时默认进行从红色到透明的渐变。

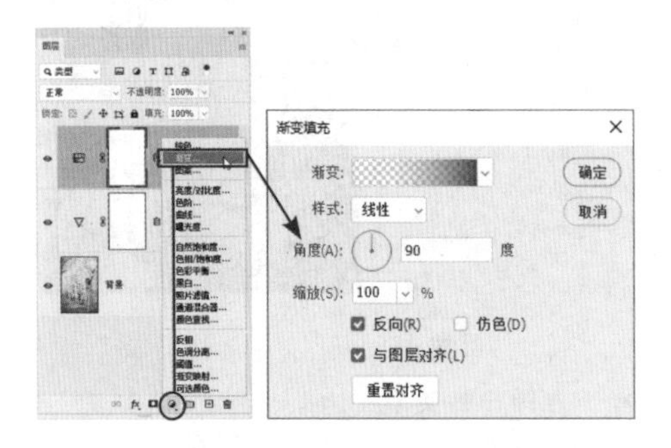

设置“渐变填充1”图层的混合模式为“滤色”，使渐变效果叠加在现有的图像上。

3.添加光晕效果

下面结合“镜头光晕”命令及图层混合模式为照片的上半部分添加光晕效果。

新建“图层1”图层，设置前景色为黑色，按Alt+Delete键填充黑色。

选择“滤镜—渲染—镜头光晕”命令，在弹出的对话框中设置光晕的位置及相关参数，然后单击“确定”按钮退出对话框。

设置“图层1”图层的混合模式为“滤色”，使光晕与下方的图像融合在一起。

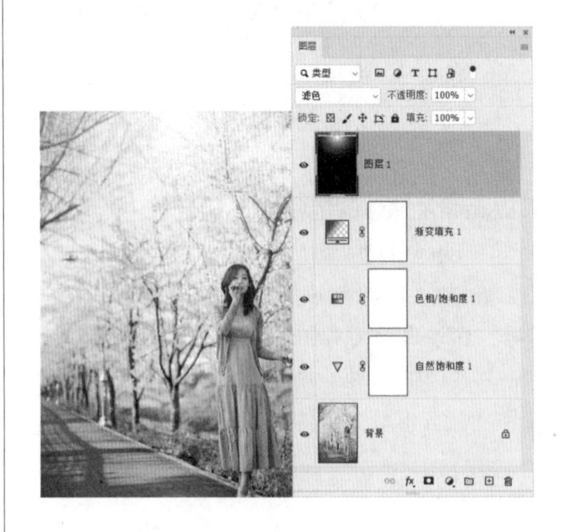

68 第68招　制作高品质黑白照片效果

技法导读

黑白照片由于没有其他的色彩，更能让观者注意照片的内容，甚至可以在很大程度上起到引人深入思考照片主题的作用，因而得到很多摄影爱好者甚至是专业摄影师的喜爱。在本例中，笔者将讲解使用“黑白”命令制作黑白照片的方法。该命令最大的特点就在于，我们可以根据原照片中的色彩，自由定义照片中的黑与白。

操作步骤

1. 在Photoshop中打开需要编辑的原始照片。

2. 选择“图像-调整-黑白”命令，在弹出的对话框中，在“默认值”下进行设置，即可得到黑白照片效果。

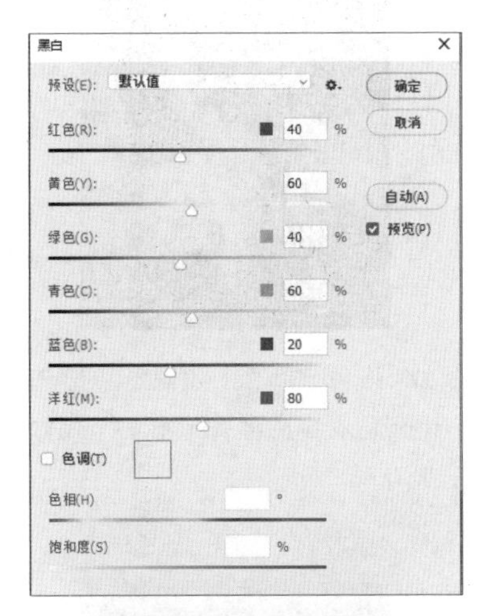

向右侧拖动“黄色”滑块，以增加人物皮肤的亮度。

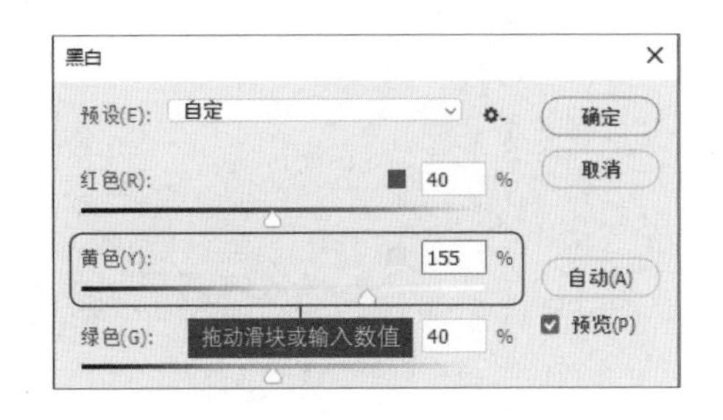

向左侧拖动“红色”滑块，以降低背景的亮度。设置完成后，单击“确定”按钮退出对话框即可。

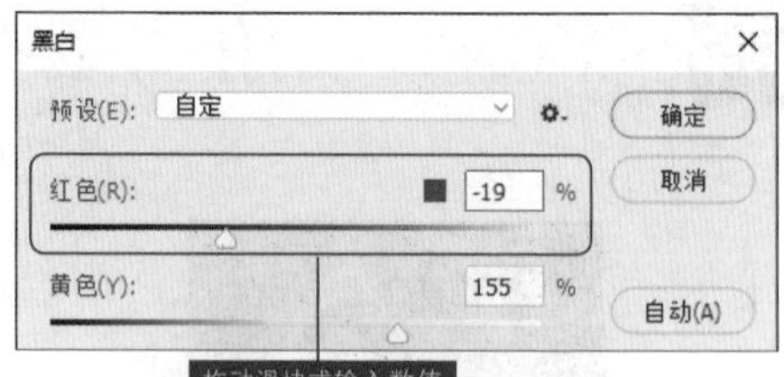

第 13 章

人文及特效照片处理技巧5招

C H A P T E R 13

69 第69招　质感人文照片处理

技法导读

HDR照片的特点是可以显出高光与暗部的细节，尤其对于皮肤来说，可以呈现出非常特殊的色彩与质感，较常用于人文照片的表现。当然，制作类似HDR照片的效果，并非一定要使用相关的命令，在本例中，我们将以更为简单的方法，实现相近的效果。

操作步骤

1.显示暗部细节

在Photoshop中打开需要编辑的原始照片。

选择“图像—调整—阴影/高光”命令，在弹出的对话框中选中“显示更多选项”选项，设置各个参数。

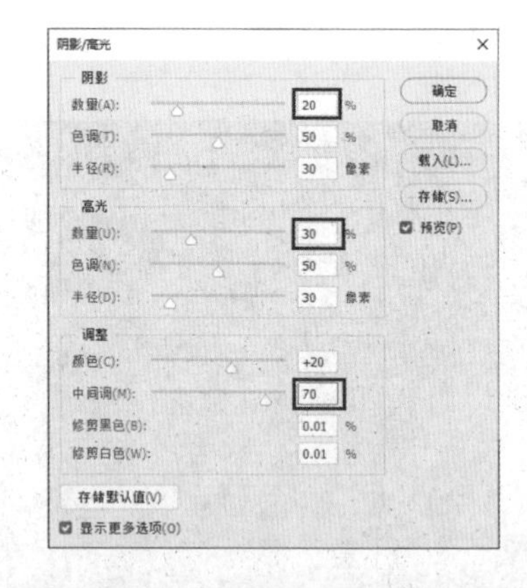

在“阴影/高光”对话框中增大“中间调”的数值，目的是提亮暗部，使高光区域变暗，提高对比度。下面将降低图像的饱和度。

在“图层”面板底部单击“创建新的填充或调整图层”按钮，在弹出的菜单中选择“色相/饱和度”命令，得到“色相/饱和度1”

图层，再在弹出的“属性”面板中进行设置。

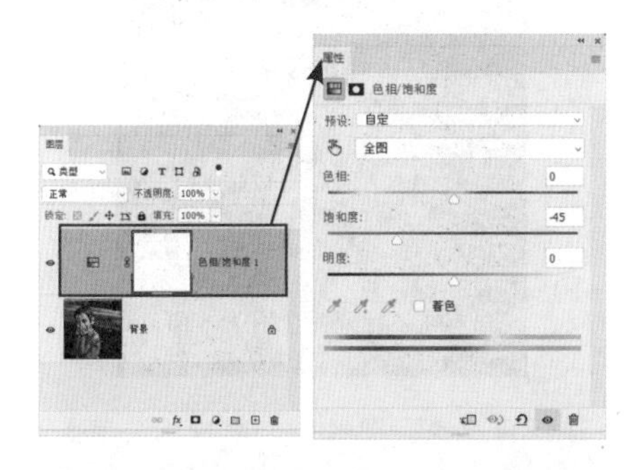

2.分层次调整人物与背景的对比度

下面将结合选区及“色阶”命令，强化人物的对比效果。

选择磁性套索工具并在其工具选项栏中设置参数。

羽化: 0像素 消除锯齿 宽度: 10像素 对比度: 10% 频率: 100

使用磁性套索工具沿着人物的轮廓创建选区。

> 在使用磁性套索工具绘制到底部边缘时，可以按住Alt键单击一次，以切换至多边形套索工具，再单击一次后会自动切换回磁性套索工具。

单击“创建新的填充或调整图层”按钮，在弹出的菜单中选择“色阶”命令，得到“色阶1”图层，在弹出的“属性”面板中设置参数，以提高人物的对比度。

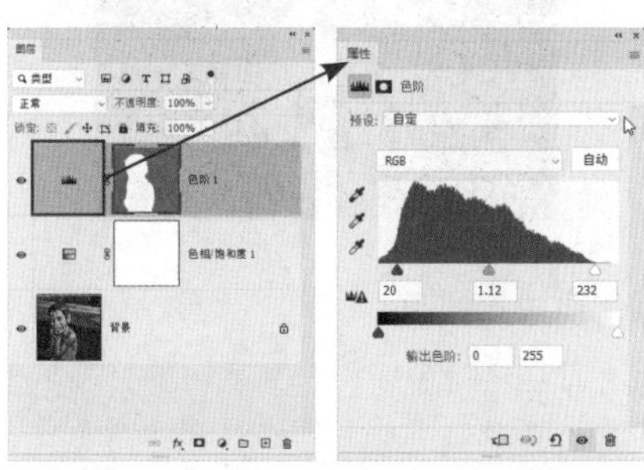

此时，对比观察人物与背景可以看出，人物的对比度较高，而背景的对比度较低，二者显得不够协调。因此，下面通过设置图层蒙版的密度来适当提高背景的对比度。

选择“色阶1”图层的图层蒙版，并在“属性”面板中减小“密度”的数值，以改善人物与背景之间的过渡。

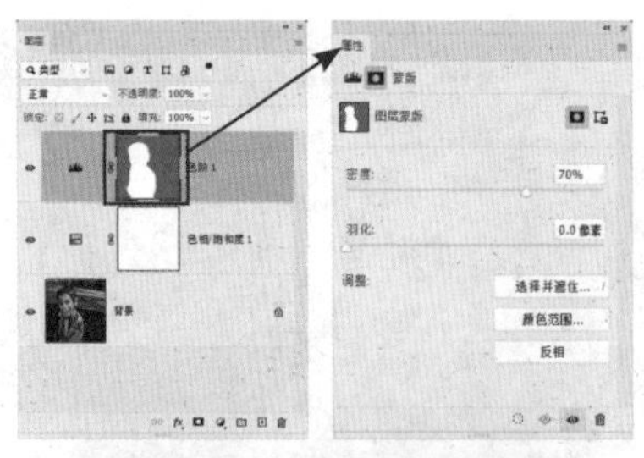

3. 优化照片的细节

至此，我们已经基本完成了照片的色彩与对比度的调整，下面来优化照片的细节，以增强画面的表现力。

选择“图层”面板顶部的图层，按Ctrl＋Alt＋Shift＋E键执行“盖印”操作，从而将当前所有可见图层中的图像合并至新图层中，得到“图层1”图层。

选择“滤镜—其它—高反差保留”命令，在弹出的对话框中设置“半径”的数值为5。

设置“图层1”图层的混合模式为“柔光”。

选择“图层”面板顶部的图层，按Ctrl＋Alt＋Shift＋E键执行“盖印”操作，从而将当前所有可见图层中的图像合并至新图层中，得到“图层2”图层。

选择“滤镜—锐化—USM锐化”命令，在弹出的对话框中设置适当的参数，直至得到满意的效果为止。

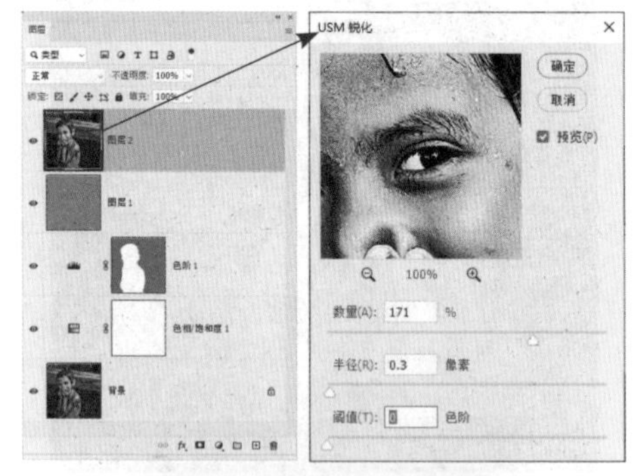

下图所示为锐化前后的局部效果对比。

70 第70招　合成中灰色调且画面质感突出的人文情怀照片

技法导读

本例制作的是人文情怀照片，需要重点突出画面质感，能给人独特的视觉感受。其画面偏向中灰色调，但影调较为浓重，且带有明显的暗角效果，给人以厚重、深沉的视觉感受，因而特别适合表现深沉、有内涵的题材。

操作步骤

1.显示阴影与高光中的细节

打开需要编辑的原始照片。

当前照片在拍摄时略有一些逆光，因此人物较暗而背景较亮，下面先校正此问题。

按Ctrl+J键复制“背景”图层得到“图层1”图层，在该图层上单击鼠标右键，在弹出的菜单中选择“转换为智能对象”命令，使后续应用于此图层的滤镜能够生成智能滤镜，以便反复进行编辑。

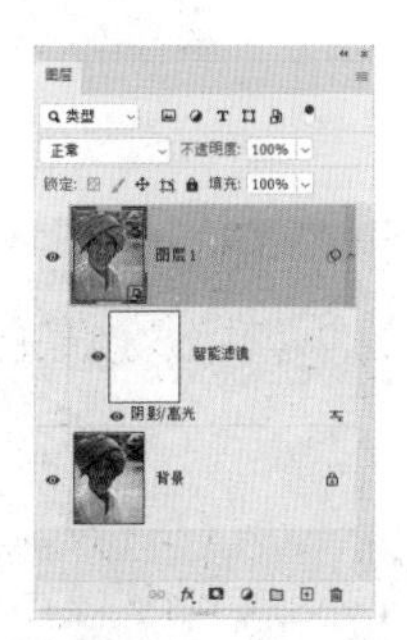

选择“图像—调整—阴影/高光”命令，在弹出的对话框中分别设置“阴影”“高光”参数，以显示出照片中亮部与暗部的细节，并初步调整出HDR照片的效果。

2.为照片添加暗角效果

按Ctrl+Alt+R键或选择“滤镜—镜头校正”命令，在弹出的对话框中选择“自定”选项卡，并在其中调整“晕影”参数，从而为照片添加暗角效果。

得到满意的效果后，单击“确定”按钮退出即可。

3.为照片添加特殊的色调效果

下面将使用“曲线”调整图层，并分别对各个颜色通道进行编辑，从而为画面添加一种特殊的色调效果。

单击“创建新的填充或调整图层”按钮 ◐ ，在弹出的菜单中选择“曲线”命令，得到“曲线1”图层，在“属性”面板中分别选择“红”“绿”“蓝”“RGB”通道并设置参数，以改变照片的色调和对比度。

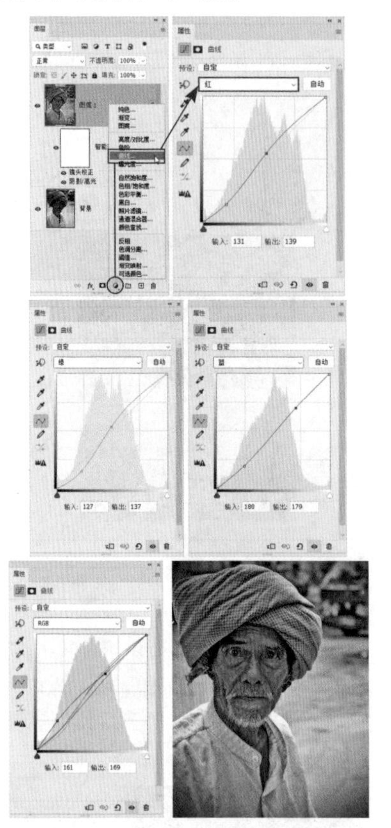

4.进一步深化色调

下面将结合“渐变映射”命令与图层混合模式，进一步深化照片的色调，使之更为厚重并突显人物的沧桑感。

按D键将前景色和背景色恢复为默认的黑白色，然后单击“创建新的填充或调整图层”按钮 ，在弹出的菜单中选择“渐变映射”命令，得到“渐变映射1”图层，此时在“属性”面板中将默认使用从前景色到背景色（即从黑色到白色）的渐变，这会将照片处理为黑白效果。

设置“渐变映射1”图层的混合模式为“柔光”，不透明度为70%，以深化照片的色调。

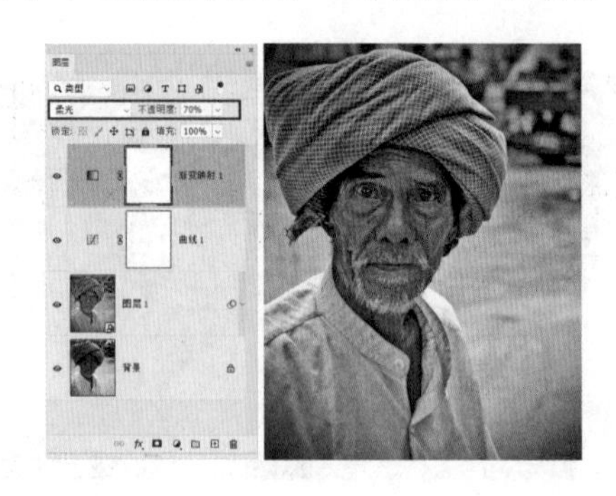

5.锐化细节

至此，我们已经完成了对照片的曝光及色彩的处理，下面将通过锐化处理来优化照片中的细节，使照片更具视觉感染力。这也是人文照片常用的一种处理手法。

选择“图层”面板顶部的图层，按Ctrl＋Alt＋Shift＋E键执行“盖印”操作，从而将当前所有可见图层中的图像合并至新图层中，得到“图层2”图层。

选择“滤镜—锐化—USM锐化”命令，在弹出的对话框中设置适当的参数即可。

下图所示为锐化前后的局部效果对比。

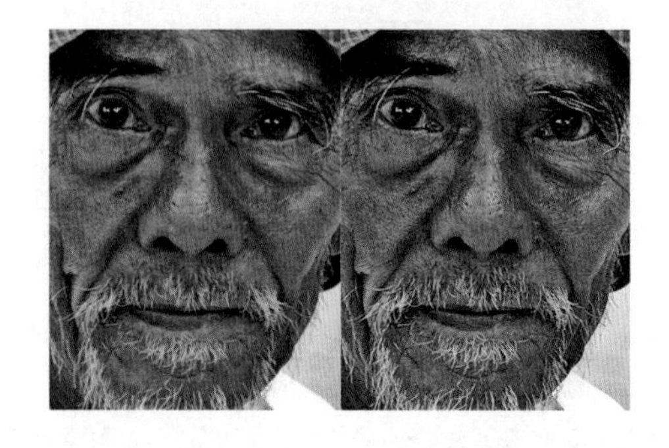

71 第71招　制作青黄色调电影画面

技法导读

青黄色调在电影中很常用，如《何以笙箫默》《硬汉2》《西风烈》等都或多或少地用到了这种色调。本例将讲解其具体制作方法。

在本例中，制作青黄色调是最为重要的，但实际上其制作方法非常简单，只要使用“曲线”命令对“蓝”通道进行编辑即可，然后结合“高反差保留”滤镜、图层混合模式、“镜头校正”滤镜及绘图等来优化细节、为照片添加暗角效果和黑色边框即可。

操作步骤

1.调整基本色调

在Photoshop中打开需要编辑的原始照片。

由于本例的原始照片在曝光和对比度方面均较为正常，因此下面就开始将照片调整为青黄色调。我们在处理其他照片时，可根据实际情况，在此前进行适当的校正与润饰处理。

单击“创建新的填充或调整图层”按钮，在弹出的菜单中选择“曲线”命令，得到“曲线1”图层，在“属性”面板中选择“蓝”通道并设置参数，以调整照片的颜色。

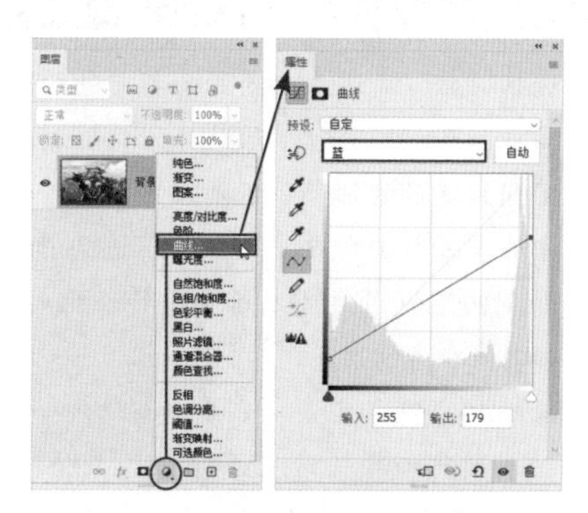

2.计算照片中的细节

通过第1步的处理，照片已经基本具有了青黄色调效果，下面将调整照片曝光，并增强细节的立体感。在本例中，较为特殊的是，我们首先要结合“高反差保留”与“计算”命令，对通道进行处理，以优化照片中的细节，然后将其结果应用于调整图层的图层蒙版中，从而实现既能够调整照片的亮度，又可以通过图层蒙版中的反差，使照片细节更丰富、更具立体感。

显示“通道”面板并复制“蓝”通道得到“蓝 拷贝”通道。

选择“蓝”通道主要是因为其中的明暗对比不是很强烈，因而细节较为丰富，有利于在处理后保留更多的细节。但要注意的是，如果照片中存在较多的噪点，则“蓝”通道中的噪点会特别明显，因此可以适当进行降噪处理，或选择其他合适的通道。

选择“滤镜—其它—高反差保留”命令，在弹出的对话框中设置“半径”的数值为2，单击“确定”按钮退出对话框。

选中“蓝 拷贝”通道，选择“图像—计算”命令，在弹出的对话框的“混合”下拉列表中选择“线性光”选项，其他参数保持默认即可。

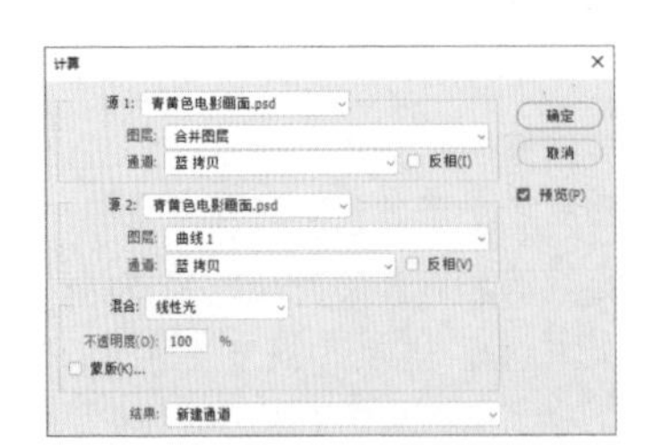

单击“确定”按钮退出对话框，即可完成对当前通道的处理，并创建一个新的通道“Alpha 1”。

3.调整曝光并增强立体感

选中“蓝 拷贝”通道，按Ctrl+A键执行“全选”操作，按Ctrl+C键执行“拷贝”操作，然后按Ctrl+D键取消选区。

在“图层”面板中单击“创建新的填充或调整图层”按钮，在弹出的菜单中选择“曲线”命令，得到“曲线2”图层，然后按住Alt键，单击该图层的图层蒙版，再按Ctrl+V键将前面复制的通道图像粘贴至当前图层的图层蒙版中。

双击“曲线2”图层的图层缩略图，在弹出的“属性”面板中设置其参数，直至得到满意的曝光和立体感为止。

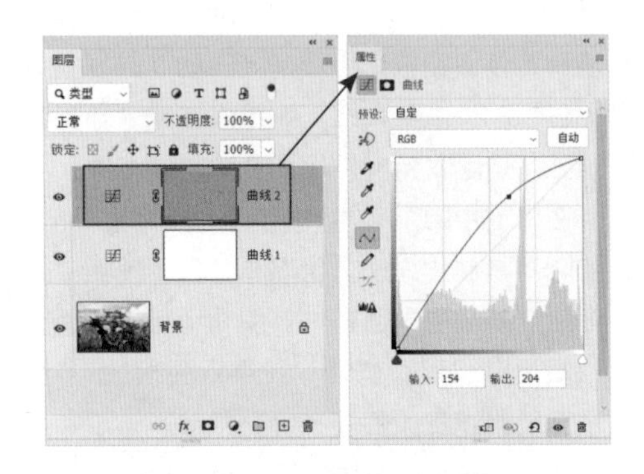

4.进一步润饰色彩

通过第3步的调整，照片变得更亮，受此影响，色彩也变淡了一些。下面对其进行补充性的润饰处理。

单击“创建新的填充或调整图层”按钮◐，在弹出的菜单中选择“色彩平衡”命令，得到“色彩平衡1”图层，在“属性”面板的“色调”下拉列表中选择“阴影”和“中间调”选项并设置其参数，以调整图像的色彩。

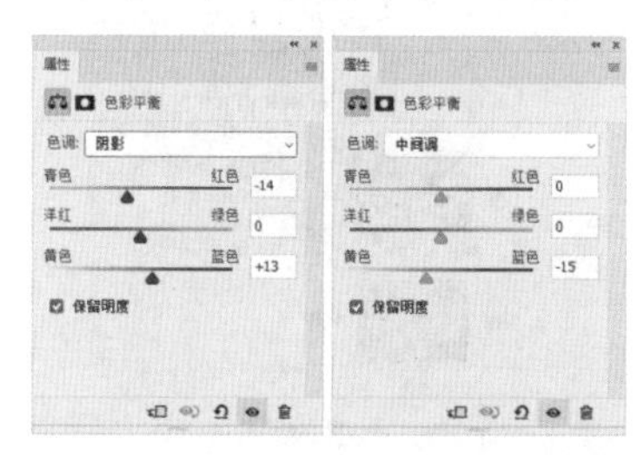

5.添加暗角效果

下面为照片添加暗角效果，使其视觉焦点更加突出，同时电影画面的氛围也会更加强烈。

选择“滤镜—镜头校正”命令，在弹出的对话框中选择“自定”选项卡，并在其中设置“晕影”区域的参数，从而为照片添加适当的暗角效果。

6.添加黑色边框

下面为照片的上方和下方添加黑色边框，以充分模拟电影画面。我们还可以根据个人喜好，在下方的黑色边框上添加一些与画面相关的对白，使照片看起来像电影截图。

设置前景色为黑色，选择矩形工具▭，并在其工具选项栏中选择“形状”选项，然后在照片的顶部绘制一个黑色矩形，同时得到“矩形1”图层。

按住Alt+Shift键，使用路径选择工具▶向下拖动，直至其置于照片的底部，以复制得到另外一个黑色矩形。

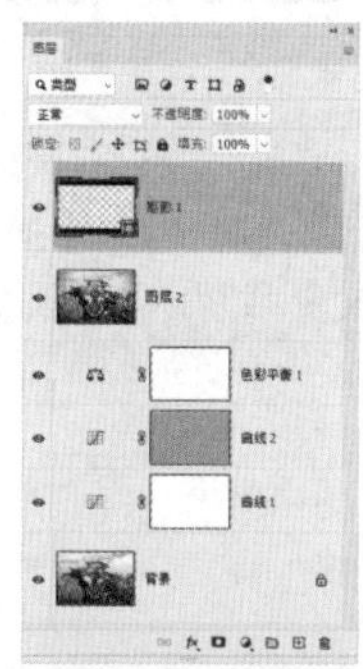

72 第72招　制作用移轴镜头拍摄的缩微景观效果

技法导读

在使用数码单反相机拍摄时，我们可以使用移轴镜头来改变照片的景深，得到缩微景观效果。但我们在每次拍摄时不一定都配备了移轴镜头，因此使用Photoshop来制作此效果，就显得方便得多。

操作步骤

1.复制图层并转换为智能对象图层

在Photoshop中打开需要编辑的原始照片。

下面将复制“背景”图层并将其转换为智能对象图层，从而在后续应用“称轴模糊”滤镜后，能够生成对应的智能滤镜。该操作并非必须，它对最终效果并无影响，只是一种操作习惯，是为了保存所设置的参数并便于反复编辑和调整。

按Ctrl+J键复制“背景”图层得到“图层1”图层，在该图层上单击鼠标右键，在弹出的菜单中选择“转换为智能对象”命令，以将其转换为智能对象图层。

2.制作模糊效果

选择“滤镜—模糊画廊—移轴模糊”命令，此时将调出模糊控件，拖动中心的圆形控件以调整其位置，然后拖动实线和虚线控件，调整模糊范围。

调整模糊控件后，画面已经初步具有了缩微景观效果，下面将强化模糊效果。

在“模糊工具”面板中增大“模糊”的数值，以强化模糊效果。

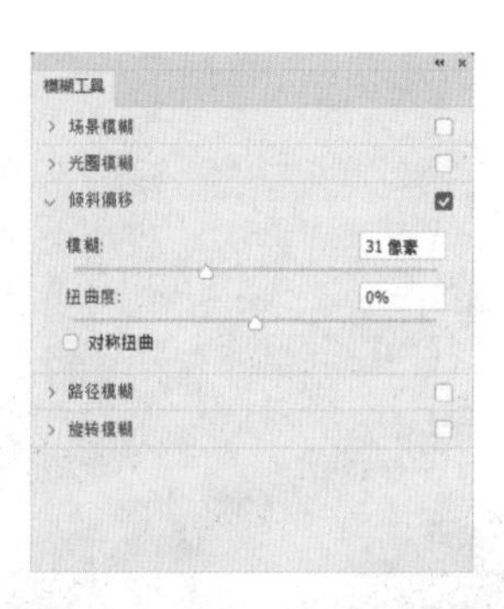

3.制作光斑效果

对于日景照片来说，在完成第2步的操作后就可以制作出缩微景观效果了，之后我们可根据需要对照片进行适当的润饰处理。如果是类似本例的夜景照片，由于画面中存在较多的点光源，因此在拍摄时很容易由于焦外虚化而产生光斑效果。为了让照片显得更加真实和美观，下面我们将为其添加光斑效果。

在工具选项栏中选中“高品质”选项，以预览光斑效果，然后在“效果”面板中增大“光源散景”的数值，以初步得到光斑效果。

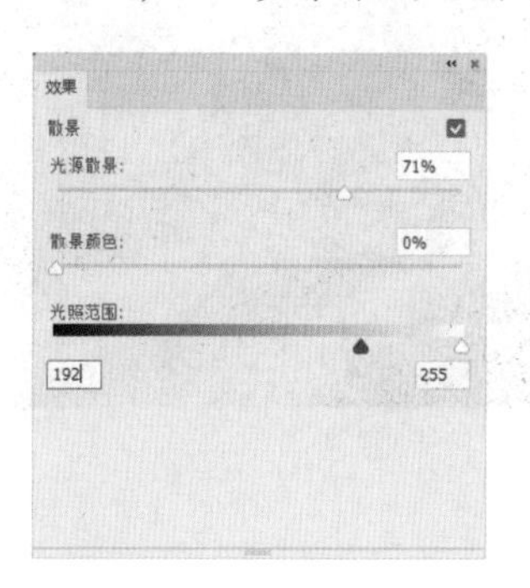

光斑的大小与“模糊工具”面板中“模糊”的数值的大小相关，即“模糊”的数值越大，则产生的光斑越大。

此时，大量的白色光斑淤积在一起，这是由于使用了默认的产生光斑的范围。下面将通过编辑，使光斑效果更加真实和美观。

拖动“光照范围”的黑色、白色滑块，以改变产生光斑的范围。黑色、白色滑块应紧贴在一起，通常二者的数值差不要超过3，否则画面中可能会出现大量光斑淤积在一起的问题。

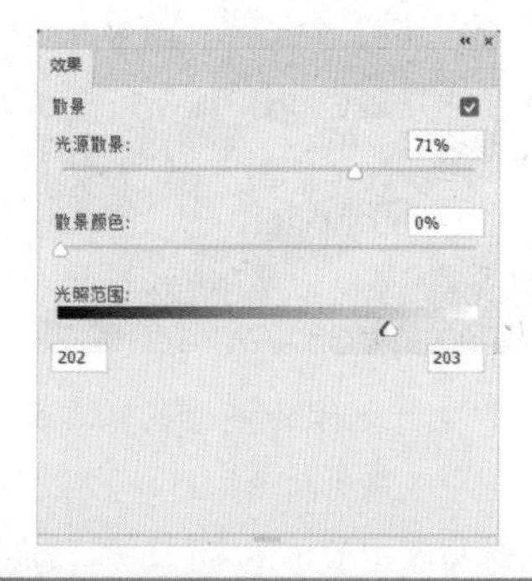

4.为光斑添加扭曲效果

至此，我们已经基本完成了一张夜景照片的缩微景观效果的制作。在本例中，为了让光斑更加艺术化，我们为其添加了扭曲效果。下面讲解具体操作方法。

在“模糊工具”面板中将“扭曲度”的数值设置为100%，可以看出照片下方的光斑已经变得扭曲。

为了让照片上方的光斑也具有扭曲效果，此时需要选中“对称扭曲”选项。设置完成后，单击工具选项栏中的“确定”按钮退出即可。

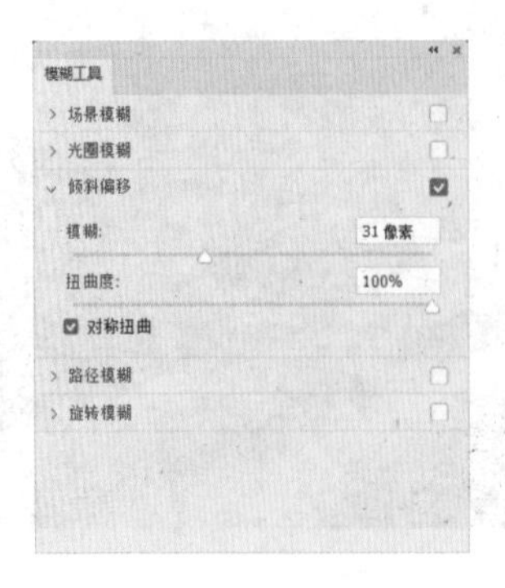

5.提高照片的对比度

在为照片添加光斑效果后，画面显得略有些灰暗，因此下面将提高其对比度。

单击“创建新的填充或调整图层”按钮 ◕，在弹出的菜单中选择“亮度/对比度”命令，得到“亮度/对比度1”图层，在“属性”面板中设置其参数，以提高照片的对比度。

73 第73招　制作逼真、高清的水墨画效果

技法导读

水墨画是我国传统绘画形式之一，简单来说就是将水和墨调配为不同的浓度所画出的画。早期的水墨画只有黑白色，但后来逐渐发展为具有更多的色彩，其色彩微妙、意境丰富，因而获得很多人的青睐。水墨画的内容多为山水，因此，很多摄影师尝试通过后期手段，将拍摄的风景照片处理为类似的效果，这类处理方法也逐渐流传开来。在本例中，笔者总结归纳了众多后期处理方法并加以创新，以通过大量的调整与润饰，将照片处理为逼真的水墨画效果。

操作步骤

1.将照片处理为黑白效果

在Photoshop中打开需要编辑的原始照片。

在本例中，虽然并不是制作黑白色的水墨画效果，但在模拟水墨画的笔触及各元素的基本形态时，我们还是在黑白效果的基础上进行的。因此，我们首先需要将照片处理为黑白效果。

单击“创建新的填充或调整图层”按钮 ，在弹出的菜单中选择“黑白”命令，得到“黑白1”图层，在“属性”面板中保持默认的参数设置即可，从而将图像处理成为单色。

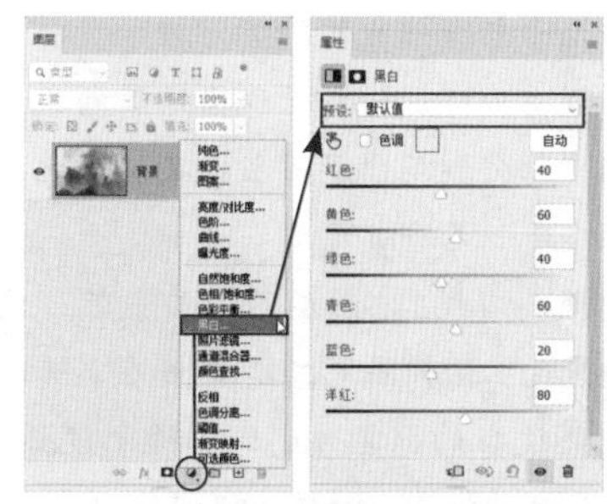

在传统水墨画中，通常不会有太多中间调区域，因此下面将通过提高照片的对比度，以减少中间调的内容，并增加高光与暗部的内容。

单击“创建新的填充或调整图层”按钮 ，在弹出的菜单中选择“曲线”命令，得到“曲线1”图层，在“属性”面板中设置其参数，以调整图像的亮度与对比度。

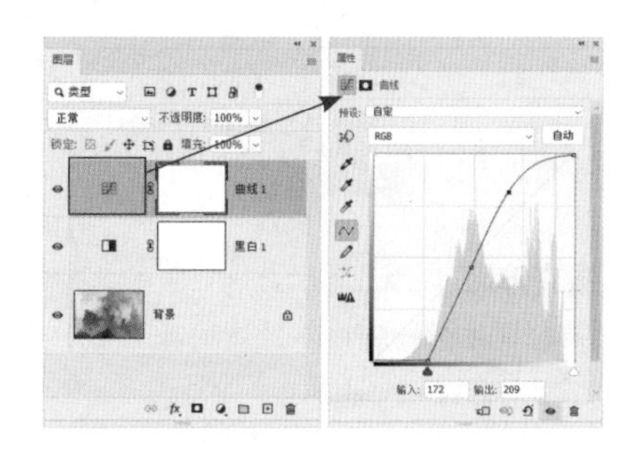

水墨画并不是完全由黑白色的轮廓组成的，各元素包含一定的细节。对于当前的处理结果来说，底部的树木呈现出死黑的状态，因此我们下面将利用图层蒙版，减弱对此处的调整，以恢复一定的细节。

选择“曲线1”图层的图层蒙版，设置前景色为黑色，选择画笔工具 并在其工具选项栏中设置适当的画笔大小及不透明度等参数，然后在底部的树木上涂抹，以恢复一些细节。

按住Alt键，单击“曲线1”图层的图层蒙版，可以查看其中的状态。

2.增强立体感

在基本调整好照片各区域的亮度后，下面将增强各元素的立体感。

选择“图层”面板顶部的图层，按Ctrl＋Alt＋Shift＋E键执行“盖印”操作，从而将当前所有可见图层中的图像合并至新图层中，得到“图层1”图层。

在本例中，我们会多次执行“盖印”操作，此操作的目的是将当前所有可见图层中的图像合并至一个新图层中，以在此基础上做进一步的处理。

在“图层1”图层上单击鼠标右键，在弹出的菜单中选择“转换为智能对象”命令，从而将“图层1”图层转换为智能对象图层。

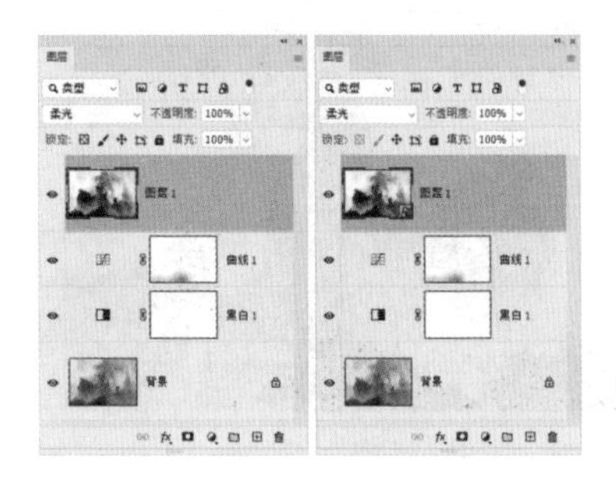

由于本例中会大量用到各种滤镜模拟水墨画效果，为了便于修改和调整，我们需要将这些图层转换为智能对象图层，然后对其应用滤镜，从而生成对应的智能滤镜。我们只要双击智能滤镜的名称，即可调出相应的对话框，还可在其中查看或修改参数。在后面的讲解中，也会大量使用这种方法，笔者将不再一一解释说明。

选择“滤镜–其它–高反差保留”命令，在弹出的对话框中设置“半径”的数值，然后单击“确定”按钮退出对话框即可。

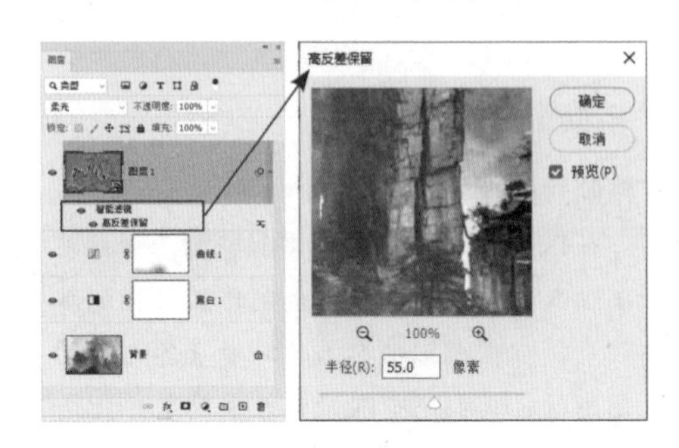

设置“图层1”图层的混合模式为“柔光”，以增强照片中各元素的立体感并提高对比度。

3.模拟水墨画的虚边效果

至此，我们已经基本完成了对照片色彩与曝光方面的处理，下面将具体制作水墨画效果。我们先来模拟水墨画中典型的虚边效果。

选择“图层”面板顶部的图层，按Ctrl＋Alt＋Shift＋E键执行“盖印”操作，从而将当前所有可见图层中的图像合并至新图层中，得到“图层2”图层。

在“图层2”图层上单击鼠标右键，在弹出的菜单中选择“转换为智能对象”命令，从而将其转换为智能对象图层。

选择“滤镜—模糊—高斯模糊”命令，在弹出的对话框中设置“半径”的数值为6，单击“确定”按钮退出对话框即可。

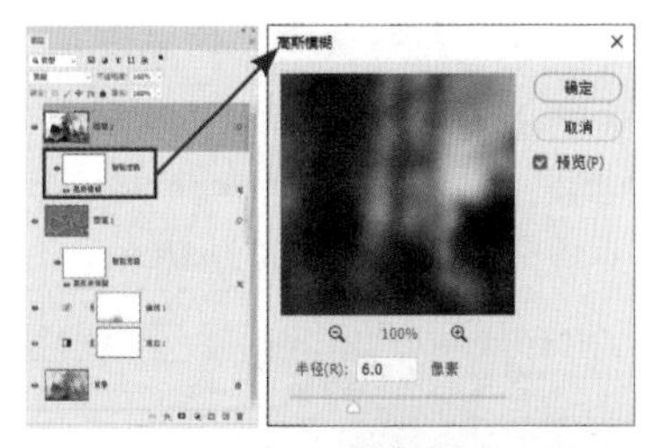

设置“图层2”图层的混合模式为“变暗”，从而让照片中的元素边缘具有类似水墨画的虚边效果。

运用“高斯模糊”命令与“变暗”混合模式是制作水墨画效果的关键。“高斯模糊”命令决定了各元素的虚边的强度，也就是说，“半径”的数值越大，则虚边效果越强，我们可根据照片的大小、需要的虚边效果来设置合适的数值。“变暗”混合模式用于使模糊后的图像与下方图像相融合，其原理是过滤掉亮色并保留暗色。结合运用这两个功能，才能得到合适的虚边效果。

4.调整亮度与对比度

通过第3步的处理后，水墨画的基本效果已经显现出来，中间调图像也增加了一些。下面通过提高亮度与对比度的方法，对画面进行调整。

单击“创建新的填充或调整图层”按钮 ，在弹出的菜单中选择“曲线”命令，得到“曲线2”图层，在“属性”面板中设置其参数，以调整图像的亮度与对比度。

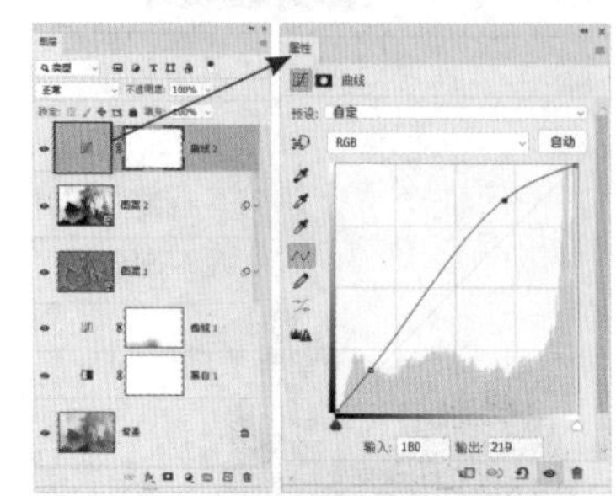

很明显，调整后的水墨画效果更佳，但仔细观察可以发现，左上角原来存在的少量山峰和云彩在调整后几乎全部“消失”了，即变为了白色。对此区域来说，全部变为白色会使画面显得有些单调，因此下面将利用图层蒙版对其进行恢复。

选择“曲线2”图层的图层蒙版，设置前景色为黑色，选择画笔工具 并在其工具选项栏中设置适当的画笔大小及不透明度等参数，然后在左上方要恢复显示的区域涂抹，直至得到满意的效果为止。

按住Alt键，单击“曲线2”图层的图层蒙版，可以查看其中的状态。

5.为照片叠加色彩

在传统水墨画中，并非全部都是黑白色的，无论是古代还是现代，有很多水墨画是带有一定色彩的，例如土黄色的山、蓝色的天、绿色的树木与草地等，这也是水墨画中一种常见的表现形式。下面将在前面调整好的黑白色水墨画效果的基础上，为其添加色彩。当然，如果想要制作黑白色的水墨画效果，则可以跳过本步，直接进行第6步的操作。

复制“背景”图层得到“背景 拷贝”图层并将其拖至所有图层的上方，设置其混合模式为“颜色”，不透明度为60%，从而叠加原始照片中的色彩。

在本例中，原始照片的色彩较为均匀且恰当，因此笔者直接将其作为叠加色彩的“原料”。我们在处理其他照片时，可根据照片的具体情况，适当地对色彩进行一定的润饰处理，直至达到满意的效果。

对当前的效果来说，叠加色彩后画面显得略有些偏灰，因此下面将提高照片的对比度。

单击“创建新的填充或调整图层”按钮 ◐，在弹出的菜单中选择“亮度/对比度”命令，得到“亮度/对比度1”图层，按Ctrl＋Alt＋G键创建剪贴蒙版，从而将调整范围限制到下面的图层中，然后在“属性”面板中设置其参数，以调整图像的亮度及对比度。

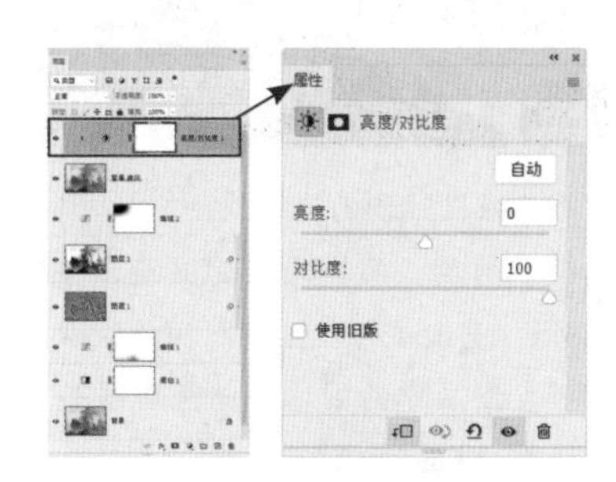

6.进一步提升水墨画笔触效果

熟悉水墨画或看过一些水墨画作品的摄影师不难知道，水墨画是通过手工绘制所得的，因此其细节要远少于用数码相机拍出的实景照片，但在主体轮廓上，其笔触则比较明显。下面就以减少小细节、增强主体轮廓的笔触为主要目的，进行一系列的处理。

选择“图层”面板顶部的图层，按Ctrl＋Alt＋Shift＋E键执行“盖印”操作，从而将当前所有可见图层中的图像合并至新图层中，得到“图层3”图层。

在“图层3”图层上单击鼠标右键，在弹出的菜单中选择“转换为智能对象”命令，从而将其转换为智能对象图层。

选择“滤镜—其它—高反差保留”命令，在弹出的对话框中设置“半径”的数值为8。

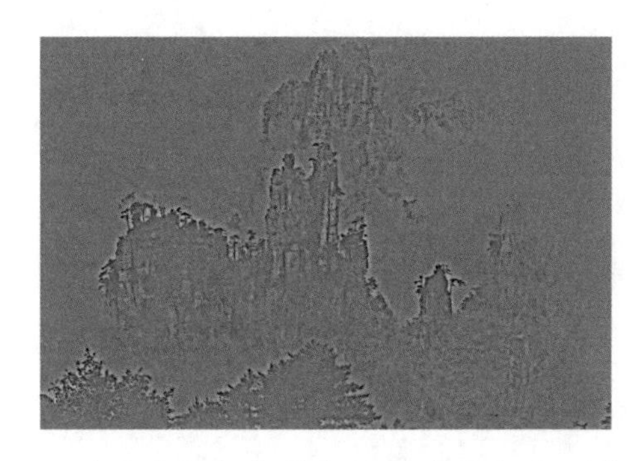

设置“图层3”图层的混合模式为“强光”，以增强照片的立体感，尤其是主体轮廓的线条感。

通过上面的处理，景物的主体轮廓得到了强化，但同时一些小细节也或多或少地变得更明显了。下面通过调整，将这些小细节进行模糊化处理。

选择“图层3”图层，选择“滤镜—杂色—中间值”命令，在弹出的对话框中设置“半径”的数值为10。

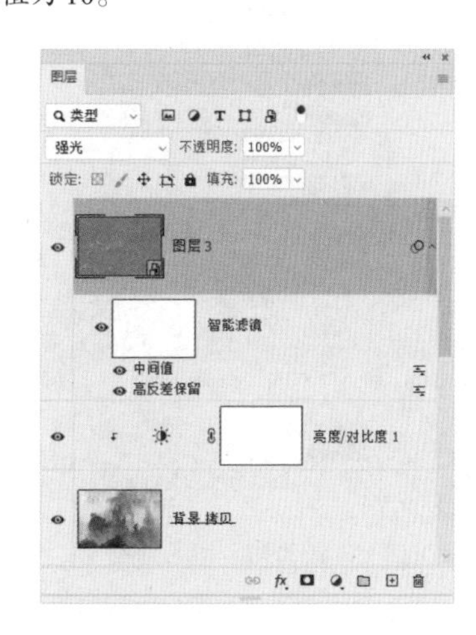

下面在此基础上，通过复制图层并调整参数的方式，进一步强化模糊效果。

复制“图层3”图层得到“图层3拷贝”图层，然后双击该图层下方的“高反差保留”智能滤镜，在弹出的对话框中修改“半径”参数的数值为50。

单击“确定”按钮退出对话框，并设置“图层3拷贝”图层的不透明度为50%。

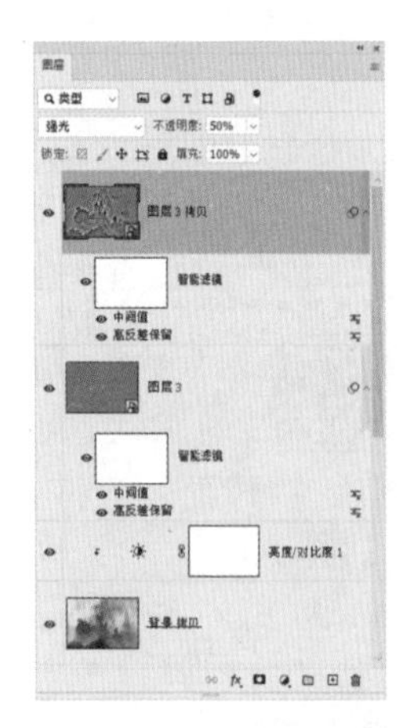

下面将强化景物的边缘线条。

选择“图层”面板顶部的图层，按Ctrl＋Alt＋Shift＋E键执行“盖印”操作，从而将当前所有可见图层中的图像合并至新图层中，得到“图层4”图层。

在“图层4”图层上单击鼠标右键，在弹出的菜单中选择“转换为智能对象”命令，从而将其转换为智能对象图层。

选择“滤镜－艺术效果－海报边缘”命令，在弹出的对话框中设置参数。处理后的图像可以参见对话框左侧的效果预览区域。单击“确定”按钮退出对话框，以增强景物的轮廓线条。

7.修饰细节

至此，我们已经基本完成了有色水墨画效果的制作。对当前照片来说，观察整体效果可以看出，右下角的树枝显得有些多余，下面将其修除。

在所有图层上方新建“图层5”图层，选择仿制图章工具 并在其工具选项栏中设置适当的画笔大小等参数。

按住Alt键，使用仿制图章工具 在右下角的树枝附近单击，以定义源图像，然后在树枝图像上涂抹，直至将其修除。

通常来说，这种修除多余元素的工作是在执行调整曝光与色彩、制作特效等处理之前完成的，但在本例中，观察原始照片时，右下角的树枝并不是很明显，也不太影响整体效果，因此就没有先将其修除。但在制作完水墨画效果后，由于该树枝与其他景物的对比加强了，因此该树枝显得非常突出，需要将其修除。

通过上面的分析可以看出，虽然照片处理有一定的“标准”流程，但在实际处理过程中，也存在一些特殊情况，也就是在处理前“没有问题”的元素，在处理后可能就“有问题”了。因此，我们可以根据实际情况，灵活地对照片进行处理，而不必拘泥于固定的流程。因为所谓的“流程”，主要针对一些常规情况，搞清楚流程，可以帮助我们理清照片处理的基本思路，同时也能够使我们少走一些不必要的弯路，但这个流程不是“死”的。在处理照片的过程中，我们要灵活掌握和使用“流程”——毕竟，我们的最终目的是要“少做事、少惹不必要的麻烦”，同时能够调整出优秀的照片作品。

8.增加装饰文字

在传统水墨画中，往往会加入主题文字以及一些说明信息，如画师的姓名、印章等。对于通过后期处理得到的水墨画效果的照片来说，我们也可以加入类似的信息，同时使照片整体看起来更像是真正的水墨画。

打开装饰文字素材，使用移动工具 将其拖至本例制作的水墨画效果的照片中，并按Ctrl+T键调出自由变换控制框，以适当调整其大小及位置，然后按Enter键确认即可。

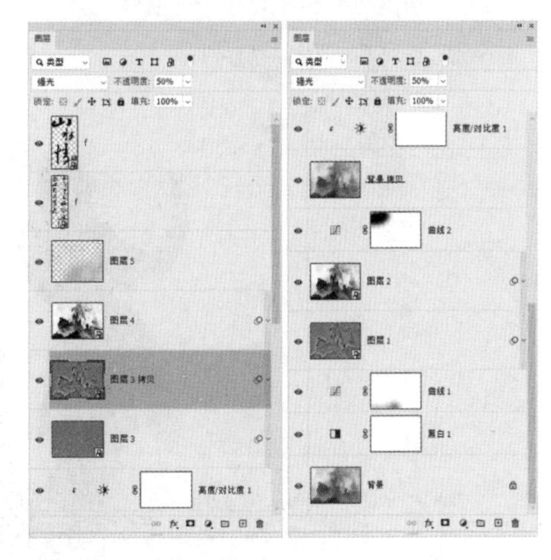

第 14 章

手机照片后期处理技巧15招

C H A P T E R 14

提示：由于软件版本更新迭代较快，本章中出现的软件界面截图可能与您实际操作时的界面不太一样，但相关的功能和技法是通用的，在任何手机上都可以使用。

74 第74招　实现背景虚化效果

效果对比

处理前

处理后

后期处理思路

背景虚化效果主要是通过Snapseed中的模糊工具实现的。但由于模糊工具不能精确控制模糊范围，因此本例的重点在于添加模糊效果后，将不应该模糊的区域进行还原。

操作步骤

1.将照片导入Snapseed，打开“工具”菜单，选择“美颜”工具。

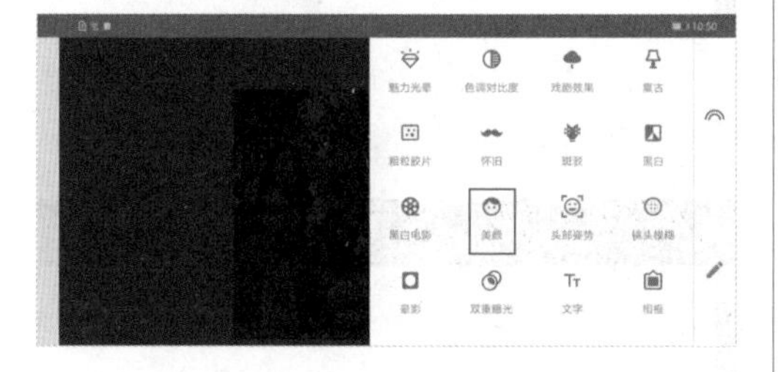

2.使用“美颜”工具对人物进行一定的美化。上下滑动屏幕，选择“嫩肤”选项，并增大其数值。

3.选择“亮眼”选项，并增大其数值，让人物更有神采。点击右下角的“√”按钮保存修改。

4.打开“工具”菜单，选择“头部姿势”工具，对头部方向、笑容等进行调整。

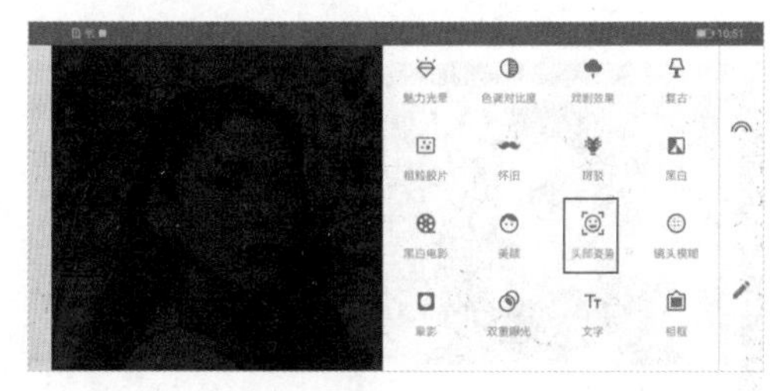

5.点击界面下方的图标，滑动屏幕即可小幅度调整头部方向。对于这张照片，需要让头部低垂一些，所以向下滑动屏幕。

6.点击界面下方的图标，选择“瞳孔大小”选项，并适当增大其数值，让人物的双眸更有神。

7.点击界面下方的图标，选择“笑容”选项。增大其数值可以让人物的嘴角上扬，让笑容更灿烂。针对这张照片，我们可以略微增大“笑容”的数值，让人物显得更开心。

8.点击界面下方的图标，选择“焦距”选项。增大其数值可让人物脸部呈现广角镜头的效果，减小其数值可让人物脸部呈现长焦端效果。这里适当减小其数值，让人物看起来更秀美。

9.打开“工具”菜单，选择“镜头模糊”工具，为照片添加背景虚化效果。

10.调整虚化范围的位置和大小，以刚好使人物虚化。增大“模糊强度”的数值，使虚化效果更明显。但此时会发现，人物左眼被虚化了，因此要单独对其做还原处理。

11.上下滑动屏幕，选择“过渡”选项，适当增大其数值，让过渡区域（两个圈之间的区域）更大一些，使虚化效果更自然。

12.点击图片处理界面右上角图标，在弹出的菜单中选择“查看修改内容”选项。

13.选择“镜头模糊”选项，点击图标，进入蒙版界面。

14. 在蒙版界面中点击左下角的▨图标，让画面显示处理后的效果。然后减小界面下方"镜头模糊"的数值至0。随后涂抹模糊的左眼，即可让其恢复为清晰状态。

15. 打开"工具"菜单，选择"魅力光晕"工具，为画面增加光晕效果，让照片的梦幻感更强。

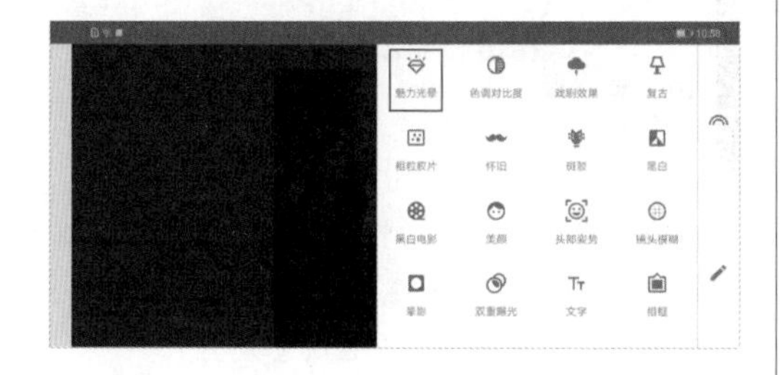

16. 选择个人喜欢的预设效果，这里以选择预设4为例。

17. 点击右下角的"√"按钮，即完成该照片的后期处理。学会此方法，我们就可以利用手机得到具有唯美虚化效果的人像照片。

75 第75招 小清新人像效果的后期处理

效果对比

处理前

处理后

后期处理思路

小清新效果的重要特点在于画面对比度较低、色彩饱和度较低，并且色调比较清新、淡雅。因此在本例中，我们将主要使用白平衡、曲线及饱和度工具，来对画面的对比度和色彩进行调整。

操作步骤

1.将照片导入Snapseed，打开“工具”菜单，选择“白平衡”工具。

2.适当降低色温，从而让原本偏暖的色调变得偏冷，使色彩更清新、淡雅。

3.与降低色温的目的相同，略微减小“着色”的数值，可以让画面色彩偏绿，更加突出清新的色调氛围。点击右下角的“√”按钮保存修改。

4.打开“工具”菜单，选择“曲线”工具。

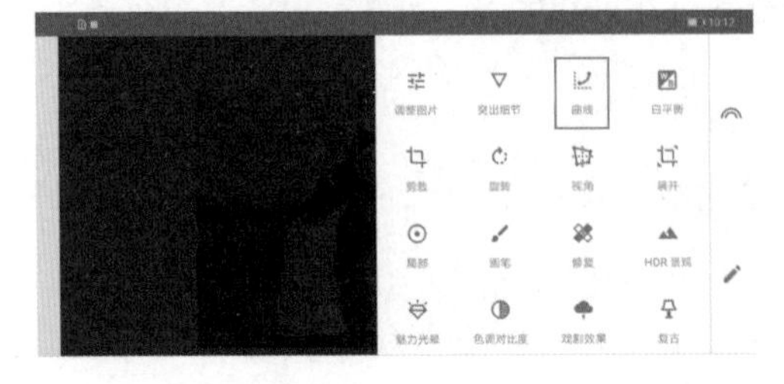

5.点击界面下方的图标，可以选择多个曲线预设（也可以理解为滤镜）。这里选择“U02”典线预设，即可呈现出小清新人像效果。

6.为让画面效果更显清新、淡雅，点击界面下方的图标，并选择“亮度”选项。

7.选中曲线下方的锚点，并将其略微向上拖动，画面效果会变得更柔和。其原因在于，阴影的减少使得画面的明暗反差减小了。

8.为了达到同样的目的，依旧点击界面下方的图标，但这次选择“RGB”选项，将曲线下方的锚点略微向上拖动，画面的色彩变得更淡了。点击右下角的“√”按钮保存修改。

9.打开“工具”菜单，选择“调整图片”工具。

10.选择“饱和度”选项，并适当减小其数值，进一步柔化画面的色彩，让小清新、柔美的画面风格更突出。点击右下角的“√”按钮即完成小清新效果人像照片的后期制作。

11.将照片导出，观察照片可以发现，画面的视觉感受从鲜艳、厚重变成了清新、淡雅，符合小清新效果照片应有的画面风格。

76 第76招　塑造具有强烈视觉冲击力的天空

效果对比

处理前

处理后

后期处理思路

平淡无奇的天空可能会让照片显得非常乏味。使用Snapseed可以在天空中制作出富有层次感的云层，形成更具视觉冲击力的画面。

操作步骤

1. 将照片导入Snapseed，打开“工具”菜单，选择“旋转”工具，使照片中的地平线保持水平。

2. 在使用“旋转”工具后，Snapseed会自动对照片进行校正，点击右下角的“√”按钮保存修改。

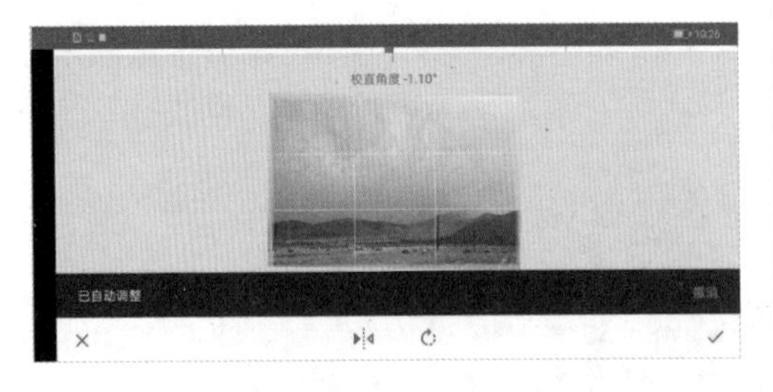

3. 打开“工具”菜单，选择“戏剧效果”工具，来突出云层的明暗变化。

4. 选择“昏暗2”效果，平淡的天空中呈现出“乌云滚滚”的视觉效果。

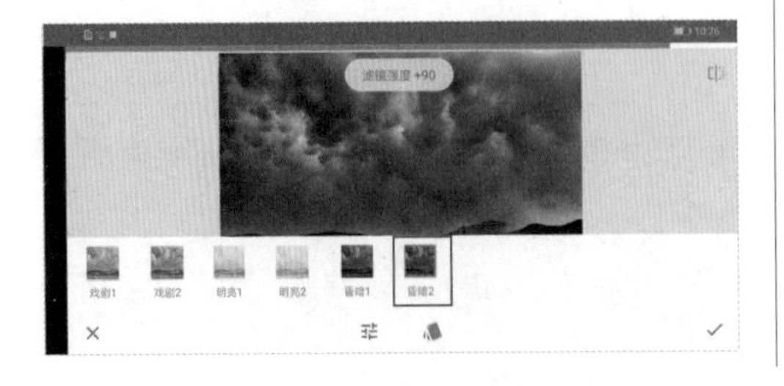

5. 此时地面的明暗对比变得更突出，导致画面看上去有些杂乱。

点击图片处理界面右上角的图标，在弹出的菜单中选择“查看修改内容”选项。

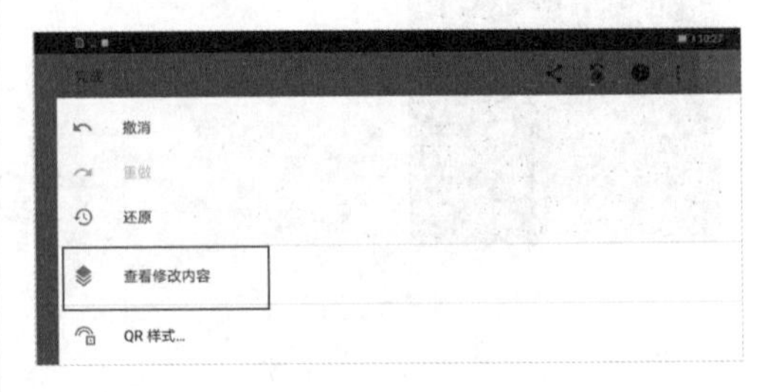

6. 选择“戏剧效果”选项，点击图标，进入蒙版界面。

7. 点击左下角的图标，然后将“戏剧效果”的数值调整为50。在地面区域涂抹，即可减弱其明暗对比，从而让画面显得更干净、简洁，也能更好地突出天空。

8. 由于此时画面的色彩会分散观者的注意力，从而弱化天空的表现，因此通过“黑白”工具，去除照片的色彩。

9. 使用“黑白”工具后，上下滑动屏幕，选择“对比度”选项，并适当增大其数值，进一步增强画面的立体感。

10. 选择“粒度”选项，并略微增大其数值，从而让画面质感更符合“乌云密布”的氛围。点击右下角的“√”按钮保存修改。

11. 打开“工具”菜单，选择“局部”工具，单独对天空区域进行处理。

12. 在天空区域添加锚点，上下滑动屏幕，选择“结构”选项，增大其数值，使天空中的云层更具视觉冲击力，从而完成该照片的后期处理。

77 第77招　打造赛博朋克风格的建筑照片

效果对比

处理前

处理后

后期处理思路

赛博朋克风格的重点在于画面色调以蓝紫色为主，并且呈现出朦胧、有错乱感的视觉感受。因此在本例中，我们先通过“白平衡”工具进行调色，再利用“魅力光晕”“双重曝光”等工具让照片呈现出迷离的科幻感。

操作步骤

1.将照片导入Snapseed，打开“工具”菜单，选择“调整图片”工具，对照片进行简单的基础调整。

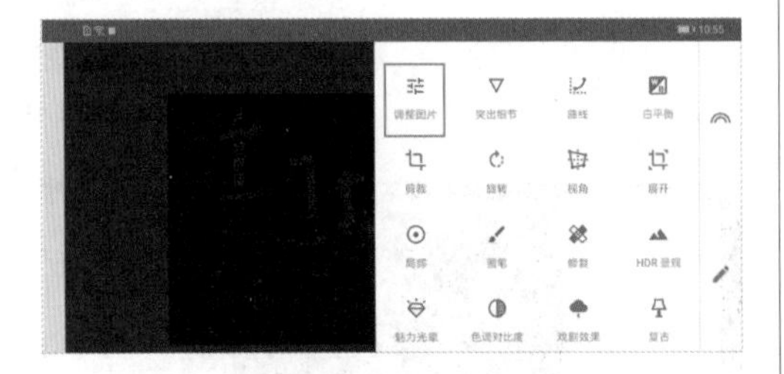

2.对画面的亮度、对比度、氛围等参数进行调整，使照片具有丰富的细节和色彩表现。

3.打开“工具”菜单，选择“白平衡”工具，来调整画面色彩。

4.上下滑动屏幕，选择“色温”选项，减小其数值，以营造赛博朋克风格中的蓝色调。

5.选择“着色”选项，增大其数值，以营造赛博朋克风格中的紫色调。点击右下角的“√”按钮保存修改。

6.在营造画面的朦胧感之前，为了不让其中的建筑太过模糊，我们应先提高建筑部分的锐度。打开“工具”菜单，选择“局部”工具。

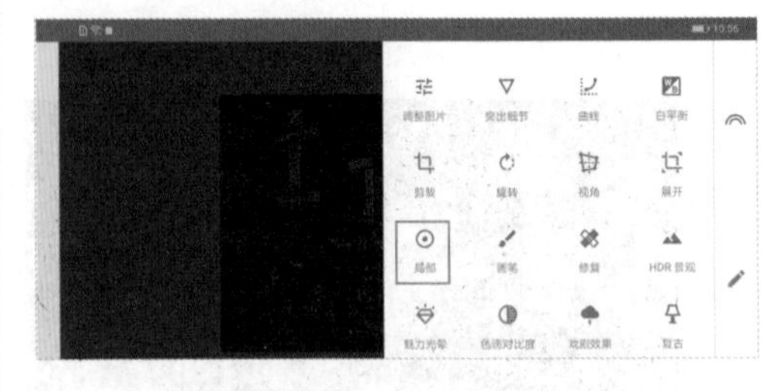

7.在画面中左右两侧的建筑区域设置锚点，选择“结构”选项，并增大其数值。点击右下角的“√”按钮保存修改。

8. 打开“工具”菜单，选择“魅力光晕”工具，来营造画面的朦胧感。

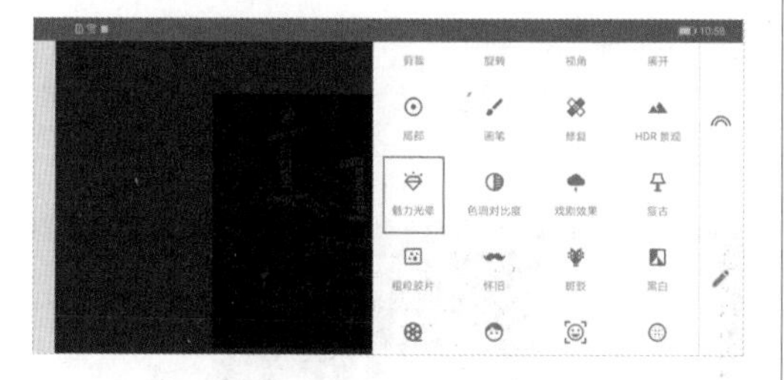

9. 选择方案“3”，照片即可出现明显的朦胧效果。但默认的“光晕”数值明显过高，使画面过于模糊。

10. 适当减小“光晕”的数值，让画面既有朦胧效果，又不至于太过模糊。

11. 为营造赛博朋克风格中必不可少的错乱感或者未来感，这里使用的是“双重曝光”工具。

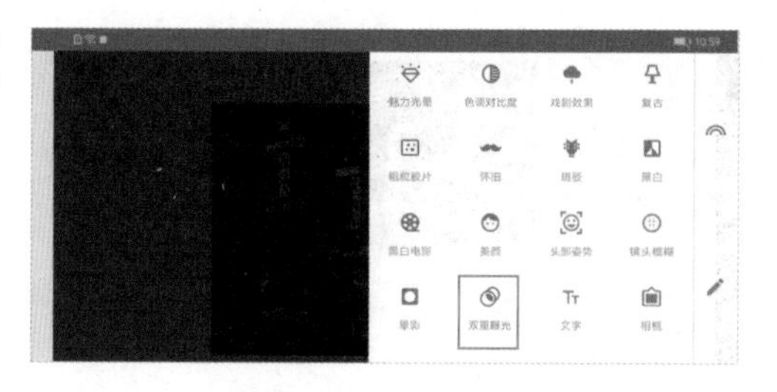

12. 点击界面下方的图标，选择处理前的照片进行叠加，营造出“重影”效果。

13. 将照片放大，并调整叠加的位置，主要是利用霓虹灯招牌的重影来营造错乱感。

14. 点击界面下方的图标，选择“调亮”选项。

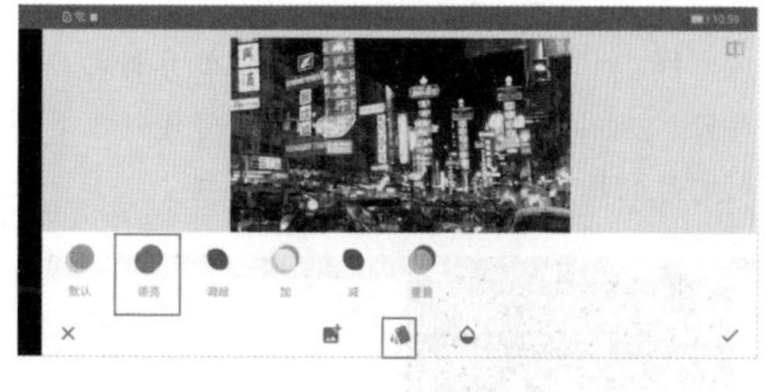

15. 点击界面下方的图标，适当降低不透明度，让重影更淡、更具缥缈感。点击右下角的“√”按钮保存修改。

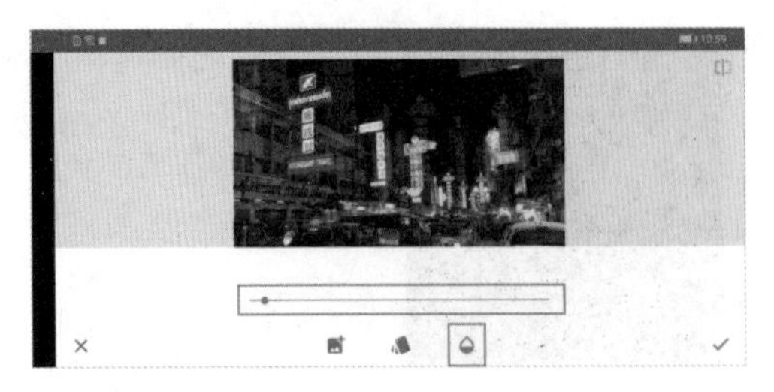

16. 在进行双重曝光叠加照片后，画面的饱和度有些过高，并且重影的朦胧效果也不够，所以再使用一次“魅力光晕”工具，并减小“饱和度”的数值。

17. 适当增加“暖色调”的数值，增强画面中的紫色调，这也能对过重的蓝色调进行一定的中和。

18. 为了让照片细节更丰富、更有科幻感，打开“工具”菜单，选择“调整图片”工具，对照片的阴影和高光做进一步的调整。

19. 上下滑动屏幕，选择“阴影”选项，适当增大其数值，以显示出更多暗部细节。

20. 选择“高光”选项，并减小其数值，避免霓虹灯招牌处的高光太过刺眼，同时可以显示出更多细节。

21. 至此，一张充满科幻感的赛博朋克风格的建筑照片的后期处理就完成了。

78 第78招 高调建筑照片的后期处理

效果对比

处理前

处理后

后期处理思路

通过Snapseed提亮照片，在营造高调观感的同时，还能保留画面原有的线条美和形式美。

操作步骤

1.将照片导入Snapseed，打开“工具”菜单，选择“调整图片”工具。

2.上下滑动屏幕，选择“亮度”选项，并增大其数值，使照片更明亮。由于本例中的照片整体较暗，因此此处将“亮度”的数值直接增加至100。

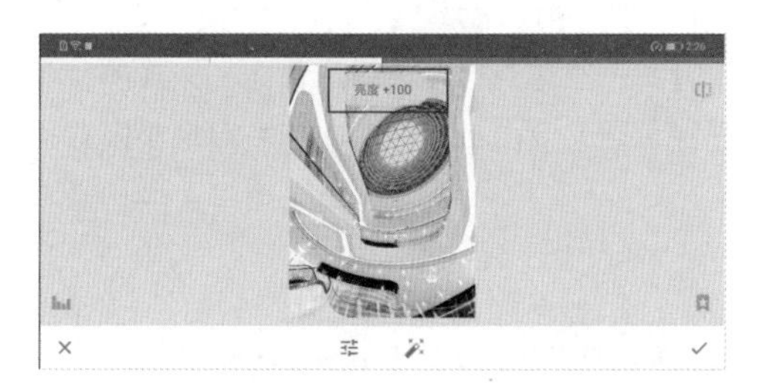

3.选择“对比度”选项，并适当增大其数值，使建筑的线条感更突出。注意避免因为提高亮度而导致建筑的形式美感变差。

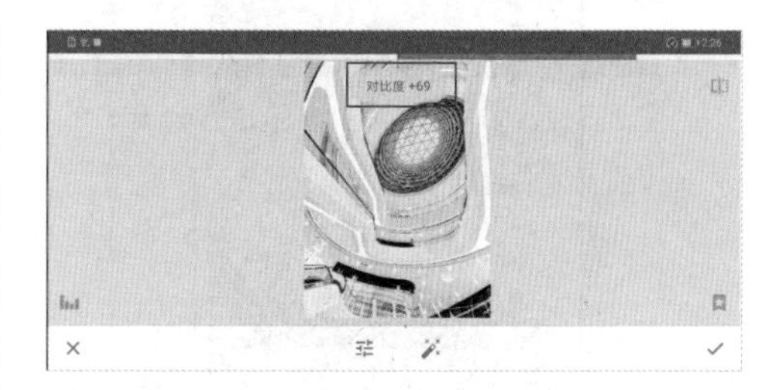

4.选择“高光”选项，并适当增大其数值，进一步营造高调氛围。点击界面右下角的“√”按钮保存修改。

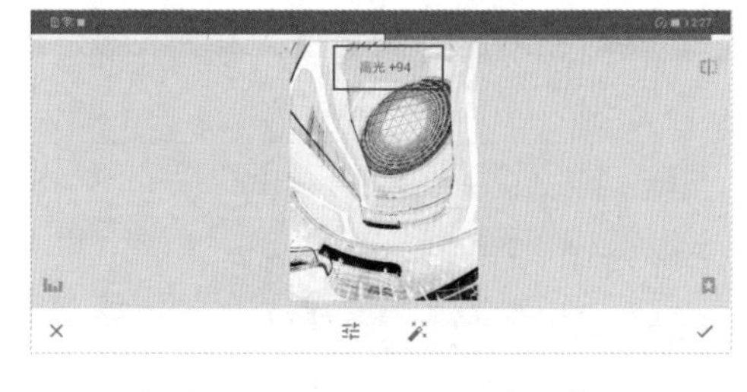

5.将画面放大后会发现，建筑表面会出现斑驳的光影，看上去略显杂乱。我们将通过“突出细节”工具对其进行处理。

6. 打开“工具”菜单，选择“突出细节”工具。

7. 上下滑动屏幕，选择“结构”选项，并适当减小其数值。可以看到，墙面上斑驳的光影明显被弱化了。

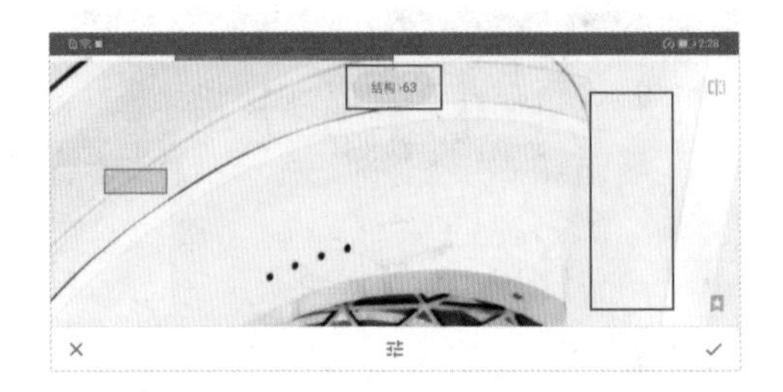

8. 减小“结构”的数值势必会降低照片的清晰度，让画面模糊。因此这里选择“锐化”选项，并增大其数值，恢复部分画面细节。

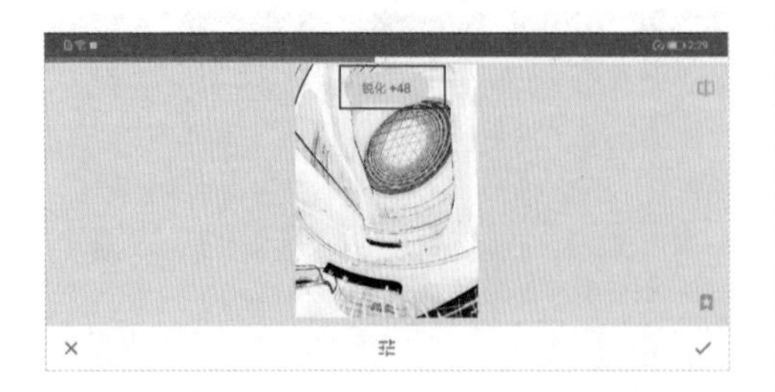

9. 至此，一张高调建筑照片的后期处理就完成了。如果此时画面中依然无法实现高调效果，则可以再次使用“调整图片”工具，提高其亮度或者增大“高光”的数值。

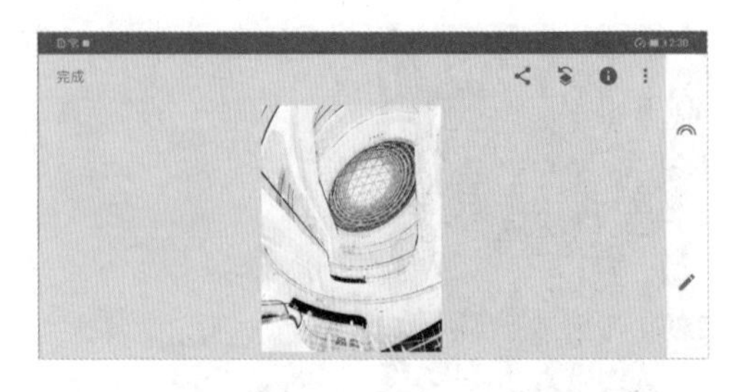

10. 还有一个方法，即打开“工具”菜单，选择“魅力光晕”工具。

11. 在界面下方选择一个可以让照片亮度进一步提高的模式，从而实现高调的画面效果。

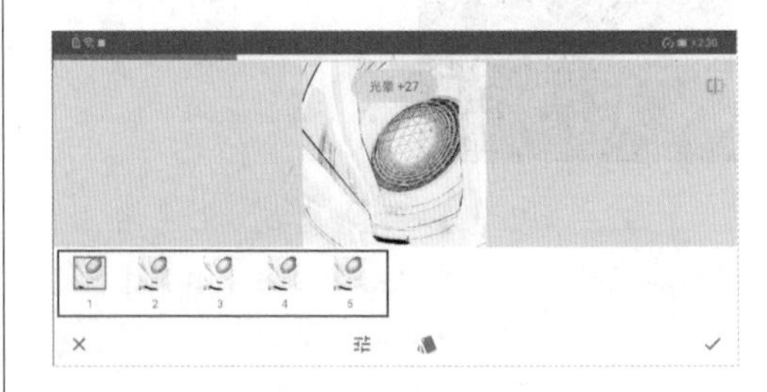

79 第79招　双重曝光效果的荷花照片的后期处理

效果对比

（1）

（2）

处理前

后期处理思路

使用Snapseed中的“双重曝光”工具，可以将任意张照片合成为一张照片，从而实现双重曝光甚至多重曝光效果。

处理后

操作步骤

1.将第1张照片导入Snapseed，打开“工具”菜单，选择“镜头模糊”工具，将第1张照片处理为模糊效果。

2.上下滑动屏幕，选择“过渡”选项，将其数值减小为0。然后把锚点移动到画面的右上角，并将白圈移动到画面之外，从而让画面整体呈现出模糊效果。

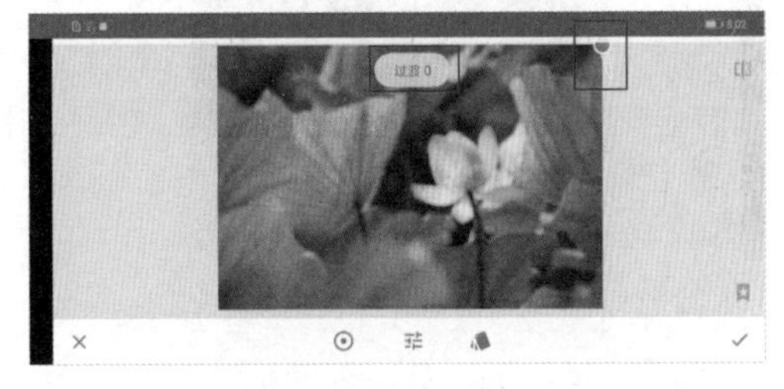

3.选择“模糊强度”选项，并将其数值增大到100，让画面呈现出柔美的焦外效果。点击右下角的“√”按钮保存修改。

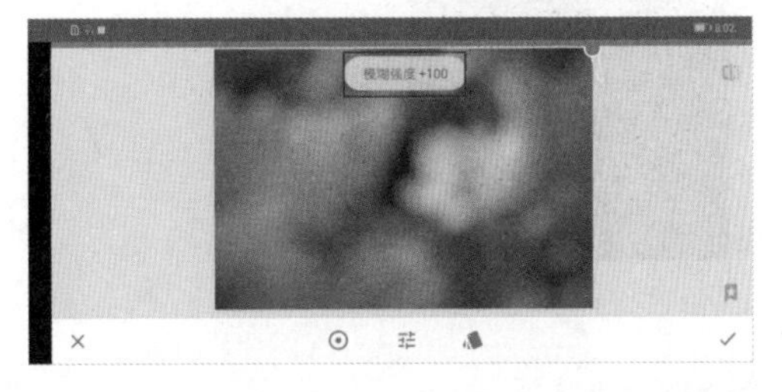

4. 选择“双重曝光”工具叠加第2张照片。

打开“工具”菜单，选择“双重曝光”工具。

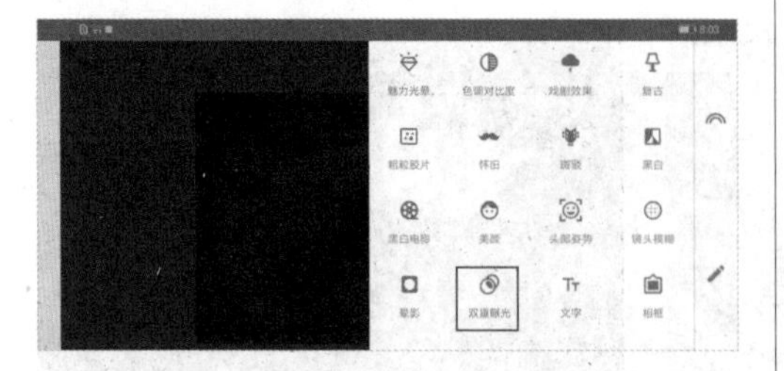

5. 点击界面下方的图标，将第2张照片添加至画面。

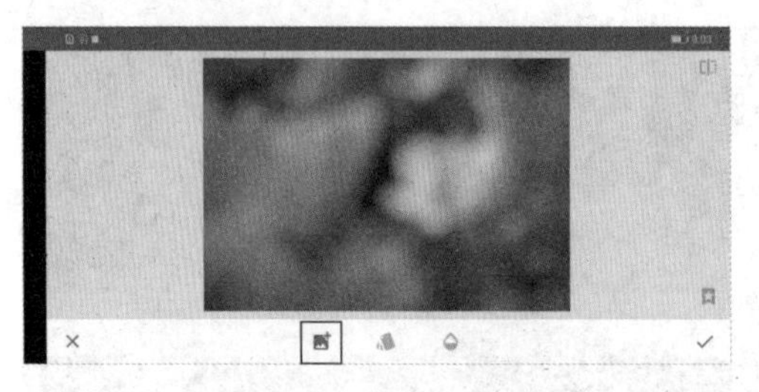

6. 点击界面下方的图标，选择“调亮”选项，从而让第2张照片中的荷花部分可以清晰地显示在画面中，但此时花茎等部分则没有很好地显示出来。

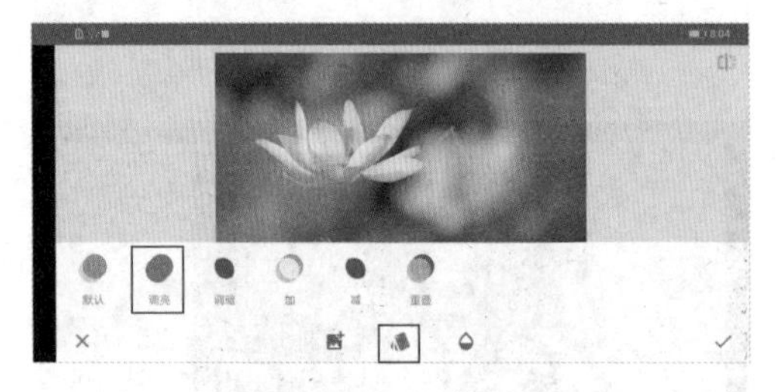

7. 为了让第2张照片中的其余部分也能够显现出来，并实现淡淡的虚影效果，再次打开“工具”菜单，选择“双重曝光”工具。

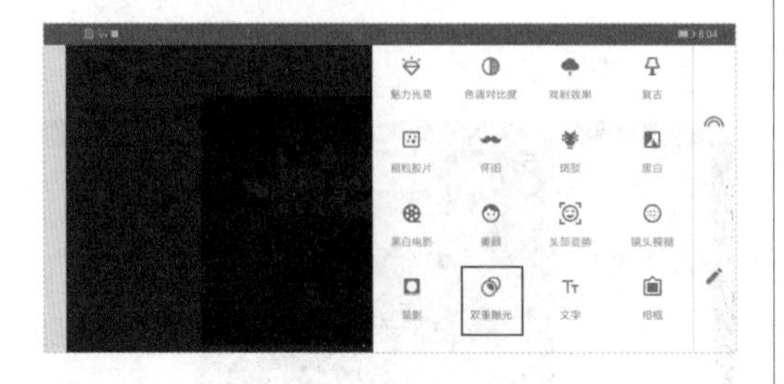

8. 点击界面下方的图标，并且仍然选择第2张照片并将其叠加至画面。

9. 点击界面下方的图标，选择“重叠”选项，从而让第2张照片能够清晰地显示在画面中。

10. 点击界面下方的图标，适当降低不透明度，从而实现双重曝光效果那种淡淡的半透明感。点击右下角的“√”按钮保存修改。

11. 至此，一张具有双重曝光效果的荷花照片就制作完成了。

80 第80招　制作富有意境的淡墨风格

效果对比

处理前

处理后

后期处理思路

制作淡墨风格的重点在于前期要选择较为干净的纯白背景进行拍摄，后期则需要营造类似水墨画的黑白和晕染效果。黑白效果可以利用Snapseed中的“黑白”工具实现，而晕染效果则可以利用Snapseed中的“魅力光晕”“怀旧”“黑白电影”工具实现。

操作步骤

1.打开“工具”菜单，选择“黑白”工具，将彩色荷花照片处理为黑白色。

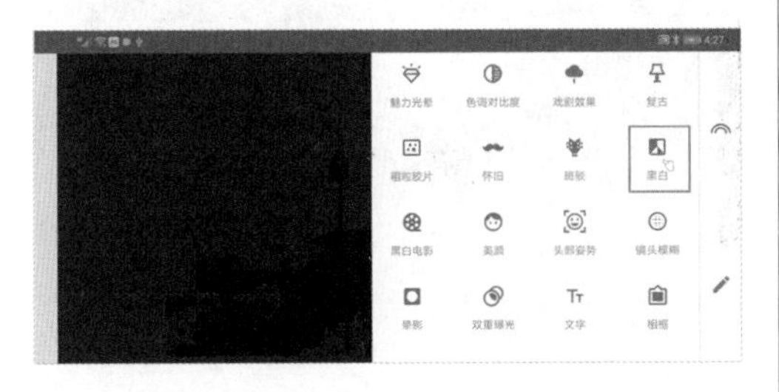

2.点击界面下方的◎图标，选择“绿”滤镜，从而确保在画面转变为黑白色时，荷叶的亮度较高，且呈浅灰色，更有“淡墨”的味道。

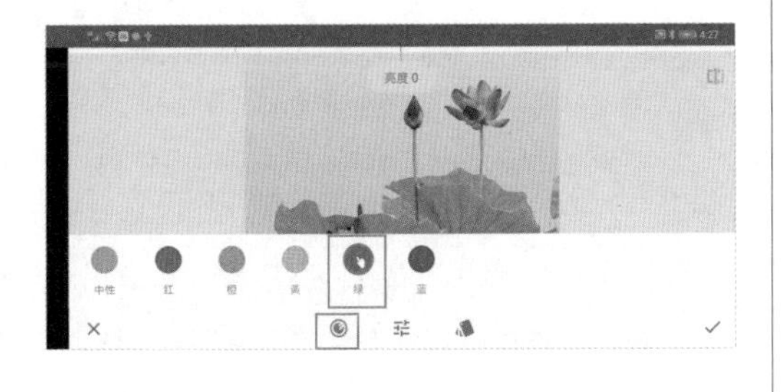

3.打开“工具”菜单，选择“魅力光晕”工具，让写实照片带有一些画意。

4.选择方案“5”即可获得理想的效果。点击右下角的“√”按钮保存修改。

5.打开“工具”菜单，选择“怀旧”工具，使画面变得更加柔和，从而更接近水墨画的晕染效果。

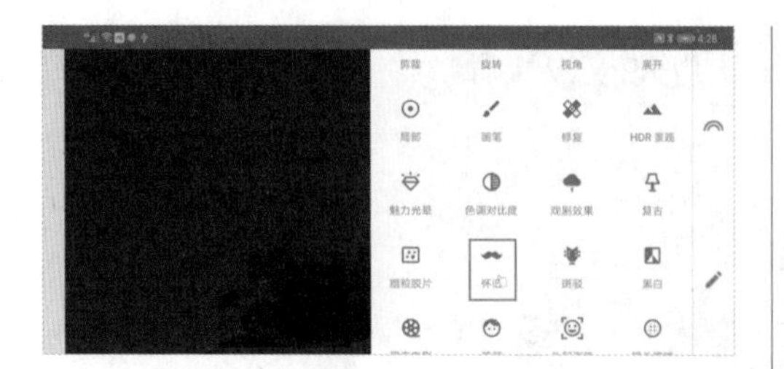

6. 笔者在这里选择方案“6”，读者可根据自己的喜好选择其他方案。

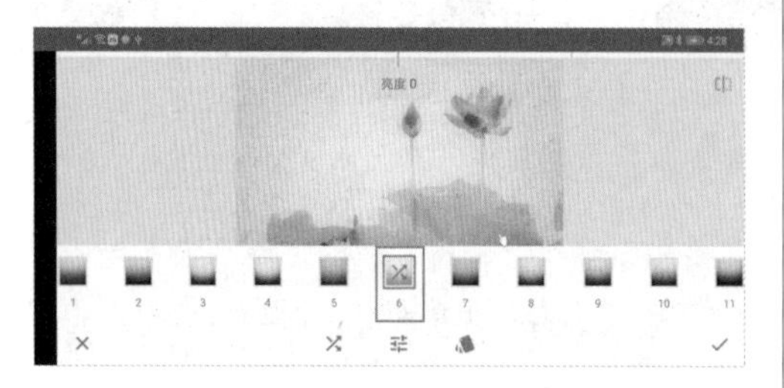

7. 上下滑动屏幕，选择“刮痕”选项，并将其数值减小为0，从而让使用“怀旧”工具处理后的照片依然很干净。

8. 打开“工具”菜单，选择“黑白电影”工具，让照片最终呈现出淡墨风格。

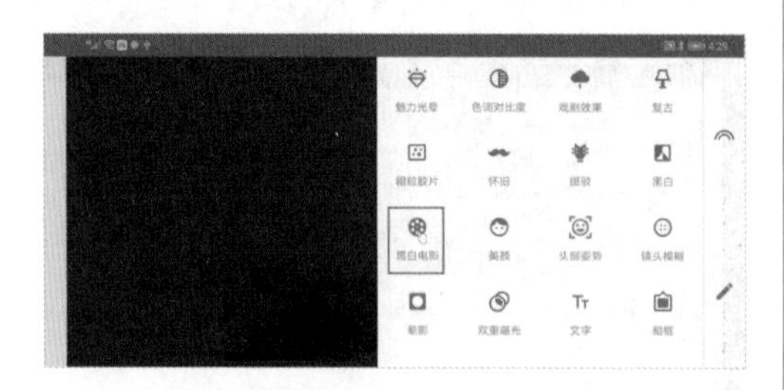

9. 这里选择方案“C01”即可获得画意十足的淡墨风格。如果选择其他方案，照片呈现出的淡墨风格并不理想。

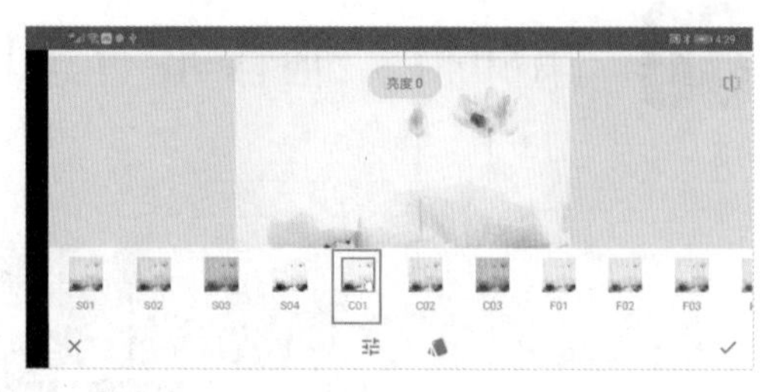

10. 为了让照片保持细腻的画质，上下滑动屏幕，选择“粒度”选项，并将其数值减小为0。

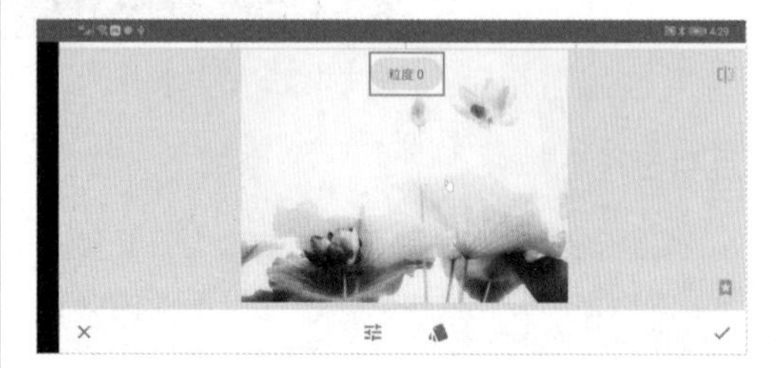

11. 至此，我们就完成了淡墨风格的后期制作。但如果读者觉得画面上方的空白过多，可以使用“剪裁”工具将其裁掉。

81 第81招　合成梦幻天空

效果对比

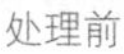

处理前

处理后

后期处理思路

在本例中，利用Snapseed中的“双重曝光”和“蒙版”工具可以实现近乎完美的更换天空的操作，极大地增强画面美感。

操作步骤

1.将原始照片导入Snapseed，打开“工具”菜单，选择“双重曝光”工具。

2.点击界面下方的图标，将天空照片叠加至画面。仔细调整天空照片的位置，使其与原始照片的画面相吻合。

3.点击界面下方的图标，将不透明度提高到最高，从而完全显示天空照片的画面。点击右下角的“√”按钮保存修改。

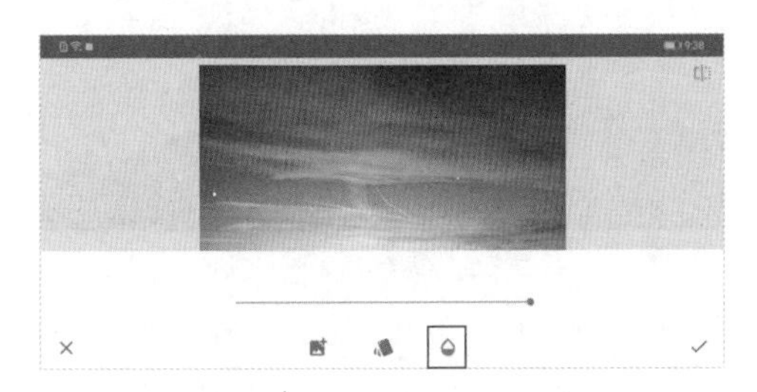

4.点击图片处理界面右上角的图标，在弹出的菜单中选择“查看修改内容”选项。

5.选择“双重曝光”选项，点击图标，进入蒙版界面。

6. 将界面下方“双重曝光”的数值调整到100，然后涂抹天空区域。此时会发现，天空照片中的天空就被合成到原始照片中了。

7. 如果在涂抹天空的过程中不小心涂抹到了山峰，如下图所示，此时需要恢复该部分画面。

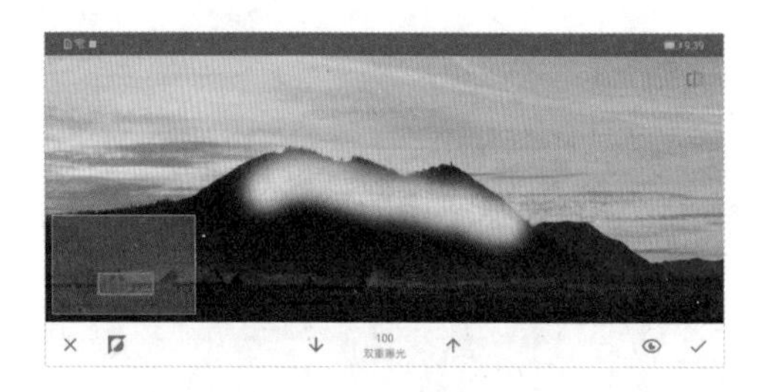

8. 将界面下方“双重曝光”的数值减小为0，放大被误涂的局部，并对该区域进行涂抹，即可恢复原始画面。

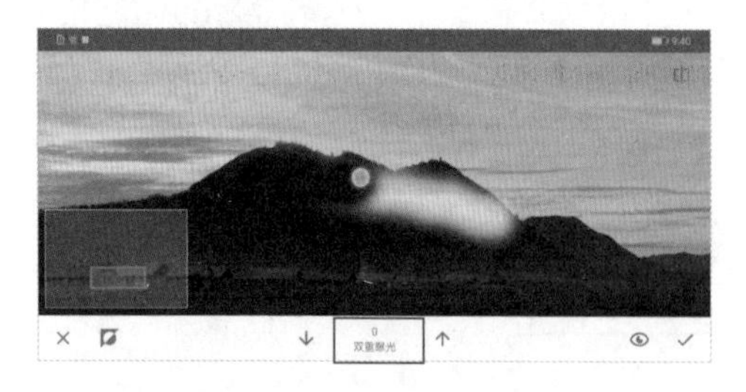

9. 经过仔细地反复涂抹后，即可确保天空与地面完美衔接。

10. 至此，更换天空的操作就完成了。接下来则是对照片进行一些基础调整和润色。

11. 打开“工具”菜单，选择“调整图片”工具。

12. 上下滑动屏幕，选择“阴影”选项，适当增大其数值，使较暗的地面呈现更多细节。

13. 选择“氛围”选项，适当增大其数值，使画面色彩，尤其是天空部分的红色更浓郁。

14. 选择“对比度”选项，适当增大其数值，让照片更有质感。

15. 至此，一张原本平淡、没有太多看点的照片，经过更换天空等操作后，就成了一张唯美的风光照。

82 第82招　让灰蒙蒙的照片重现光彩

效果对比

处理前

处理后

后期处理思路

在本例中，利用Snapseed中的“画笔”和“局部”工具，对照片中的各个区域进行单独处理，能使其无论在色彩上还是在质感上都有较大提升。

操作步骤

1. 打开“工具”菜单，选择“调整图片”工具，对照片进行基础调整。

2. 上下滑动屏幕，选择“饱和度”选项，增大其数值，让画面具有一定的色彩感。

3. 选择“高光”选项，并减小其数值，使照片中的云彩呈现出更多细节。

4. 选择“阴影”选项，适当增大其数值，使地面呈现出更多细节。点击右下角的“√”按钮保存修改。

5. 打开“工具”菜单，选择“画笔”工具，开始对照片局部进行处理。

6. 选择“色温”选项，在画面中的暖调区域涂抹，更好地表现秋意。

7. 将界面下方“色温”的数值调整至10，然后在黄色的树林和草地区域涂抹，让黄色更浓郁。

8. 将界面下方“色温”的数值调整至-5，然后在天空涂抹，添加一些冷调，以与地面景物的色彩形成一定的对比。点击右下角的“√”按钮保存修改。

9. 打开“工具”菜单，选择“局部”工具，继续对照片局部进行处理。

10. 在照片右下方的树林区域添加一个锚点，选中该锚点后，上下滑动屏幕，选择“结构”选项，增大其数值，从而使树林更有立体感与层次感。

11. 用同样的方法，在画面中的草地、天空等区域建立多个锚点，依旧增大“结构”的数值，以进一步提升画面的细节表现力。

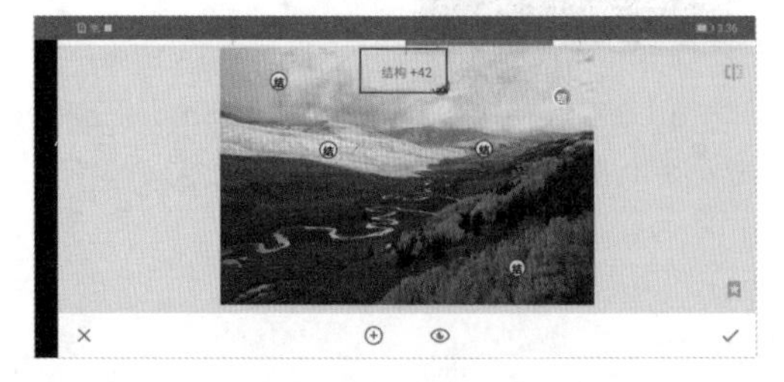

12. 在照片中的阴影处添加一个锚点，并选择“亮度”选项，适当增大其数值，让暗部呈现出更多细节。至此，一张细节丰富、色彩感强的照片就处理完成了。

83 第83招　强化照片中的冷暖对比效果

效果对比

处理前

处理后

后期处理思路

在本例中，利用Snapseed中的“白平衡”工具调整画面色彩，再利用Snapseed中的“蒙版”工具涂抹天空部分，能强化画面的冷暖对比效果。

操作步骤

1. 打开“工具”菜单，选择“白平衡”工具，以调整画面色彩。

2. 上下滑动屏幕，选择“色温”选项，减小其数值，从而让画面呈现出冷调。

3. 选择“着色”选项，适当减小其数值，以营造冷调，并且使画面色彩显得更柔和。点击右下角的“√”按钮保存修改。

4. 打开“工具”菜单，选择“白平衡”工具，以将画面处理为暖调。

5.上下滑动屏幕，选择“色温”选项，并大幅增大其数值，以突出表现霞光部分的暖调。

6.选择“着色”选项，适当增大其数值，让霞光稍稍发红，起到美化照片的作用。点击右下角的“√”按钮保存修改。

7.点击图片处理界面右上角的图标，在弹出的菜单中选择“查看修改内容”选项。

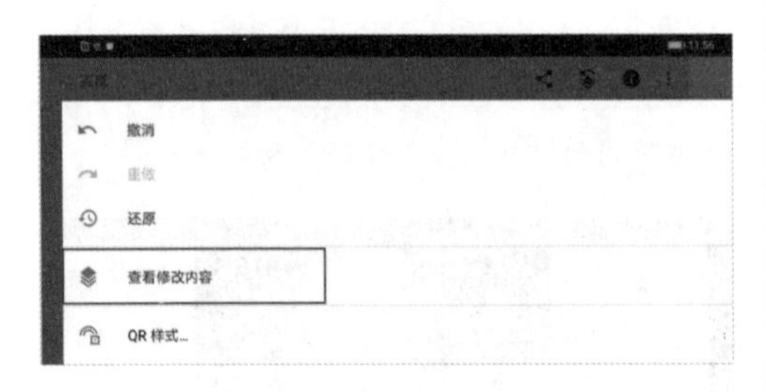

8.选择“白平衡”选项，点击图标，进入蒙版界面。

9.涂抹天空中本应是霞光的区域，让其恢复暖红色调。

10.如果在涂抹的过程中不小心将本应是冷调的区域也涂抹成暖调了，则将下方“白平衡”的数值调整为0，并在涂抹失误的区域涂抹，以对其进行恢复。

11.至此，一张原本灰蒙蒙并且冷暖对比较弱的照片就呈现出了较强的冷暖对比。

84 第84招　通过圆画幅表现独特景观

效果对比

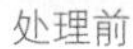

处理前

处理后

后期处理思路

在本例中，我们巧妙地使用Snapseed中的“文字”工具，选择圆形文字框体后，利用“反相”功能，得到了一张圆画幅的照片；然后利用MIX的海报功能或者其他App的加字功能，即可得到类似最终效果的画面。

操作步骤

1. 打开“工具”菜单，选择“调整图片”工具，对照片进行基础调整。

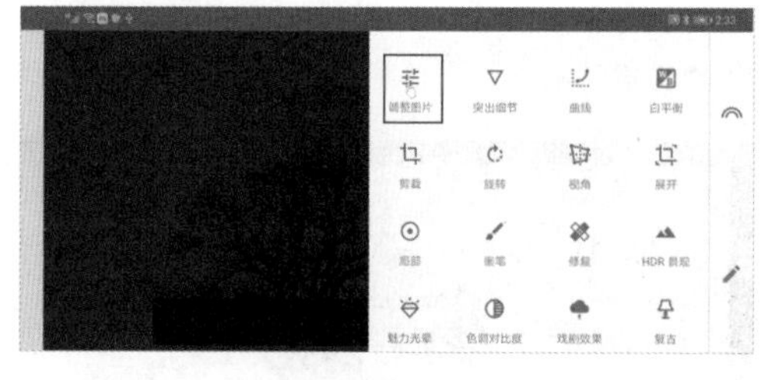

2. 上下滑动屏幕，选择“亮度”选项，增大其数值，让画面更明亮一些。

3. 选择“阴影”选项，增大其数值，丰富屋顶瓦片的细节。

4. 打开“工具”菜单，选择“突出细节”工具，强化屋顶和树木的线条感。

5. 上下滑动屏幕，选择“结构”选项，增大其数值，让线条感更强。

6. 选择“锐化”选项，适当增大其数值，让画面看起来更清晰。这张照片的基础调整就完成了，点击右下角的“√”按钮保存修改。

7. 打开“工具”菜单，选择“文字”工具，以制作圆画幅的照片。

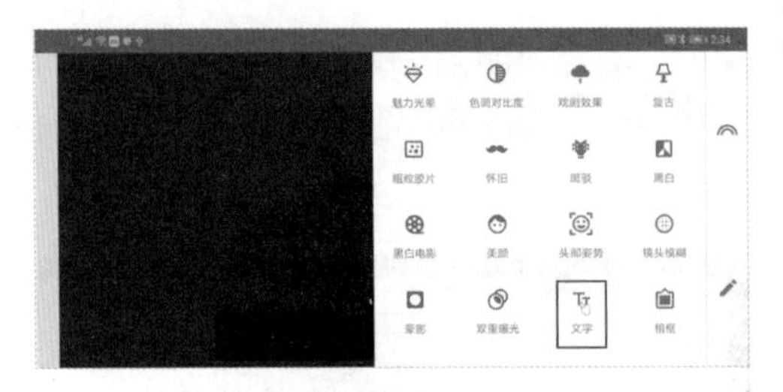

8. 选择一个边框为圆形的文字样式，在本例中，选择“N2”样式。

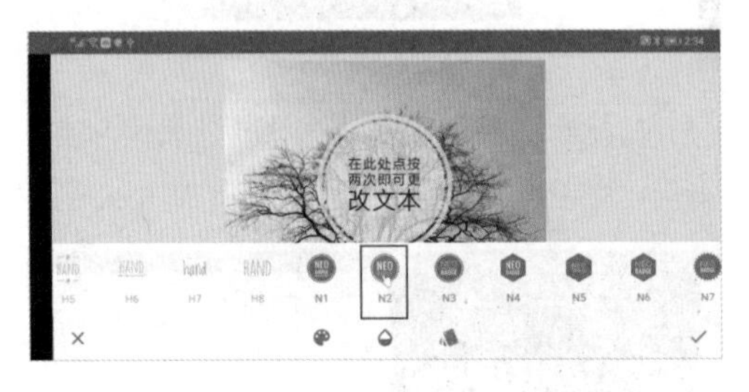

9. 点击界面下方的图标，将滑动条拉向最右侧，将不透明度提高到最高。然后点击界面右侧的图标，圆画幅照片的效果就呈现出来了。

10. 连续点击文字部分两次，将照片中的文字删掉。

11. 在文字输入框中输入“空格”——点击界面中的按钮即可，然后点击“确定”按钮。

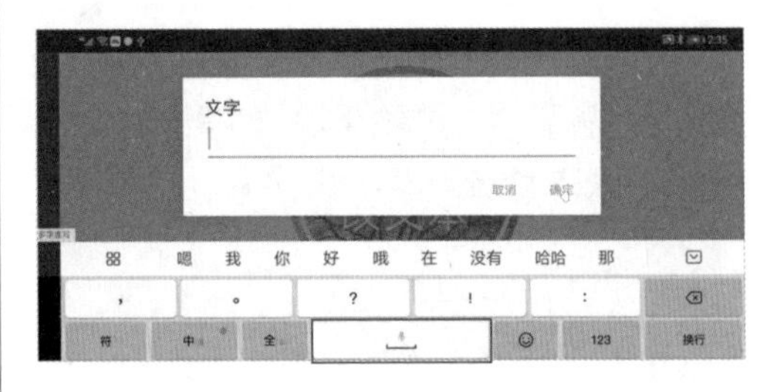

12. 至此，一张圆画幅照片就制作完成了。如果需要对画面进行一定的修饰，就点击界面下方的图标。

13. 选择一个自己喜欢的颜色，填充到画面的空白区域，本例选择的是“浅灰色”。

14. 点击界面下方的◒图标，适当降低不透明度，从而让圆形区域外的部分也有淡淡的画面出现，增强画面的美感。点击右下角的“√”按钮保存修改。

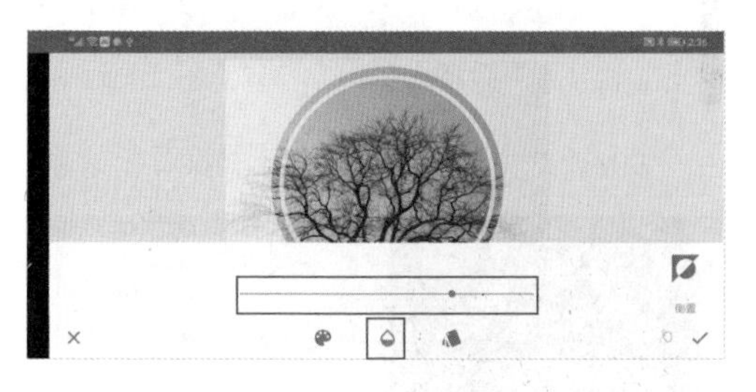

15. 对圆画幅照片进行简单修饰后，照片更具意境美。

16. 最终效果可以通过MIX、黄油相机等App实现，这部分因不是本例要讲解的重点，因此不做详细说明。

85 第85招　铅笔画效果的后期处理

效果对比

处理前

处理后

后期处理思路

使用Snapseed增加画面的细节，再将画面转换为黑白色，就可以实现类似铅笔画的效果。

操作步骤

1. 将原始照片导入Snapseed，打开“工具”菜单，选择“HDR景观”工具。

2. 选择“精细”选项，让照片细节可以更多地显示出来。

3. 上下滑动屏幕，选择“滤镜强度”选项，并增大其数值，以让画面细节尽可能多地显示在画面中，从而模拟出细腻的铅笔画线条。

4. 打开“工具”菜单，选择“突出细节”工具。

5. 上下滑动屏幕，选择“结构”选项，并增大其数值，增强画面的线条感。

6. 选择“锐化”选项，并适当增大其数值，让细节表现得更清晰。至此，将照片转变为铅笔画效果的准备工作就完成了。点击右下角的“√”按钮保存修改。

7. 打开“工具”菜单，选择“黑白”工具。

8. 选择“中性”滤镜，此时铅笔画效果已经呈现出来了。

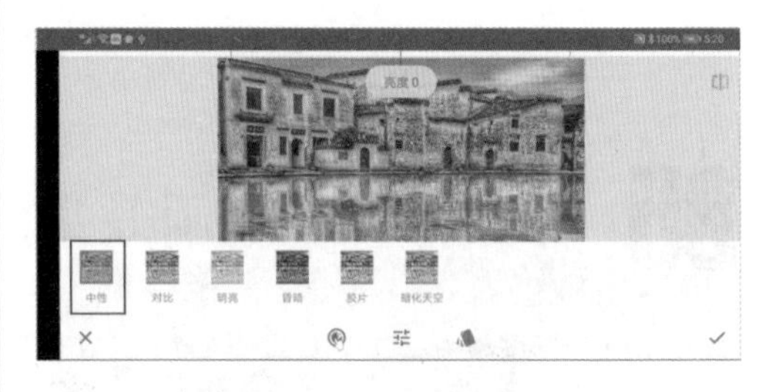

9. 点击界面下方的◉图标，选择“黄”滤镜，让画面更明亮、干净。点击右下角的“√”按钮保存修改。

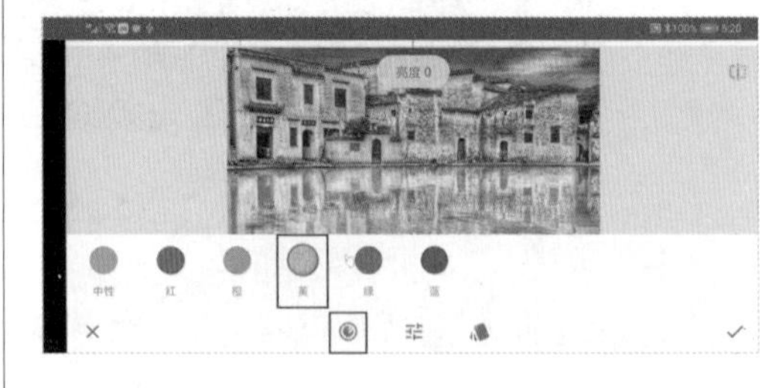

10. 至此，一张具有铅笔画效果的照片就处理完成了。

86 第86招　通过破旧老照片效果表现物件的年代感

效果对比

处理前

处理后

后期处理思路

本例使用Snapseed来模拟破旧老照片的效果，从而更好地表现物件的年代感。

操作步骤

1. 将照片导入Snapseed，打开“工具”菜单，选择“HDR景观”工具。

2. 选择“精细”选项，从而让画面呈现出更多细节，并使画面的明暗对比大幅降低，营造出一种平淡的视觉效果，这对模拟破旧老照片效果来讲非常重要。

3. 打开“工具”菜单，选择“复古”工具。

4. 本例选择的是效果“2”，为照片增添具有胶片感的色彩，点击右下角的“√”按钮保存修改。

5. 打开“工具”菜单，选择“斑驳”工具，为照片增加破旧感。

6. 本例选择的是“样式498”，读者可以根据自己的喜好选择样式。点击右下角的“√”按钮保存修改。

7. 为了使照片的破旧感更强烈，打开“工具”菜单，再次选择“斑驳”工具。

8. 此次选择“样式509”，读者同样可以根据自己的喜好选择样式。

9. 上下滑动屏幕，选择“亮度”选项，并增大其数值，以避免因为各种污损、痕迹的干扰而无法清楚展示照片中的景物。

10. 选择“纹理强度”选项，并适当减小其数值，这同样是为了避免破损效果对照片中的景物有过大的干扰。点击右下角的“√”按钮保存修改。

11. 打开“工具”菜单，选择“调整图片”工具。

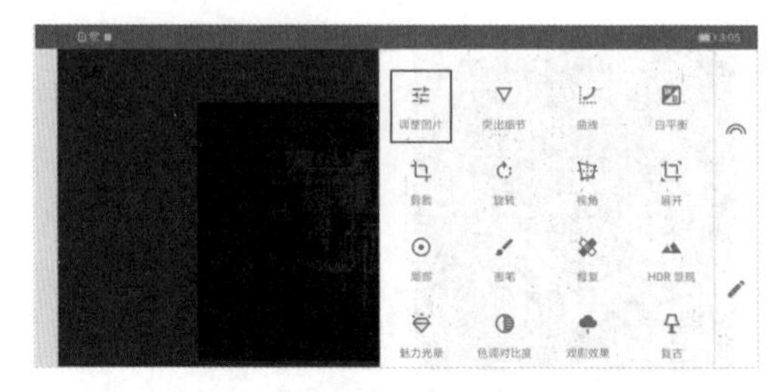

12. 上下滑动屏幕，选择“阴影”选项，增大其数值，以恢复画面阴影处的细节。

13. 选择“暖色调”选项，适当增大其数值，使照片发黄，更接近破旧老照片的效果。

14.选择“高光”选项，减小其数值至-100，在保留更多高光细节的同时，减弱画面的明暗对比，以营造出破旧老照片给人的“平淡”的视觉感受。

15.打开“工具”菜单，选择“突出细节”工具。

16.上下滑动屏幕，选择“结构”选项，减小其数值，以营造破旧老照片发糊的视觉效果，点击右下角的“√”按钮保存修改。

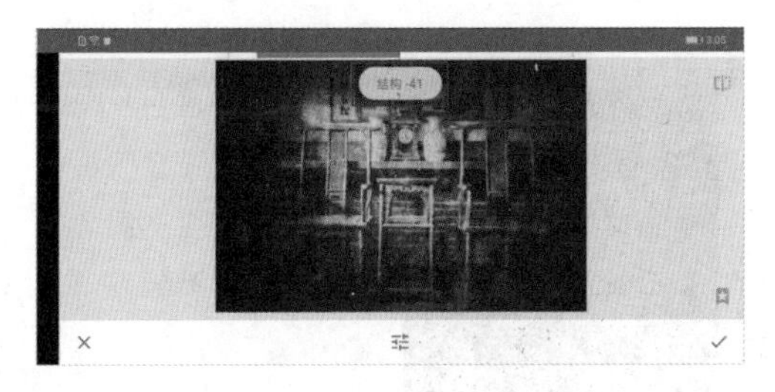

17.打开“工具”菜单，选择“相框”工具，对照片的边缘进行处理。

18.本例选择的是效果“11”，以营造破旧老照片边缘的破损感。

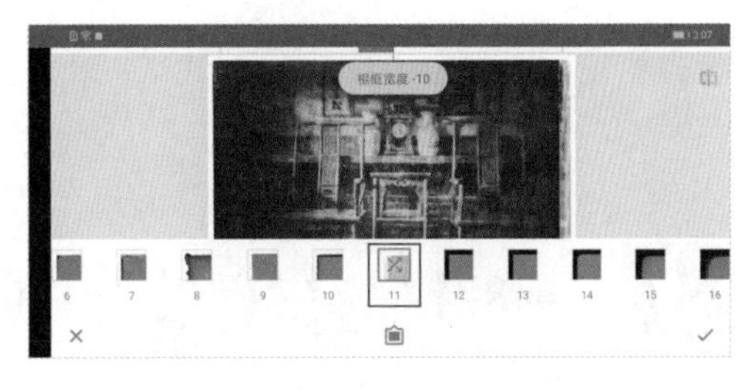

19.适当减小“相框宽度”的数值，从而让白色边框几乎看不到，使照片的破旧效果更逼真。点击右下角的“√”按钮保存修改。

20.打开“工具”菜单，选择“粗粒胶片”工具。

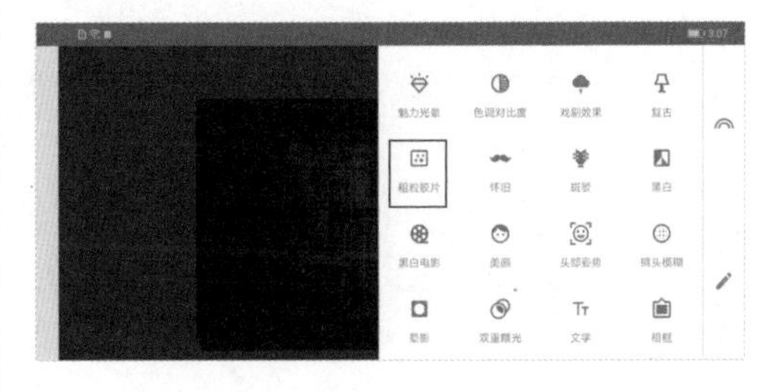

21.因为我们只希望通过该工具为画面增加更多噪点，所以上下滑动屏幕，选择“样式强度”选项，将其数值减小为0。

22.选择“粒度”选项，增大其数值，让画面显得更粗糙，增加年代感。至此，破旧老效果就制作完成了，它可以更好地体现画面中桌椅等物品的年代感。

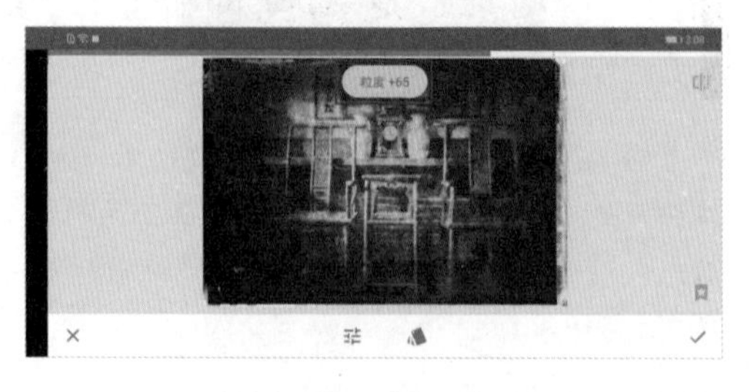

87 第87招　在夜景照片的天空中加一轮圆月

效果对比

处理前

处理后

后期处理思路

本例将使用Snapseed制作月亮从内到外的3层光晕，从而在天空中模拟出一轮逼真的圆月。

操作步骤

1.将原始照片导入Snapseed，打开“工具”菜单，选择“剪裁”工具。

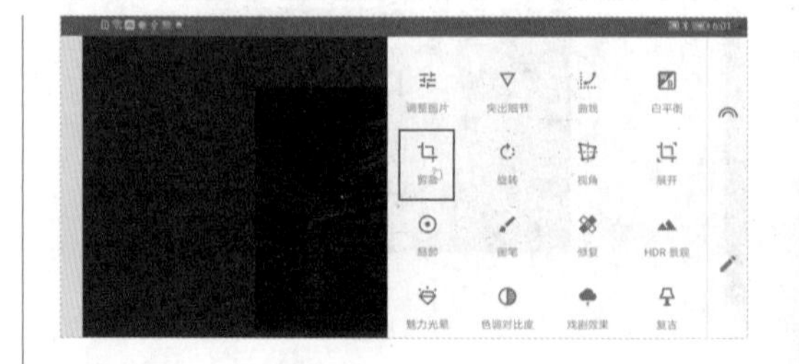

2.使用“剪裁”工具将画面下方较为杂乱的区域裁掉，只保留上方的天空和干净的建筑线条，点击右下角的“√”按钮保存修改。

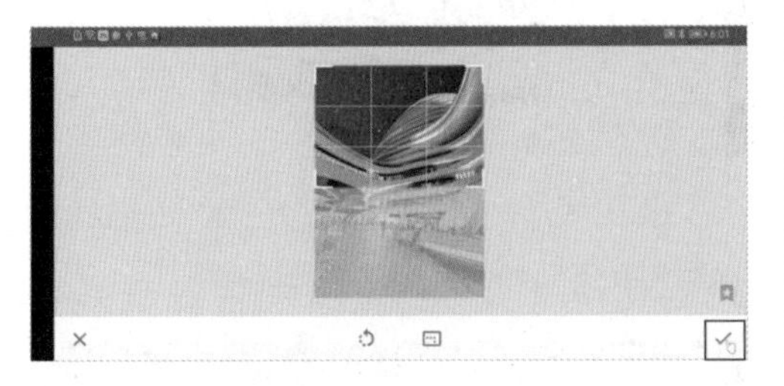

3.打开“工具”菜单，选择“调整图片”工具，以营造月亮的最外层光晕。

4.上下滑动屏幕，选择“亮度”选项，将其数值增大至100，从而让天空更亮。

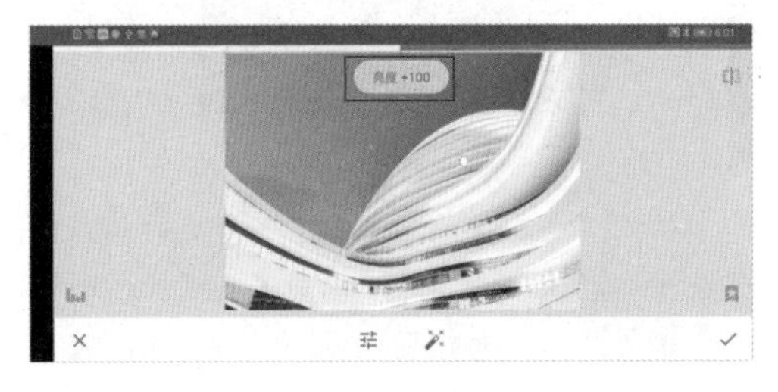

5.选择“对比度”选项，同样将该数值增大至100，目的依旧是提亮天空。虽然此时画面亮度明显过高，但却为营造月亮光晕打下了基础。

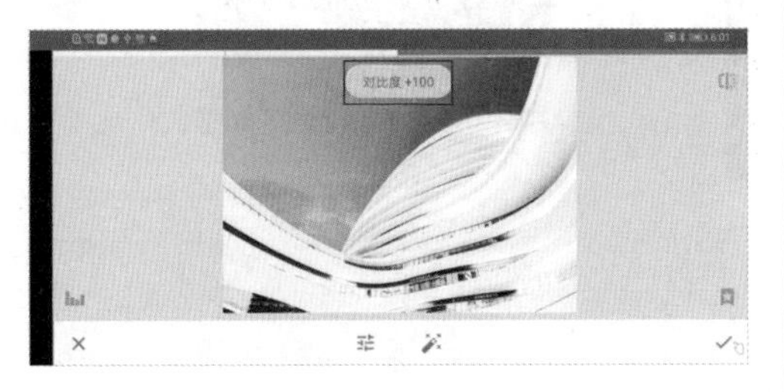

6.点击图片处理界面右上角的图标，在弹出的菜单中选择“查看修改内容”选项。

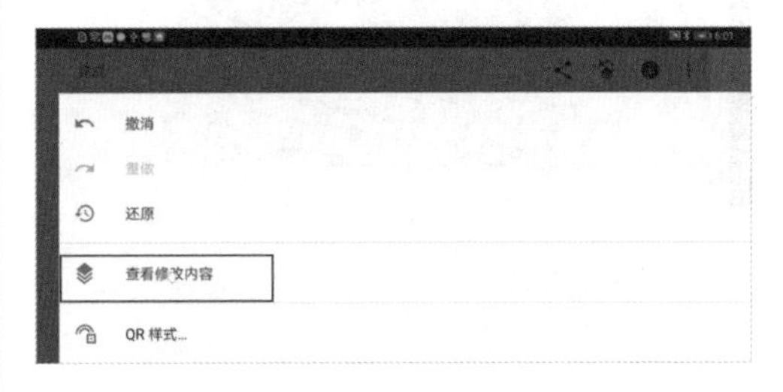

7.选择“调整图片”选项，点击图标，进入蒙版界面。

8.在需要营造月亮光晕的区域点击一下，效果立刻就出现了。点击右下角的“√”按钮保存修改。

9.打开“工具”菜单，选择“局部”工具，为月亮添加中间层的光晕效果。

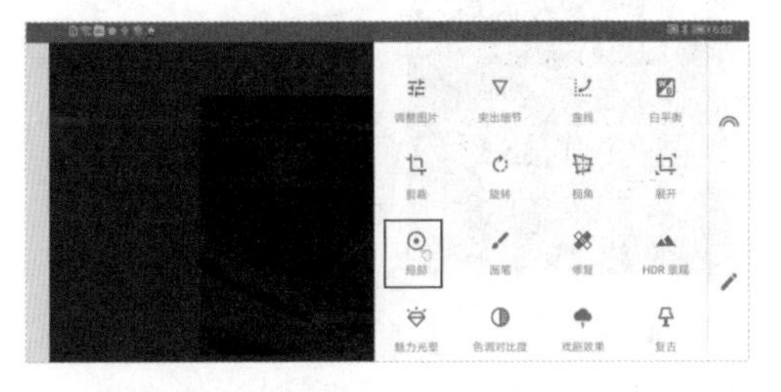

10.在光晕的中间位置建立一个锚点，并用两根手指滑动屏幕，以控制覆盖范围。

11. 选中锚点后上下滑动屏幕，选择“亮度”选项，并增大其数值。

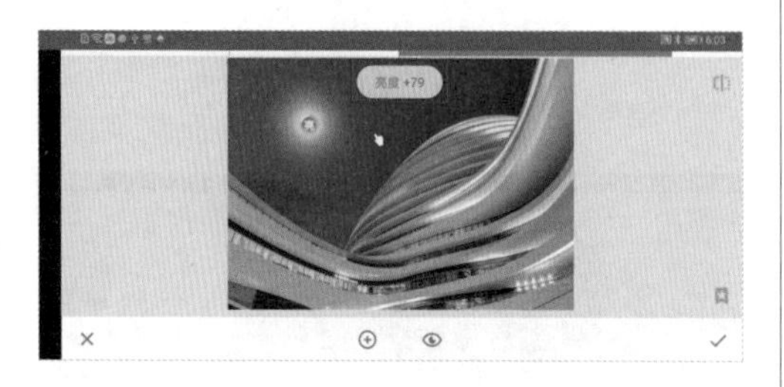

12. 选择“对比度”选项，并增大其数值，从而得到比最外层光晕更亮的中间层光晕。点击右下角的“√”按钮保存修改。

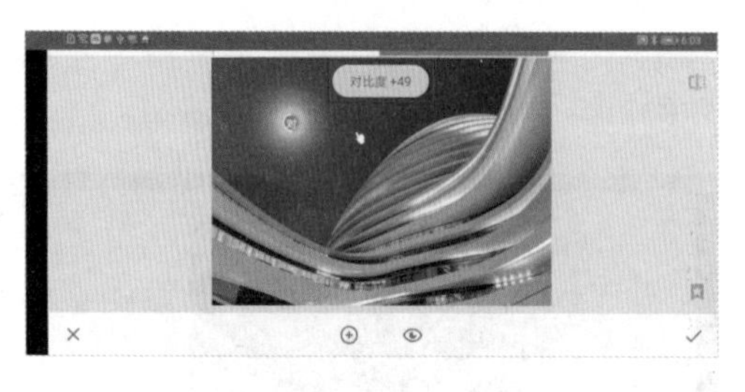

13. 打开“工具”菜单，选择“局部”工具，以营造月亮中心最亮的光斑，从而形成完整的光晕过渡效果。

14. 在月亮中心再建立一个锚点，并缩小其覆盖范围，直至其覆盖范围比上一个锚点的覆盖范围还要小。

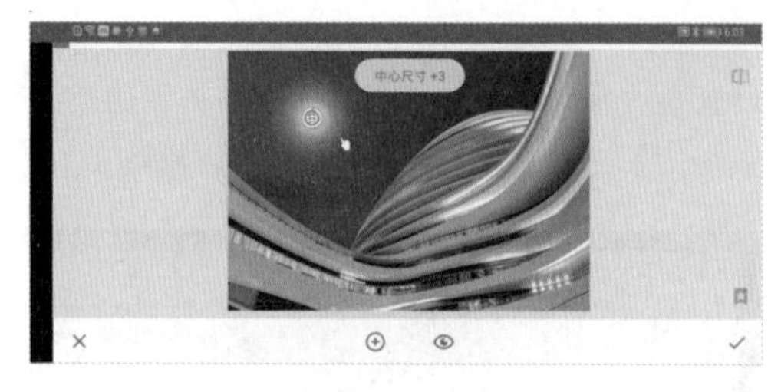

15. 上下滑动屏幕，选择“亮度”选项，并增大其数值至100。

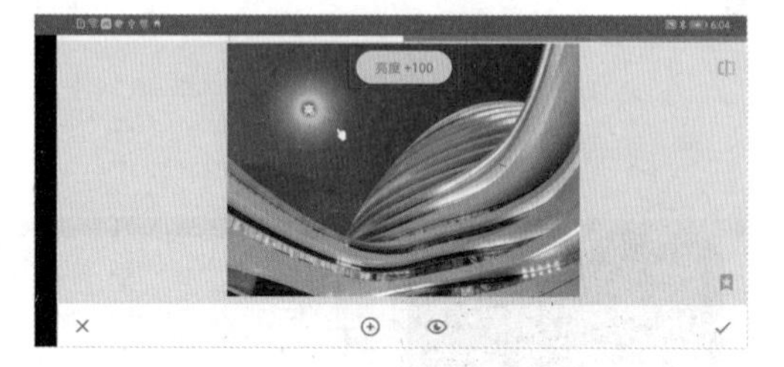

16. 选择“对比度”选项，并增大其数值至100，从而营造出月亮中心最亮的区域。

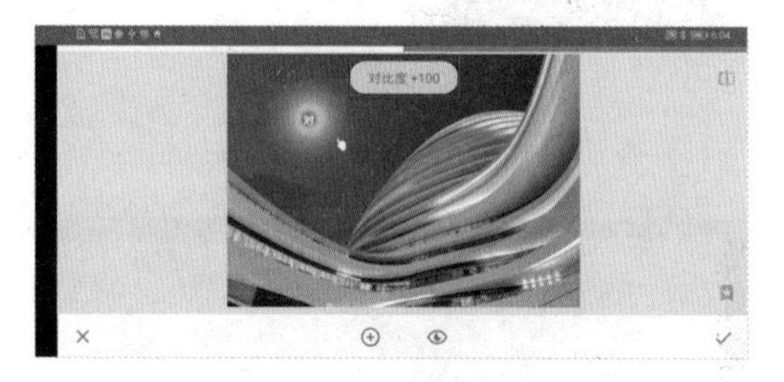

17. 选择“饱和度”选项，减小其数值，使月亮中心的光斑发出耀眼的白光。至此，一轮光晕过渡均匀、与周围环境融于一体的圆月就制作完成了。

88 第88招　高锐度黑白建筑照片的后期处理

效果对比

处理前

处理后

后期处理思路

本例的重点在于对画面局部区域进行单独处理，如背景群山的层次感和建筑屋顶的线条美等需要使用不同的处理方式。

每使用一个工具时，Snapseed会自动建立一个图层，而每一个图层的内容会进行叠加，并显示在最终画面上。这样我们就可以实现对彩色照片进行处理、将其快速切换为黑白照片并查看效果的目的。

操作步骤

1.将原始照片导入Snapseed，打开“工具”菜单，选择“局部”工具。因为此步仅为建立一个“局部”工具图层，所以不用做其他任何处理，直接点击右下角的“√”按钮即可。

2.与第1步的目的相同，选择“画笔”工具，再建立一个“画笔”工具图层。依旧无须进行其他任何操作，直接点击右下角的“√”按钮即可。

3.打开“工具”菜单，选择“黑白”工具，并选择自己喜欢的黑白滤镜，本例选择“黄”滤镜。点击右下角的“√”按钮保存修改。

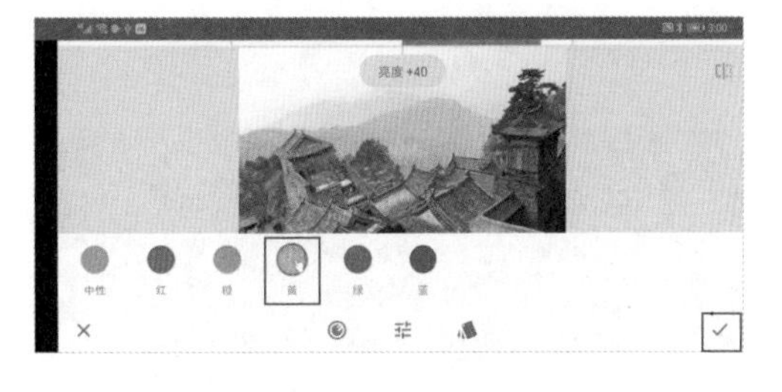

4. 点击界面上方的图标，选择“查看修改内容”选项，此时界面右侧将显示已经建立好的各工具图层。选择“局部”工具图层，点击图标，进入“局部”工具界面。

5. 点击界面下方的⊕图标，在天空及远山位置添加锚点，并调整范围，以覆盖大部分远景。

6. 增大远景的“结构”数值，使山峰的层次感更强。

7. 增大远景的“对比度”数值，使山峰的轮廓更清晰。点击右下角的“√”按钮保存修改。

8. 选择“黑白”工具图层，之前利用“局部”工具调整的效果已经在黑白画面中显现，远处的山峰呈现出一种国画的视觉效果。

9. 利用与调整远景同样的方法，选择“局部”工具图层，将右侧的树木和建筑提亮。

10. 使用“画笔”工具强化建筑顶部的线条感。选择“画笔”工具图层，点击图标，进入“画笔”工具界面。

11. 选择“曝光”选项，并增大其数值，放大照片中的屋顶瓦片后，进行精细涂抹，让屋顶的细节更丰富。

12. 单独增大屋顶的“结构”数值，让屋顶的线条感更突出。选择“局部”工具图层，点击图标，进入“局部”工具界面。

13. 点击界面下方的图标，在屋顶处添加锚点，并调整范围，使其覆盖屋顶。

14. 选择“结构”选项并增大其数值，使屋顶的线条更突出。调整完成后，点击右下角的“√”按钮保存修改。

15. 点击“黑白”工具图层，并保存照片，一张针对远景的群山和近景的建筑屋顶进行单独处理的黑白照片就处理完成了。